UG NX 12.0 中文版
从入门到精通

（微课视频版）

梁秀娟　孟秋红　沈炳振　编　著

电子工业出版社
Publishing House of Electronics Industry
北京·BEIJING

内 容 简 介

本书按知识结构分为 UG NX 12.0 简介、UG NX 12.0 快速入门、曲线功能、草图、特征建模、编辑特征、曲面功能、查询与分析、装配建模、工程图、典型实例共 11 章。本书知识由浅入深、从易到难，各章节既相对独立又前后关联。本书解说翔实、图文并茂、语言简洁、思路清晰。

本书可作为初学者的入门教材，也可作为工程技术人员的参考工具书。

本书配有丰富的教学资源，包含全书实例源文件和主要实例操作过程的视频文件，可帮助读者轻松自如地学习本书知识。

未经许可，不得以任何方式复制或抄袭本书之部分或全部内容。
版权所有，侵权必究。

图书在版编目（CIP）数据

UG NX 12.0 中文版从入门到精通：微课视频版 / 梁秀娟，孟秋红，沈炳振编著.—北京：电子工业出版社，2022.1
ISBN 978-7-121-42726-8

Ⅰ. ①U… Ⅱ. ①梁… ②孟… ③沈… Ⅲ. ①计算机辅助设计－应用软件 Ⅳ. ①TP391.72

中国版本图书馆 CIP 数据核字（2022）第 014858 号

责任编辑：王艳萍　　　　文字编辑：张　彬
印　　刷：北京七彩京通数码快印有限公司
装　　订：北京七彩京通数码快印有限公司
出版发行：电子工业出版社
　　　　　北京市海淀区万寿路 173 信箱　　邮编 100036
开　　本：787×1 092　1/16　印张：19.75　字数：505.6 千字
版　　次：2022 年 1 月第 1 版
印　　次：2024 年 7 月第 3 次印刷
定　　价：88.00 元

凡所购买电子工业出版社图书有缺损问题，请向购买书店调换。若书店售缺，请与本社发行部联系，联系及邮购电话：(010) 88254888，88254888。
质量投诉请发邮件至 zlts@phei.com.cn，盗版侵权举报请发邮件至 dbqq@phei.com.cn。
本书咨询联系方式：(010) 88254574，wangyp@phei.com.cn。

前　言

UG（Unigraphics）是西门子公司出品的一套集 CAD（计算机辅助设计）、CAM（计算机辅助制造）、CAE（计算机辅助工程）于一体的软件系统。它的功能覆盖了从概念设计到产品生产的整个过程，广泛地应用于汽车、航天、模具加工及设计、医疗器械等行业。它提供了强大的实体建模技术，拥有高效的曲面建构能力，能够完成复杂的造型设计，除此之外，其装配功能、2D 出图功能、模具加工功能及与 PDM（产品数据管理）系统之间的紧密结合，使 UG 在工业领域中成为一套优秀的 CAD/CAM/CAE 系统。

UG 的每次版本更新都能代表当时的发展方向，很多较新的设计方法和理念都能在版本更新中反映出来。2017 年发布的版本——UG NX 12.0 在很多方面进行了改进和升级，如重复命令、弹簧工具、齿轮工具等。

一、主要内容

本书按知识结构分为 UG NX 12.0 简介、UG NX 12.0 快速入门、曲线功能、草图、特征建模、编辑特征、曲面功能、查询与分析、装配建模、工程图、典型实例共 11 章。本书知识由浅入深、从易到难，各章节既相对独立又前后关联。

二、本书特色

本书编著者具有近 10 年的计算机辅助设计领域的教学经验。在本书中，编著者结合自己以往的设计经验和教学心得，力求全面细致地展现 UG 的各种功能和使用方法。

本书全面介绍 UG 在工业设计中的应用，将工程设计中涉及的机械和工业设计方面的专业知识融于其中，读者可深刻领会到利用 UG 进行工程设计的完整过程和使用技巧。

三、读者对象

本书解说翔实、图文并茂、语言简洁、思路清晰，是面向 UG 使用者的一本实用教程，既可作为技能培训教材，也可作为初学者的自学指导教材。

四、教学资源介绍

本书随书教学资源包含本书讲解实例和练习实例源文件素材，以及主要实例操作过程的视频文件。通过扫描书中的二维码，观看相应的教学资源，读者可以随时方便轻松地学习本书中的知识。

上述电子资源，读者可关注微信公众号"华信教育资源网"，回复"42726"获得。

本书由广东海洋大学梁秀娟、石家庄理工职业学院孟秋红、河北交通职业技术学院沈炳振编著，其中梁秀娟编写第 1～5 章，孟秋红编写第 6～8 章，沈炳振编写第 9～11 章，胡仁喜、康士廷、王敏、刘昌丽等参与了部分章节的编写。本书在编写过程中力求完美，但疏漏之处在所难免，希望广大读者批评指正，编著者将不胜感激，也欢迎广大读者加入 QQ 群（487450640）参与交流探讨。

编著者

目 录

第1章 UG NX 12.0 简介 ·················· 1
1.1 UG NX 12.0 的启动 ················ 1
1.2 工作界面简介 ·········· 1
   1.2.1 标题栏 ··················· 3
   1.2.2 菜单栏 ··················· 3
   1.2.3 功能区 ··················· 3
   1.2.4 工作区 ··················· 5
   1.2.5 坐标系 ··················· 5
   1.2.6 快捷菜单 ················· 5
   1.2.7 资源工具条 ··············· 5
   1.2.8 提示行 ··················· 6
   1.2.9 状态行 ··················· 6
1.3 选项卡设置 ············ 6
   1.3.1 命令 ····················· 7
   1.3.2 选项卡/条 ················ 7
   1.3.3 快捷方式 ················· 7
   1.3.4 图标/工具提示 ············ 7
1.4 UG 参数设置 ·········· 8
   1.4.1 对象参数设置 ············· 8
   1.4.2 用户界面参数设置 ········· 8
   1.4.3 资源板参数设置 ·········· 10
   1.4.4 选择参数设置 ············ 11
   1.4.5 装配参数设置 ············ 12
   1.4.6 草图参数设置 ············ 12
   1.4.7 制图参数设置 ············ 13
   1.4.8 建模参数设置 ············ 15
   1.4.9 可视化参数设置 ·········· 17
   1.4.10 可视化性能参数
         设置 ··················· 21
   1.4.11 工作平面参数设置 ····· 22

第2章 UG NX 12.0 快速入门 ·········· 24
2.1 文件管理 ············· 24
   2.1.1 新建文件 ················ 24
   2.1.2 打开文件 ················ 25

   2.1.3 关闭文件 ················ 25
   2.1.4 导入/导出文件 ··········· 27
   2.1.5 文件装配加载选项 ······· 28
   2.1.6 文件保存选项 ············ 28
2.2 对象操作 ············· 29
   2.2.1 对象观察 ················ 29
   2.2.2 对象选择 ················ 31
   2.2.3 编辑对象显示 ············ 31
   2.2.4 对象的显示和隐藏 ······· 33
   2.2.5 对象的几何变换 ·········· 34
2.3 坐标系 ················ 37
   2.3.1 坐标系的变换 ············ 37
   2.3.2 坐标系定位 ·············· 38
   2.3.3 坐标系的显示和保存 ···· 39
2.4 布局 ···················· 39
2.5 图层操作 ············· 41
   2.5.1 图层类别 ················ 41
   2.5.2 图层设置 ················ 42
   2.5.3 图层的其他操作 ·········· 42

第3章 曲线功能 ······················· 44
3.1 基本曲线 ············· 44
   3.1.1 点和点集 ················ 44
   3.1.2 直线 ···················· 46
   3.1.3 圆和圆弧 ················ 48
   3.1.4 倒圆角 ·················· 49
   3.1.5 倒斜角 ·················· 50
   3.1.6 多边形 ·················· 50
   3.1.7 椭圆 ···················· 51
   3.1.8 抛物线 ·················· 51
   3.1.9 双曲线 ·················· 52
   3.1.10 实例——轴轮廓
         曲线 ··················· 52
3.2 复杂曲线 ············· 53
   3.2.1 样条 ···················· 53

	3.2.2	规律曲线 ·············· 55
	3.2.3	螺旋线 ················ 56
	3.2.4	实例——螺旋线 ······ 56
3.3	曲线操作 ················ 58
	3.3.1	偏置曲线 ·············· 58
	3.3.2	在面上偏置 ············ 59
	3.3.3	桥接曲线 ·············· 60
	3.3.4	简化曲线 ·············· 61
	3.3.5	连结曲线 ·············· 62
	3.3.6	投影曲线 ·············· 62
	3.3.7	组合投影 ·············· 63
	3.3.8	缠绕/展开 ············· 63
	3.3.9	抽取 ·················· 64
	3.3.10	相交曲线 ············· 65
	3.3.11	截面曲线 ············· 65
	3.3.12	镜像曲线 ············· 67
3.4	曲线编辑 ················ 67
	3.4.1	编辑参数 ·············· 68
	3.4.2	修剪曲线 ·············· 69
	3.4.3	分割曲线 ·············· 70
	3.4.4	编辑圆角 ·············· 71
	3.4.5	拉长曲线 ·············· 72
	3.4.6	曲线长度 ·············· 72
	3.4.7	光顺样条 ·············· 73
	3.4.8	实例——碗轮廓曲线 ··· 73
3.5	综合实例——扳手曲线 ······ 76

第4章 草图 ···················· 79

4.1	草图概述 ················ 79
4.2	创建草图 ················ 79
	4.2.1	轮廓 ·················· 80
	4.2.2	直线 ·················· 81
	4.2.3	圆弧 ·················· 81
	4.2.4	圆 ···················· 81
	4.2.5	派生直线 ·············· 81
	4.2.6	矩形 ·················· 82
	4.2.7	拟合曲线 ·············· 82
	4.2.8	艺术样条 ·············· 82
	4.2.9	二次曲线 ·············· 83
4.3	草图约束 ················ 83

	4.3.1	尺寸约束 ·············· 83
	4.3.2	几何约束 ·············· 85
4.4	草图操作 ················ 87
	4.4.1	镜像 ·················· 87
	4.4.2	转换至/自参考对象 ····· 88
	4.4.3	偏置已投影的曲线 ······ 88
	4.4.4	添加现有曲线 ·········· 88
	4.4.5	投影曲线 ·············· 89
	4.4.6	重新附着草图 ·········· 89
	4.4.7	更新草图 ·············· 90
	4.4.8	删除草图 ·············· 90
4.5	综合实例——六边形 ······· 90

第5章 特征建模 ················ 93

5.1	基准建模 ················ 93
	5.1.1	基准点 ················ 93
	5.1.2	基准平面 ·············· 95
	5.1.3	基准轴 ················ 96
	5.1.4	基准坐标系 ············ 96
5.2	实体建模 ················ 97
	5.2.1	长方体 ················ 97
	5.2.2	圆柱 ·················· 97
	5.2.3	圆锥 ·················· 98
	5.2.4	球 ···················· 99
	5.2.5	拉伸 ················· 100
	5.2.6	实例——创建扳手 模型 ················ 101
	5.2.7	旋转 ················· 102
	5.2.8	实例——创建碗模型 ·· 103
	5.2.9	沿引导线扫掠 ········· 104
	5.2.10	管道 ················ 104
	5.2.11	孔 ·················· 105
	5.2.12	凸台 ················ 106
	5.2.13	腔 ·················· 106
	5.2.14	垫块 ················ 108
	5.2.15	键槽 ················ 109
	5.2.16	槽 ·················· 110
	5.2.17	三角形加强筋 ········ 111
	5.2.18	实例——闪盘模型 ···· 112
5.3	特征操作 ··············· 116

| | 5.3.1 拔模 …………………… 116
| | 5.3.2 边倒圆 ………………… 117
| | 5.3.3 面倒圆 ………………… 119
| | 5.3.4 倒斜角 ………………… 120
| | 5.3.5 布尔运算 ……………… 120
| | 5.3.6 实例——轴承座 ……… 121
| | 5.3.7 球形拐角 ……………… 128
| | 5.3.8 螺纹 …………………… 128
| | 5.3.9 阵列特征 ……………… 129
| | 5.3.10 镜像特征 …………… 130
| | 5.3.11 镜像几何体 ………… 131
| | 5.3.12 抽壳 ………………… 131
| | 5.3.13 实例——顶杆帽
| | 模型 ……………… 132
| 5.4 | 综合实例——减速器机盖
| | 模型 ………………………… 138

第 6 章 编辑特征 ……………… 162

| 6.1 | 特征编辑 ………………… 162
| | 6.1.1 编辑特征参数 ………… 162
| | 6.1.2 编辑位置 ……………… 163
| | 6.1.3 移动特征 ……………… 164
| | 6.1.4 特征重排序 …………… 164
| | 6.1.5 替换特征 ……………… 165
| | 6.1.6 抑制和取消抑制特征 … 165
| | 6.1.7 由表达式抑制 ………… 166
| | 6.1.8 移除参数 ……………… 166
| | 6.1.9 编辑实体密度 ………… 167
| | 6.1.10 特征重播 …………… 167
| 6.2 | 同步建模 ………………… 168
| | 6.2.1 调整面大小 …………… 168
| | 6.2.2 偏置区域 ……………… 168
| | 6.2.3 替换面 ………………… 169
| | 6.2.4 移动面 ………………… 169
| 6.3 | GC 工具箱 ………………… 170
| | 6.3.1 齿轮建模 ……………… 171
| | 6.3.2 实例——柱齿轮 ……… 172
| | 6.3.3 弹簧设计 ……………… 174
| | 6.3.4 实例——圆柱拉伸
| | 弹簧 ……………… 175

6.4 综合实例——编辑端盖 …… 176

第 7 章 曲面功能 ……………… 180

7.1 创建曲面 ………………… 180
　　7.1.1 通过点或从极点 ……… 180
　　7.1.2 拟合曲面 ……………… 181
　　7.1.3 直纹 …………………… 182
　　7.1.4 通过曲线组 …………… 184
　　7.1.5 通过曲线网格 ………… 185
　　7.1.6 扫掠 …………………… 186
　　7.1.7 截面 …………………… 187
　　7.1.8 延伸 …………………… 188
　　7.1.9 规律延伸 ……………… 188
　　7.1.10 偏置曲面 …………… 190
　　7.1.11 大致偏置 …………… 190
　　7.1.12 修剪片体 …………… 192
　　7.1.13 加厚 ………………… 192
　　7.1.14 片体到实体助理 …… 193
7.2 编辑曲面 ………………… 194
　　7.2.1 X 型 …………………… 194
　　7.2.2 I 型 …………………… 195
　　7.2.3 更改边 ………………… 196
　　7.2.4 扩大 …………………… 198
　　7.2.5 光顺极点 ……………… 199
　　7.2.6 更改次数 ……………… 199
　　7.2.7 更改刚度 ……………… 200
　　7.2.8 法向反向 ……………… 200
7.3 综合实例——鞋模型 …… 200

第 8 章 查询与分析 …………… 209

8.1 信息查询 ………………… 209
　　8.1.1 对象信息 ……………… 209
　　8.1.2 点信息 ………………… 210
　　8.1.3 样条信息 ……………… 210
　　8.1.4 B 曲面信息 …………… 211
　　8.1.5 表达式信息 …………… 211
　　8.1.6 其他信息 ……………… 211
8.2 对象与模型分析 ………… 212
　　8.2.1 几何分析 ……………… 212
　　8.2.2 几何体对象检查 ……… 216
　　8.2.3 对象干涉检查 ………… 217

	8.2.4	曲线特性分析 ···················218
	8.2.5	曲面特性分析 ···················219
	8.2.6	模型比较 ·······················222
8.3	综合实例——分析鞋子 ···············223

第9章 装配建模 ···························228

9.1	装配概述 ································228
	9.1.1 相关术语和概念 ···············228
	9.1.2 引用集 ·······················229
	9.1.3 装配导航器 ···················229
9.2	自底向上装配 ···························231
	9.2.1 添加已经存在的组件 ··231
	9.2.2 组件的装配 ···················232
9.3	装配爆炸图 ·····························235
	9.3.1 爆炸图的建立 ···············235
	9.3.2 自动爆炸视图 ···············235
	9.3.3 编辑爆炸视图 ···············236
9.4	综合实例——虎钳装配 ···········236

第10章 工程图 ····························249

10.1	工程图概述 ···························249
10.2	工程图参数设置 ·····················250
	10.2.1 设置注释参数 ···············250
	10.2.2 设置视图参数 ···············251
10.3	图纸管理 ·······························252
	10.3.1 新建工程图 ···················252
	10.3.2 编辑工程图 ···················254
10.4	视图创建 ·······························254
	10.4.1 基本视图 ·····················254
	10.4.2 投影视图 ·····················256
	10.4.3 局部放大图 ···················256
	10.4.4 剖视图 ·························257

	10.4.5 局部剖视图 ···················257
	10.4.6 断开视图 ·····················258
10.5	视图编辑 ·······························259
	10.5.1 对齐视图 ·····················260
	10.5.2 编辑剖切线 ···················260
	10.5.3 视图相关编辑 ···············261
	10.5.4 定义剖面线 ···················262
	10.5.5 移动/复制视图 ···············263
	10.5.6 视图边界 ·····················263
	10.5.7 更新视图 ·····················264
10.6	图纸标注 ·······························265
	10.6.1 尺寸标注 ·····················265
	10.6.2 文本编辑 ·····················266
	10.6.3 中心线 ·························269
	10.6.4 ID 符号 ·······················270
10.7	综合实例——轴承座工程图 ···270

第11章 典型实例 ························275

11.1	典型工业造型实例 ·················275
	11.1.1 茶杯 ···························275
	11.1.2 锅盖 ···························279
	11.1.3 可乐瓶 ·························282
11.2	典型机械设计实例 ·················288
	11.2.1 轴 ·······························288
	11.2.2 齿轮 ···························291
11.3	典型曲面实例——吧台椅 ·······296
	11.3.1 椅座 ···························296
	11.3.2 支撑架 ·························301
	11.3.3 踏脚架 ·························303
	11.3.4 底座 ···························305

第 1 章　UG NX 12.0 简介

本章导读

UG（Unigraphics）是 Unigraphics Solutions 公司推出的集 CAD、CAM、CAE 于一体的三维机械设计平台，也是计算机辅助设计、分析和制造软件之一，被广泛应用于汽车、航空航天、机械、消费产品、医疗器械、船舶等行业，可为制造行业产品开发的全过程提供解决方案，其功能包括概念设计、工程设计、性能分析和制造。本章主要介绍 UG 的工作界面、选项卡及相关参数设置。

内容要点

- UG NX 12.0 的启动
- 工作界面简介
- 选项卡设置
- UG 参数设置

1.1　UG NX 12.0 的启动

启动 UG NX 12.0 中文版有以下 4 种方法。

（1）双击桌面上 UG NX 12.0 的快捷方式图标，启动 UG NX 12.0 中文版。

（2）单击桌面左下方的"开始"按钮，在弹出的菜单中选择"所有程序"→"UG NX 12.0"→"NX 12.0"命令，启动 UG NX 12.0 中文版。

（3）将 UG NX 12.0 的快捷方式图标拖到桌面下方的快捷启动栏中，单击快捷启动栏中 UG NX 12.0 的快捷方式图标，启动 UG NX 12.0 中文版。

（4）在 UG NX 12.0 安装目录的 UGII 子目录下双击 ugraf.exe 图标，启动 UG NX 12.0 中文版。

UG NX 12.0 中文版的启动界面如图 1-1 所示。

1.2　工作界面简介

本节介绍了 UG NX 12.0 的主要工作界面及各部分的功能，了解各部分的位置和功能之后才能有效地进行工作设计。UG NX 12.0 的工作界面如图 1-2 所示，包括标题栏、菜单栏、功能区、工作区、坐标系、快捷菜单、资源工具条、提示行、状态行等部分。

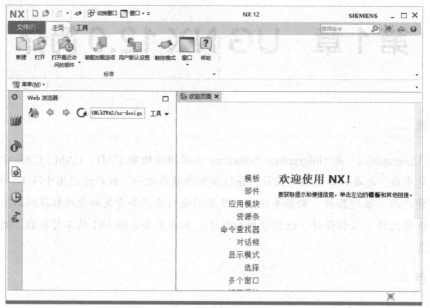

图 1-1　UG NX 12.0 中文版的启动界面

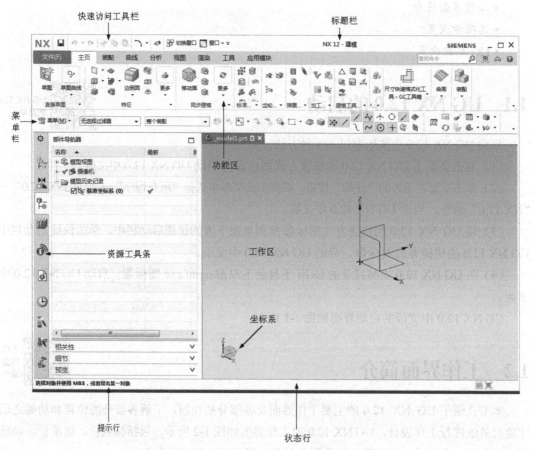

图 1-2　UG NX 12.0 的工作界面

1.2.1 标题栏

标题栏用来显示软件版本,以及当前的模块、文件名等信息。

1.2.2 菜单栏

菜单栏中包含软件的主要功能,系统的所有命令或设置选项都归属到不同的菜单下,它们分别是"文件""编辑""视图""插入""格式""工具""装配""信息""分析""首选项""应用模块""窗口""GC工具箱"和"帮助"菜单。

选择不同的菜单后,其子菜单中就会显示所有与该功能有关的命令。如图1-3所示为"工具"菜单中的命令。

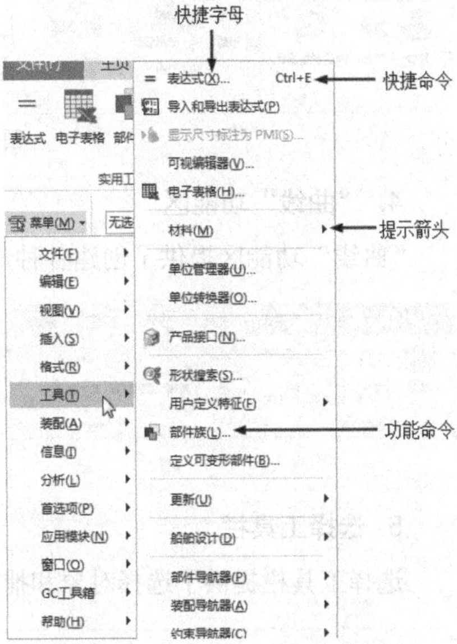

(1)快捷字母:如"文件"菜单中的F是系统默认的快捷字母命令键,按Alt+F组合键即可调用该命令。如要调用"文件"→"打开"命令,按Alt+F组合键后再按O键即可。

(2)功能命令:实现软件功能所要执行的命令,单击它会实现相应功能。

图1-3 "工具"菜单中的命令

(3)提示箭头:表示该命令含有子命令。

(4)快捷命令:命令右侧的组合键是该命令的快捷命令,在使用软件的过程中直接按组合键即可自动执行该命令。

1.2.3 功能区

功能区中的命令以图形的形式表示,所有功能区中的图形命令都可以在菜单栏中找到相应的命令。使用图形命令可以方便用户操作。

常用的功能区选项卡和工具栏如下。

1. 快速访问工具栏

快速访问工具栏中包含文件系统的基本操作命令,如图1-4所示。

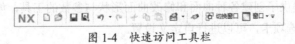

图1-4 快速访问工具栏

2. "视图"功能区

"视图"功能区用来对图形窗口中的物体进行显示操作,如图1-5所示。

图1-5 "视图"功能区

3. "应用模块"功能区

"应用模块"功能区用于各个模块间的相互切换，如图1-6所示。

图1-6 "应用模块"功能区

4. "曲线"功能区

"曲线"功能区提供了创建各种形状曲线和修改曲线形状与参数的工具，如图1-7所示。

图1-7 "曲线"功能区

5. 选择工具栏

选择工具栏提供了选择对象和捕捉点的各种工具，如图1-8所示。

图1-8 选择工具栏

6. "主页"功能区

"主页"功能区提供了创建参数化特征实体模型的大部分工具，主要用于创建规则和较简单的模型、对模型进行进一步细化和局部修改，以及创建一些形状规则但较复杂的实体特征，也可用于修改特征形状、位置及其显示状态等，如图1-9所示。

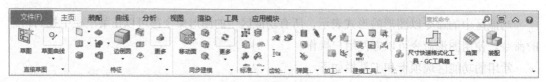

图1-9 "主页"功能区

7. "曲面"功能区

"曲面"功能区提供了创建各种曲面和修改曲面形状与参数的工具，如图1-10所示。如果界面中没有所需要的选项卡，可以进行自定义设置。

图1-10 "曲面"功能区

1.2.4 工作区

工作区是绘图的主区域。

1.2.5 坐标系

UG 中的坐标系分为工作坐标系（WCS）和绝对坐标系（ACS），其中工作坐标系是用户在建模时直接应用的坐标系。

1.2.6 快捷菜单

在工作区中右击即可打开快捷菜单，其中含有一些常用命令及视图控制命令，以方便绘图。

1.2.7 资源工具条

资源工具条中包括装配导航器、部件导航器、Web 浏览器、历史记录等按钮，如图 1-11 所示。

单击资源工具条上方的"资源条选项"按钮，弹出如图 1-12 所示的"资源条"菜单，勾选或取消勾选"销住"选项，可以切换页面的固定和滑移状态。

图 1-11　资源工具条

单击"Web 浏览器"按钮，可打开 UG NX 12.0 的在线帮助、CAST（计算机辅助自学）或其他网站和网页；也可选择"菜单"→"首选项"→"用户界面"命令，在打开的"用户界面首选项"对话框中配置 Web 浏览器主页网址，如图 1-13 所示。

图 1-12　"资源条"菜单

单击"历史记录"按钮，可打开访问过的零件列表，用户可在此预览零件及其他相关信息，如图 1-14 所示。

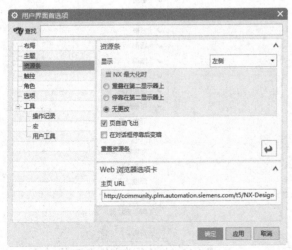

图 1-13　配置Web 浏览器主页网址

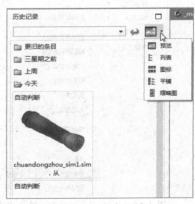

图 1-14　历史记录

1.2.8 提示行

提示行用来提示用户如何进行操作。执行命令时，系统会在提示行中显示用户必须执行的下一步操作。对于不熟悉的命令，借助提示行中的帮助内容，一般都可以顺利完成操作。

1.2.9 状态行

状态行主要用于显示系统或图元的状态，如显示是否选中了图元等。

1.3 选项卡设置

选项卡设置

UG 提供的选项卡可为用户的工作提供方便，但当进入应用模块后，UG 只会显示默认的选项卡设置。不过，用户可根据自己的习惯定制风格独特的工具栏。本节将介绍选项卡的设置。

选择"菜单"→"工具"→"定制"命令，如图 1-15 所示，或者在选项卡任意位置的空白处右击，从弹出的快捷菜单中选择"定制"命令，如图 1-16 所示，打开"定制"对话框。该对话框中有 4 个功能选项卡："命令""选项卡/条""快捷方式"和"图标/工具提示"。单击相应的选项卡即可进行定制，完成后单击对话框下方的"关闭"按钮即可退出该对话框。

图 1-15 "工具"→"定制"命令

图 1-16 快捷菜单中的"定制"命令

1.3.1 命令

该选项卡用于显示或隐藏工具栏中的某些命令,如图 1-17 所示。具体操作如下:在"类别"栏下找到需添加命令的工具栏,然后在"所有命令"栏下找到待添加的命令,将其拖至工作窗口的相应工具栏中。对于工具栏中不需要的命令则直接拖出,然后释放鼠标。用同样的方法也可以将命令拖动到菜单栏的下拉菜单中。

1.3.2 选项卡/条

该选项卡用于显示或隐藏某些选项卡,新建选项卡,装载定义好的选项卡文件(扩展名为.tbr),也可以利用重置功能来恢复软件默认的工具栏设置,如图 1-18 所示。

图 1-17 "命令"选项卡

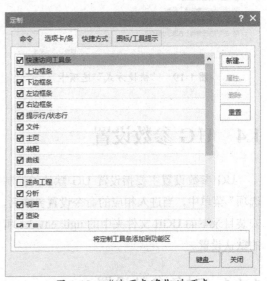

图 1-18 "选项卡/条"选项卡

1.3.3 快捷方式

该选项卡用于设置是否显示全部的下拉菜单列表,设置恢复默认菜单,以及设置工具条和菜单栏图标的大小,如图 1-19 所示。

1.3.4 图标/工具提示

该选项卡如图 1-20 所示,用于对 UG NX 12.0 中的图标大小进行设置,包括功能区、窄功能区、上/下边框条、左/右边框条、快捷工具条/圆盘工具条、菜单等,也用于工具提示设置。

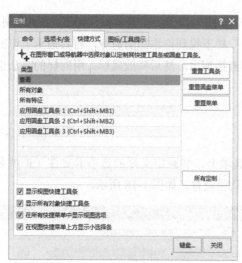

图 1-19 “快捷方式”选项卡

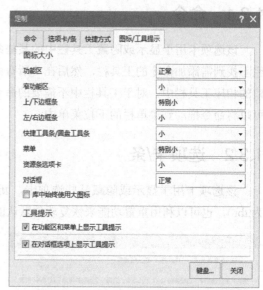

图 1-20 “图标/工具提示”选项卡

1.4 UG 参数设置

UG 参数设置主要指设置 UG 默认的控制参数。所有的参数设置命令均在主菜单中的“首选项”菜单中，当进入相应的命令设置界面后，可对每个命令进行具体设置；也可通过修改 UG 安装目录下的 UGII 文件夹中的 ugii_env.dat 和 ugii_metric.def 或相关模块的 def 文件来修改 UG 的默认设置。

1.4.1 对象参数设置

对象参数设置

选择“菜单”→“首选项”→“对象”命令，弹出如图 1-21 所示的“对象首选项”对话框。该对话框主要用于设置新对象的属性，如“颜色”“线型”“宽度”等，用户可进行个性化的设置。

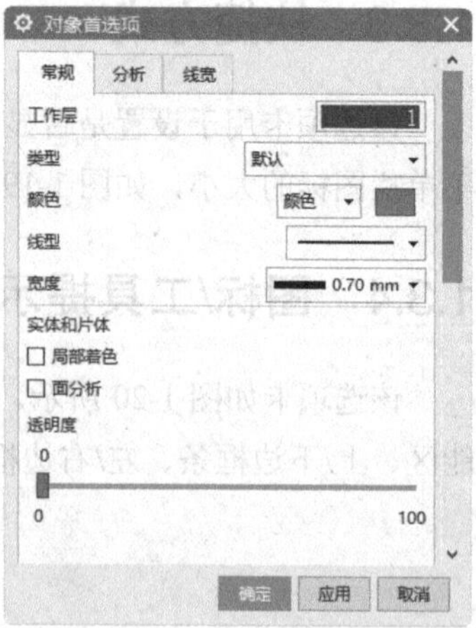

图 1-21 “对象首选项”对话框

1.4.2 用户界面参数设置

用户界面参数设置

选择“菜单”→“首选项”→“用户界面”命令，弹出如图 1-22 所示的“用户界面首选项”对话框。该对话框中包含“布局”“主题”“资源条”“触控”“角色”“选项”和“工具”7 个选项。该对话框可用来设置“NX 主题”“窗口位置”“显示设置”的“数值精度”“尺寸可见性”“宏选项”“日记格式”“对话框界面设置”等参数。下面介绍部分选项的用法。

1. 布局

该选项用于设置 UG 功能区、提示行/状态行位置等，如图 1-22 所示，如可以设置功能区选项、全屏范围、提示行/状态行位置、退出时保存布局等。

2. 主题

该选项用于设置 NX 主题外观，如图 1-23 所示，如可将 NX 主题外观设置为"浅色（推荐）""浅灰色""经典""经典，使用系统字体""系统"等类型。

图 1-22　"用户界面首选项"对话框

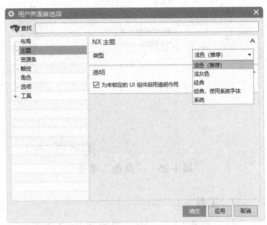

图 1-23　"主题"选项

3. 资源条

该选项用于设置 UG 工作区右侧动态资源条的状态，如图 1-24 所示，如可以设置资源条主页、停靠位置、页自动飞出与否等。

4. 触控

该选项用于设置触摸屏显示器触控板的参数，如图 1-25 所示。

图 1-24　"资源条"选项

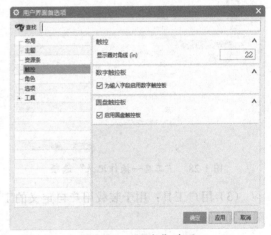

图 1-25　"触控"选项

5. 角色

该选项用于新建角色、加载角色等时进行参数设置，如图 1-26 所示。

6. 选项

该选项用于设置对话框的显示模板、小数位数及用户反馈信息，如图 1-27 所示。

图 1-26　"角色"选项

图 1-27　"选项"选项

7. 工具

（1）操作记录：用于设置操作记录语言、文件格式等，如图 1-28 所示。

（2）宏：一个存储一系列描述用户键盘和鼠标在 UG 交互过程中操作语句的文件（扩展名为.macro），任意一串交互输入操作都可以记录到宏文件中，然后通过简单的回放功能来重放记录的操作。宏对于执行重复的、复杂的或需较长时间的任务十分有用，还可以使用户工作环境个性化，如图 1-29 所示。

图 1-28　"工具—操作记录"选项

图 1-29　"工具—宏"选项

（3）用户工具：用于装载用户自定义的工具栏文件、显示或隐藏用户定义的工具栏，如图 1-30 所示。

1.4.3　资源板参数设置

选择"菜单"→"首选项"→"资源板"命令，弹出如图 1-31 所示的"资源板"对话框。该对话框主要用于设置整个窗口最右侧资源条显示方式。利用模板资源可以最大限度地减少重复性工作。

第 1 章　UG NX 12.0 简介

图 1-30　"工具—用户工具"选项

图 1-31　"资源板"对话框

1.4.4　选择参数设置

选择参数设置

选择"菜单"→"首选项"→"选择"命令，弹出如图 1-32 所示的"选择首选项"对话框。在该对话框中可以设置用鼠标选择对象时，光标的默认颜色、选择球大小，以及确认选择方式等。下面介绍相关用法。

（1）鼠标手势：用于设置选择方式，包括"矩形"和"索套"两个选项。

（2）选择规则：用于设置选择规则，包括"内侧""外侧""交叉""内侧/交叉""外侧/交叉"5 个选项。

（3）着色视图：用于设置进行系统着色时对象的显示方式，包括"高亮显示面"和"高亮显示边"两个选项。

（4）面分析视图：用于设置进行面分析时视图的显示方式，包括"高亮显示面"和"高亮显示边"两个选项。

（5）选择半径：用于设置选择球的大小，包含"小""中""大"3 个选项。

（6）公差：用于设置链接曲线时，彼此相邻的曲线端点间允许的最大间隙。链接公差值越小，链接选取就越精确；链接公差值越大，链接选取就越不精确。

（7）方法：包括"简单""WCS""WCS 左侧"和"WCS 右侧"4 个选项。

①简单：用于选择彼此首尾相连的曲线串。

②WCS：用于在当前 XC—YC 坐标平面上选择彼此首尾相连的曲线串。

③WCS 左侧：用于在当前 XC—YC 坐标平面上，从链接开始点至结束点沿左侧路线选择彼此首尾相连的曲线串。

④WCS 右侧：用于在当前 XC—YC 坐标平面上，从链接开始点至结束点沿右侧路线选择彼此首尾相连的曲线串。

"简单"方式由系统自动识别，较为常用。当需要链接的对象含有两条链接路径时，一般选用后两种方式，用于指定是沿左侧链接还是沿右侧链接。

1.4.5 装配参数设置

装配参数设置

选择"菜单"→"首选项"→"装配"命令，弹出如图1-33所示的"装配首选项"对话框。该对话框用于设置装配的相关参数。

图1-32 "选择首选项"对话框

图1-33 "装配首选项"对话框

1.4.6 草图参数设置

草图参数设置

选择"菜单"→"首选项"→"草图"命令，弹出如图1-34所示的"草图首选项"对话框。该对话框用于修改草图的默认设置和控制某些草图对象的显示，包括"草图设置""会话设置"和"部件设置"3个选项卡。下面分别对其进行介绍。

1. 草图设置

在"草图首选项"对话框中选择"草图设置"选项卡，显示相应的参数设置内容，如图1-34所示。

（1）尺寸标签：用于设置尺寸的文本内容。

①表达式：用于设置用尺寸表达式作为尺寸的文本内容。

②名称：用于设置用尺寸表达式的名称作为尺寸的文本内容。

③值：用于设置用尺寸表达式的值作为尺寸的文本内容。

（2）屏幕上固定文本高度：用于设置固定尺寸文本的高度。

2. 会话设置

在"草图首选项"对话框中选择"会话设置"选项卡，显示相应的参数设置内容，如图1-35所示。

第 1 章　UG NX 12.0 简介

图 1-34　"草图首选项"对话框

图 1-35　"会话设置"选项卡

（1）对齐角：用于设置捕捉角度，控制不采取捕捉方式绘制直线时是否自动绘制水平或垂直直线。如果所绘制直线与草图工作平面 XC 轴[①]或 YC 轴的夹角小于或等于该参数值，则会自动为水平或垂直直线。

①显示自由度箭头：用于控制自由度箭头的显示状态。勾选该复选框，则草图中未约束的自由度会以箭头形式显示出来。

②显示约束符号：用于控制是否显示约束符号。

③更改视图方向：用于控制草图退出激活状态时，工作视图是否回到原来的方向。

（2）任务环境：用于设置绘制草图时的工作状态。

保持图层状态：用于控制工作图层状态。当草图被激活后，它所在的工作图层成为当前工作图层。勾选该复选框，则草图退出激活状态时，草图工作图层会回到激活前的工作图层。

3. 部件设置

在"草图首选项"对话框中选择"部件设置"选项卡，显示相应的参数设置内容，如图 1-36 所示。该对话框用于设置"曲线""约束和尺寸""自动尺寸"等草图对象的颜色。

制图参数设置

1.4.7　制图参数设置

图 1-36　"部件设置"选项卡

选择"菜单"→"首选项"→"制图"命令，弹出如图 1-37 所示的"制图首选项"对话框。下面介绍该对话框中主要选项的用法。

1. 常规/设置

在"制图首选项"对话框中选择"常规/设置"选项，显示相应的参数设置内容，如图 1-37 所示。

[①] 本书坐标轴表示形式用正体，与 UG NX 12.0 软件界面保持一致。

2. 公共

在"制图首选项"对话框中选择"公共"选项,显示相应的参数设置内容,如图1-38所示。

(1)文字:设置文字相关参数时,先选择文字对齐位置和文字对正方式,再选择要设置的文本颜色和宽度,最后在"高度""NX字体间隙因子""文本宽高比""行间隙因子"等文本框中输入参数,如图1-38所示。

图1-37 "制图首选项"对话框

图1-38 "公共"选项

(2)直线/箭头:可以设置箭头等的类型和形状参数,还可以设置其显示颜色、线型和线宽。在设置参数时,用户根据要设置的箭头形式选择箭头的类型,并且输入箭头的参数值,如图1-39所示。

①箭头:用于设置剖视图中截面线箭头的参数,可以改变箭头的大小、长度和角度。

②箭头线:用于设置截面延伸线的参数,可以修改截面延伸线的长度及图形框之间的距离。

(3)符号:用于设置符号的颜色、线型、线宽等参数,如图1-40所示。

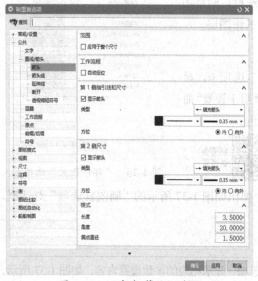

图1-39 "直线/箭头"选项

图1-40 "符号"选项

3. 尺寸

在设置尺寸时主要涉及以下 4 个选项。

（1）尺寸线：根据标注尺寸的需要，勾选箭头之间是否有线，或者修剪尺寸线。

（2）方向和位置：在"方位"下拉列表中选择文本的放置位置，如图 1-41 所示。

（3）公差：可以设置最高 6 位的精度和 11 种类型的公差。如图 1-42 所示为可以设置的 11 种公差形式。

（4）倒斜角：系统提供了 4 种倒斜角样式，可以设置分割线样式和间隔，也可以设置指引线的格式。

4. 注释

在"制图首选项"对话框中选择"注释"选项，显示相应的参数设置内容，如图 1-43 所示。

应用于所有注释：可将颜色、线型和线宽参数应用到所有制图注释中。该操作不影响制图尺寸的颜色、线型和线宽。

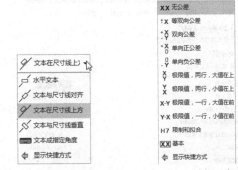

图 1-41　文本的放置位置　　图 1-42　11 种公差形式

1.4.8　建模参数设置

建模参数和特征包括距离公差、角度公差、密度、密度单位、网格线等。选择"菜单"→"首选项"→"建模"

图 1-43　"注释"选项

命令，弹出如图 1-44 所示的"建模首选项"对话框。主要选项功能介绍如下。

1. 常规

（1）体类型：用于设置在利用曲线创建三维特征时，是生成实体还是生成片体。

（2）密度：用于设置实体的密度。该密度值只对以后创建的实体起作用。

（3）密度单位：用于设置密度的默认单位。

（4）用于新面：用于设置新面的显示属性是父体还是默认部件。

（5)用于布尔操作面：用于设置在布尔运算中生成的面的显示属性是继承于目标体还是工具体。

（6）网格线：用于设置实体或片体表面在 U 向和 V 向上栅格线的数目。如果其下方 U 向计数和 V 向计数的参数值大于 0，则当创建表面时，表面上就会显示网格曲线。网格曲线只是一个显示特征，其显示数目并不影响实际表面的精度。

2. 自由曲面

在"建模首选项"对话框中选择"自由曲面"选项卡，显示相应的参数设置内容，如图1-45所示。

图1-44 "建模首选项"对话框

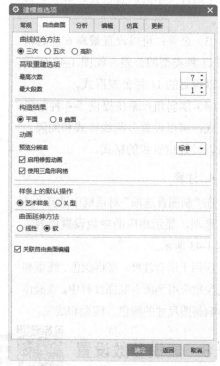

图1-45 "自由曲面"选项卡

（1）曲线拟合方法：用于选择生成曲线时的拟合方法，包括"三次""五次"和"高阶"3个选项。

（2）构造结果：用于选择构造自由曲面的结果，包括"平面"和"B曲面"两个选项。

3. 分析

在"建模首选项"对话框中选择"分析"选项卡，显示相应的参数设置内容，如图1-46所示。

4. 编辑

在"建模首选项"对话框中选择"编辑"选项卡，显示相应的参数设置内容，如图1-47所示。

（1）双击操作（特征）：用于设置双击操作时的状态，包括"可回滚编辑"和"编辑参数"两个选项。

（2）双击操作（草图）：用于设置双击操作时的状态，包括"可回滚编辑"和"编辑"两个选项。

（3）编辑草图操作：用于草图编辑，包括"直接编辑"和"任务环境"两个选项。

图 1-46 "分析"选项卡　　　　　　图 1-47 "编辑"选项卡

1.4.9 可视化参数设置

可视化参数用于设置影响图形窗口的显示属性。

选择"菜单"→"首选项"→"可视化"命令,弹出"可视化首选项"对话框,如图 1-48 所示。

1. 颜色/字体

在"可视化首选项"对话框中选择"颜色/字体"选项卡,显示相应的参数设置内容,如图 1-48 所示。该对话框用于设置"预选""选择""前景""背景"等部件的颜色。

2. 小平面化

在"可视化首选项"对话框中选择"小平面化"选项卡,显示相应的参数设置内容,如图 1-49 所示。该对话框用于设置利用小平面进行着色时的参数。

(1) 部件设置。

①分辨率:用于为部分着色和全着色显示模式设定分辨率。

②更新:用于设置在更新操作过程中对象的更新显示。

(2) 高级可视化视图。

①分辨率:用于为更先进的面分析和工作室显示模式设定分辨率。

②更新:和"部件设置"中"更新"选项的含义相同。

图1-48 "可视化首选项"对话框

图1-49 "小平面化"选项卡

3. 可视

在"可视化首选项"对话框中选择"可视"选项卡，显示相应的参数设置内容，如图1-50所示。该对话框用于设置实体在视图中的显示特性，"部件设置"中各参数的改变只影响所选择的视图，但"透明度""线条反锯齿""着重边"等的设置会影响所有视图。

（1）常规显示设置。

①渲染样式：用于为所选的视图设置着色模式。

②着色边颜色：用于为所选的视图设置着色边的颜色。

③隐藏边样式：用于为所选的视图设置隐藏边的显示方式。

④光亮：用于设置着色表面上的光亮强度。

⑤透明度：用于设置处在着色或部分着色模式中的着色对象是否透明显示。

⑥线条反锯齿：用于设置是否对直线、曲线和边的显示进行处理，以使线的显示更光滑、更真实。

⑦着重边：用于设置着色对象是否突出边缘显示。

（2）边显示设置：用于设置着色对象的边缘显示参数，如图1-51所示。

①隐藏边：用于为所选的视图设置隐藏边的显示方式。

②轮廓线：用于设置是否显示圆锥、圆柱体、球体和圆环轮廓。

③光顺边：用于设置是否显示光滑面之间的边，以及光顺边的颜色、线型和宽度。

④更新隐藏边：用于设置在编辑实体过程中是否随时更新隐藏边缘。

4. "视图/屏幕"选项卡

在"可视化首选项"对话框中选择"视图/屏幕"选项卡，显示相应的参数设置内容，如图1-52所示。该对话框用于设置视图拟合比例和校准屏幕的物理尺寸。

（1）适合百分比：用于设置在进行拟合操作后，模型在视图中的显示范围。

（2）校准：用于设置校准显示器的物理尺寸。单击"校准"按钮，弹出如图 1-53 所示的"校准屏幕分辨率"对话框，用于设置精准的屏幕尺寸。

图 1-50　"可视"选项卡 1

图 1-51　"可视"选项卡 2

图 1-52　"视图/屏幕"选项卡

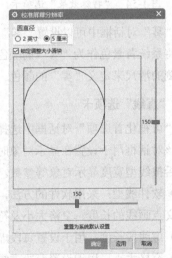

图 1-53　"校准屏幕分辨率"对话框

5. "特殊效果"选项卡

在"可视化首选项"对话框中选择"特殊效果"选项卡，显示相应的参数设置内容，如图1-54所示。该对话框用于设置使用特殊效果来显示对象。勾选"雾"复选框，单击"雾设置"按钮，弹出如图1-55所示的"雾"对话框，用于设置着色状态下较近对象与较远对象的显示效果。

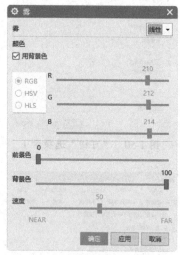

图1-54 "特殊效果"选项卡　　　　图1-55 "雾"对话框

在"雾"对话框中可以设置"雾"的类型为"线性""光"或"重"；可以勾选"用背景色"复选框将系统背景色作为"雾"的颜色，也可以选择定义颜色方式RGB、HSV或HLS，再利用其右侧的滑尺来定义"雾"的颜色。

6. "直线"选项卡

在"可视化首选项"对话框中选择"直线"选项卡，显示相应的参数设置内容，如图1-56所示。该对话框用于设置在显示对象时，其中的非实线线型各组成部分的尺寸、曲线的显示公差、是否按线型宽度显示对象等参数。

（1）软件线型：采用软件的方法，准确产生成比例的非实线线型，常用在绘图中。该方法还能定义点画线的长度、空格大小及符号大小。

（2）虚线段长度：用于设置每段虚线的长度。

（3）空格大小：用于设置两段虚线之间的长度。

（4）符号大小：用于设置用在线型中的符号的显示尺寸。

(5)显示线宽:曲线有细、一般和宽 3 种宽度。勾选"显示线宽"复选框,曲线以各自设定的线宽显示;不勾选该复选框,所有曲线都以细线宽显示。

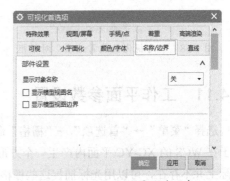

(6)深度排序线框:用于设置图形显示卡在线框视图中是否按深度分类显示对象。

7. "名称/边界"选项卡

在"可视化首选项"对话框中选择"名称/边界"选项卡,显示相应的参数设置内容,如图 1-57 所示。该对话框用于设置是否显示对象名称、视图名或视图边界。其中,"显示对象名称"有"关""视图定义"和"工作视图"3 个选项。

图 1-56 "直线"选项卡　　　　　图 1-57 "名称/边界"选项卡

(1)关:选中该选项,则不显示对象、属性、图样、组名等对象名称。
(2)视图定义:选中该选项,则在定义对象、属性、图样、组名等的视图中显示其名称。
(3)工作视图:选中该选项,则在当前视图中显示对象、属性、图样、组名等对象名称。

1.4.10 可视化性能参数设置

可视化性能参数用于控制影响图形的显示性能。

选择"菜单"→"首选项"→"可视化性能"命令,弹出如图 1-58 所示的"可视化性能首选项"对话框。该对话框有"一般图形"和"大模型"两个选项卡。

1. 一般图形

该选项卡用于设置"视图动画速度""禁用透明度""忽略背面"等图形显示性能。

2. 大模型

该选项卡用于设置大模型的显示特性,目的是改善大模型的动态显示能力。动态显示能力包括视图旋转、平移、放大等,如图 1-59 所示。

图 1-58 "可视化性能首选项"对话框

图 1-59 "大模型"选项卡

1.4.11 工作平面参数设置

选择"菜单"→"首选项"→"栅格"命令，弹出如图 1-60 所示的"栅格首选项"对话框，用于在 WCS 的 XC-YC 平面内产生一个方形或圆形的栅格点阵。这些栅格点只显示在系统上，实际上并不存在，可以用光标捕捉这些栅格点。

栅格有"矩形均匀""矩形非均匀""极坐标"3 种类型。下面依次进行介绍。

1. 矩形均匀

该类型栅格的间距是均匀的。选择"矩形均匀"选项，得到如图 1-60 所示的对话框。

（1）主栅格间隔：用于设置栅格间的距离。

（2）主线间的辅线数：用于设置栅格线间的距离。

（3）辅线间的捕捉点数：用于设置着重线间的距离。

2. 矩形非均匀

该类型栅格的间距是不均匀的。选择"矩形非均匀"选项，得到如图 1-61 所示的对话框。

（1）XC 轴间隔：用于设置栅格的列距离。

（2）YC 轴间隔：用于设置栅格的行距离。

3. 极坐标

该类型即圆形栅格。选择"极坐标"选项，得到如图 1-62 所示的对话框。

第 1 章 UG NX 12.0 简介

图 1-60 "栅格首选项—矩形均匀"对话框

图 1-61 "栅格首选项—矩形非均匀"对话框

图 1-62 "栅格首选项—极坐标"对话框

第 2 章　UG NX 12.0 快速入门

本章导读

本章主要介绍 UG 应用中的一些基本操作及常用工具，有助于用户更熟悉 UG 的建模环境。

内容要点

- 文件管理
- 对象操作
- 坐标系
- 布局
- 图层操作

2.1　文件管理

本节将介绍对文件的操作，包括新建文件、打开文件、关闭文件、导入/导出文件等。这些操作可以通过如图 2-1 所示的"文件"菜单中的命令来完成。

2.1.1　新建文件

本节将介绍如何新建一个 UG 的 prt 文件。选择"文件"→"新建"命令、选择"菜单"→"文件"→"新建"命令、单击"主页"功能区"标准"组中的"新建"按钮、单击快速访问工具栏中的"新建"按钮或按 Ctrl+N 组合键，都可打开如图 2-2 所示的"新建"对话框。

图 2-1　"文件"菜单

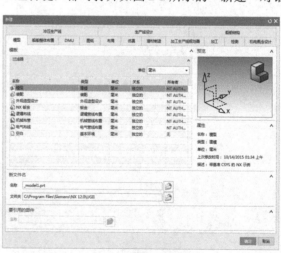

图 2-2　"新建"对话框

在"新建"对话框"模型"选项卡的"模板"列表中选择适当的模板,在"新文件名"的"名称"文本框中输入文件名,在"文件夹"文本框中确定新建文件的保存路径,设置完成后单击"确定"按钮即可。

2.1.2 打开文件

打开文件

选择"文件"→"打开"命令或单击功能区中的"打开"按钮 或按 Ctrl+O 组合键,均可弹出如图 2-3 所示的"打开"对话框,从中选择所需文件,然后单击 OK 按钮,即可将其打开。

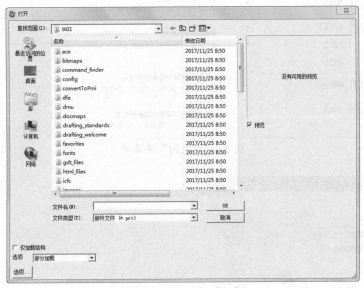

图 2-3 "打开"对话框

2.1.3 关闭文件

关闭文件

关闭文件可以通过选择"文件"→"关闭"命令,在打开的"关闭"子菜单中选择相应的命令来完成,如图 2-4 所示。

选择"选定的部件"命令后会弹出如图 2-5 所示的"关闭部件"对话框,用户选取要关闭的文件,然后单击"确定"按钮即可。

各选项解释如下。

(1)顶层装配部件:在文件列表中只列出顶层装配文件,而不列出装配文件中包含的组件文件。

(2)会话中的所有部件:在文件列表中列出当前进程中所有载入的文件。

(3)仅部件:仅关闭所选择的文件。

(4)部件和组件:如果所选择的文件是装配文件,则会同时关闭所有属于该装配文件的组件文件。

(5)关闭所有打开的部件:可以关闭所有文件,但系统会弹出"关闭所有文件"对话框进行警示,如图 2-6 所示。

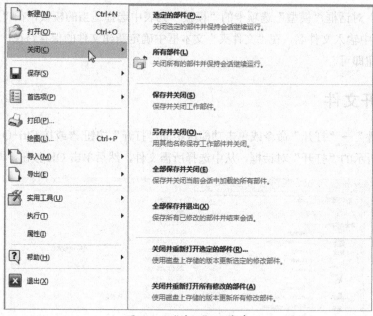

图 2-4 "关闭"子菜单

图 2-5 "关闭部件"对话框

图 2-6 "关闭所有文件"对话框

"关闭"子菜单中的其他命令与之相似，此处不再详述。

2.1.4　导入/导出文件

导入/导出文件

1. 导入文件

选择"文件"→"导入"命令，弹出如图 2-7 所示的"导入"子菜单，其中给出了 UG 与其他应用程序文件格式的接口命令，常用的有"部件""CGM""AutoCAD DXF/DWG"等。

图 2-7　"导入"子菜单

（1）部件：可以将已存在的零件文件导入已打开的零件文件或新文件中，还可以导入 CAM 对象，如图 2-8 所示。

（2）Parasolid：可以导入含有适当文字格式（*.x_t）文件的实体。该文字格式文件含有说明该实体的数据。导入的实体密度保持不变，表面属性（颜色、反射参数等）除透明度外，其他保持不变。

（3）CGM：可以导入 CGM 格式文件，即标准的 ANSI 格式的图形中继文件。

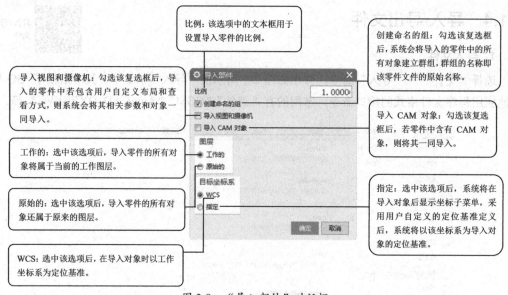

图 2-8 "导入部件"对话框

（4）AutoCAD DXF/DWG：可以导入 DXF/DWG 格式文件，可将其他 CAD/CAM 相关应用程序导出的 DXF/DWG 文件导入 UG 中。

（5）IGES：可以导入 IGES 格式文件。IGES 格式是可在一般 CAD/CAM 应用软件间转换的常用格式，可供各 CAD/CAM 相关应用程序转换点、线、曲面等对象。

2. 导出文件

选择"文件"→"导出"命令，可以将 UG 文件导出为除自身外的多种文件格式，包括图片、数据文件和其他各种应用程序文件格式。

2.1.5 文件装配加载选项

选择"菜单"→"文件"→"选项"→"装配加载选项"命令，弹出如图 2-9 所示的"装配加载选项"对话框。在该对话框中可进行相应设置。

2.1.6 文件保存选项

选择"菜单"→"文件"→"选项"→"保存选项"命令，弹出如图 2-10 所示的"保存选项"对话框。在该对话框中可以进行相应设置。

图 2-9 "装配加载选项"对话框

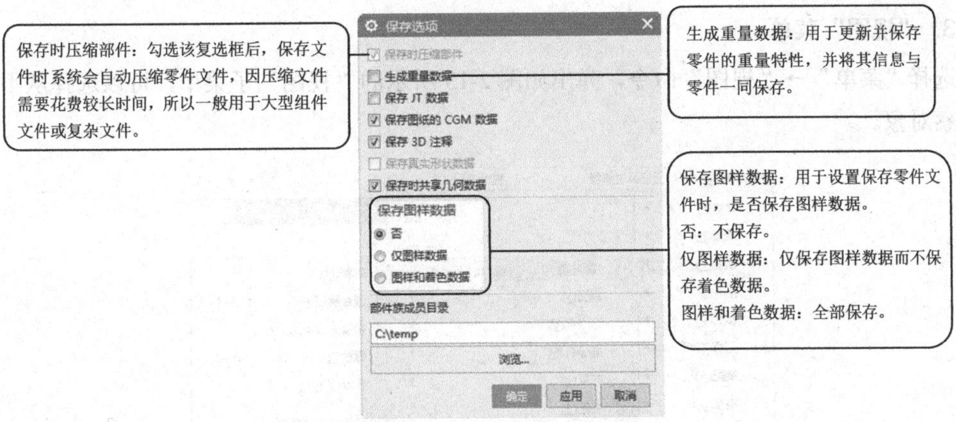

保存时压缩部件：勾选该复选框后，保存文件时系统会自动压缩零件文件，因压缩文件需要花费较长时间，所以一般用于大型组件文件或复杂文件。

生成重量数据：用于更新并保存零件的重量特性，并将其信息与零件一同保存。

保存图样数据：用于设置保存零件文件时，是否保存图样数据。
否：不保存。
仅图样数据：仅保存图样数据而不保存着色数据。
图样和着色数据：全部保存。

图 2-10 "保存选项"对话框

2.2 对象操作

UG 建模过程中的点、线、面、图层、实体等称为对象。三维实体的创建、编辑操作实质上也可以看作对对象的操作。

2.2.1 对象观察

对象观察

对象观察一般通过以下两种途径实现。

1. 快捷菜单

在工作区中右击可以弹出如图 2-11 所示的快捷菜单。可以借助此菜单以多种方式观察对象。

2. "视图"功能区

"视图"功能区如图 2-12 所示，其中每个按钮的功能与对应的快捷菜单相同。

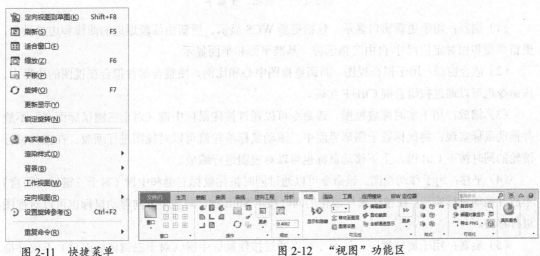

图 2-11 快捷菜单　　　　　　　　　　图 2-12 "视图"功能区

3. "视图"菜单

选择"菜单"→"视图"命令，弹出如图2-13所示的"视图"子菜单，可以选择从不同角度观察对象。

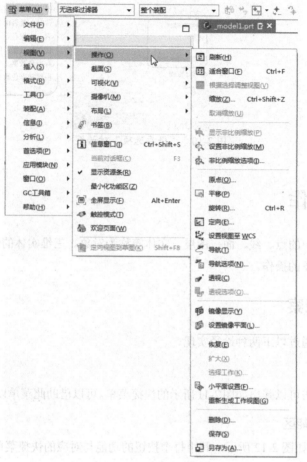

图2-13 "视图"子菜单

（1）刷新：用于更新窗口显示，包括更新WCS显示、更新由线段逼近的曲线和边缘显示；更新草图和相对定位尺寸/自由度指示符、基准平面和平面显示。

（2）适合窗口：用于拟合视图，即调整视图中心和比例，使整合部件拟合在视图的边界内。该命令也可以通过按组合键Ctrl+F实现。

（3）缩放：用于实时缩放视图。该命令可以通过按住鼠标中键（对于三键鼠标而言）不放并拖动鼠标实现；将鼠标置于图形界面中，滚动鼠标滚轮就可以对视图进行缩放；在按住鼠标滚轮的同时按下Ctrl键，上下移动鼠标也可以对视图进行缩放。

（4）平移：用于移动视图。该命令可以通过同时按住鼠标右键和中键（对于三键鼠标而言）不放并拖动鼠标实现；在按住鼠标滚轮的同时按下Shift键，向各个方向移动鼠标也可以对视图进行移动。

（5）旋转：用于旋转视图。该命令可以通过按住鼠标中键（对于三键鼠标而言）不放并拖动鼠标实现。

2.2.2 对象选择

在 UG 的建模过程中，可以通过多种方式来选择对象，以方便快速选择目标体。选择"菜单"→"编辑"→"选择"命令，弹出如图 2-14 所示的"选择"子菜单。

（1）最高选择优先级-特征：选择范围较为特定，仅允许选择特征，不允许选择线、面等。
（2）最高选择优先级-面：仅允许选择面，不允许选择线、特征、体等。
（3）最高选择优先级-体：仅允许选择体，不允许选择线、特征、面等。
（4）最高选择优先级-边：仅允许选择边，不允许选择面、特征、体等。
（5）最高选择优先级-组件：多用于装配环境下对各组件的选择。
（6）全选：将选择所有视图中的对象。
（7）全不选：释放所有已经选择的对象。

当工作区中有大量可视化对象供选择时，弹出如图 2-15 所示的"快速选取"对话框，依次遍历可选择的对象，括号中的数字表示重叠对象的顺序，与工作区中的对象一一对应，当该数字行高亮显示时，对应的对象也会在工作区中高亮显示。常用选择方法如下。

图 2-14　"选择"子菜单　　　　　图 2-15　"快速选取"对话框

（1）通过键盘：通过按键盘上的"→"键移动高亮显示区来选择对象，确定后按 Enter 键或单击均可。
（2）移动鼠标：移动鼠标后，"快速选取"对话框中高亮显示数字也会随之改变，确定对象后单击即可。

如果要放弃选择，单击"快速选取"对话框中的"关闭"按钮或按 Esc 键均可。

2.2.3 编辑对象显示

下面将介绍对象的实体图形显示方式。首先进入建模模块中，选择"菜单"→"编辑"→"对象显示"命令或按 Ctrl+J 组合键，弹出如图 2-16 所示的"类选择"对话框。

选择对象：用于选取对象。
全选：用于选取所有对象。
反选：用于选取在工作区中未被用户选中的对象。

类型过滤器：单击该按钮，弹出如图 2-17 所示的"按类型选择"对话框。在该对话框中，可设置在选择对象时需要包括或排除的对象类型。当选取"曲线""面""尺寸""符号"等对象类型时，单击"细节过滤"按钮，弹出相应的对话框，可以做进一步的限制，如图 2-18 所示。

图层过滤器：单击该按钮，弹出如图 2-19 所示的"按图层选择"对话框。在该对话框中可以设置在选择对象时需包括或排除的对象所在的图层。

颜色过滤器：单击该按钮，弹出如图 2-20 所示的"颜色"对话框。在该对话框中可通过指定的颜色来限制选择对象的范围。

按名称选择：用于输入预选取对象的名称，可使用通配符"？"或"*"。
选择链：用于选择首尾相连的多个对象。选择方法是首先单击对象链中的第一个对象，再单击最后一个对象，使所选对象呈高亮显示，最后结束选择对象操作。
向上一级：用于选取上一级对象。当选取了含有群组的对象时，该按钮被激活。单击该按钮，系统自动选取群组中当前对象的上一级对象。

重置过滤器：单击该按钮，恢复成默认的过滤方式。

属性过滤器：单击该按钮，弹出如图 2-21 所示的"按属性选择"对话框。在该对话框中，可按对象线型、线宽或其他自定义属性进行过滤。

图 2-16 "类选择"对话框

图 2-17 "按类型选择"对话框

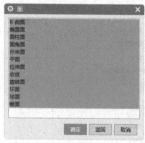

图 2-18 "面"对话框

图 2-19 "按图层选择"对话框

图 2-20 "颜色"对话框

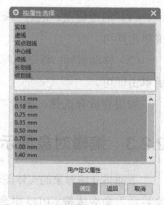

图 2-21 "按属性选择"对话框

选择要改变的对象后，弹出如图 2-22 所示的"编辑对象显示"对话框。该对话框用于编辑所选择对象的"图层""颜色""线型""透明度""局部着色"等参数，完成后单击"确定"按钮即可，并退出对话框；单击"应用"按钮不会退出对话框，可进行其他操作。

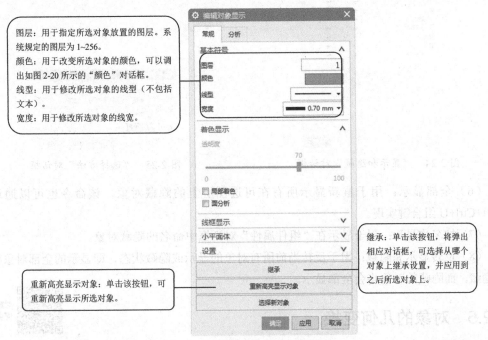

图 2-22 "编辑对象显示"对话框

2.2.4 对象的显示和隐藏

当工作区内图形太多，不便于操作时，可暂时将不需要的对象隐藏，如模型中的草图、基准面、曲线、尺寸、坐标、平面等。"菜单"→"编辑"→"显示和隐藏"菜单下的子菜单提供了显示、隐藏和取消隐藏命令，如图 2-23 所示。

（1）显示和隐藏：选择该命令，弹出如图 2-24 所示的"显示和隐藏"对话框，用于选择要显示或隐藏的对象。

（2）立即隐藏：隐藏选中的对象。

（3）隐藏：该命令也可以通过按 Ctrl+B 组合键实现。选择该命令，弹出"类选择"对话框，可以根据类型选择需要隐藏的对象。

（4）显示：用于将所选的隐藏对象重新显示出来。选择该命令，弹出"类选择"对话框，此时工作区中将显示所有被隐藏的对象，用户可以在其中选择需要重新显示的对象。

（5）显示所有此类型对象：用于重新显示某类型的所有隐藏对象。选择该命令，弹出如图 2-25 所示的"选择方法"对话框。在该对话框中，可通过"类型""图层""其他""重置"

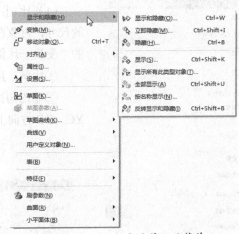

图 2-23 "显示和隐藏"子菜单

和"颜色"5 种过滤方法确定对象类别。

图 2-24 "显示和隐藏"对话框

图 2-25 "选择方法"对话框

（6）全部显示：用于重新显示所有在可选图层上的隐藏对象。该命令也可以通过按 Shift+Ctrl+U 组合键实现。

（7）按名称显示：用于显示在"组件属性"对话框中命名的隐藏对象。

（8）反转显示和隐藏：用于反转当前所有对象的显示或隐藏状态，即显示的全部对象将会被隐藏，而隐藏的对象将会全部显示。

2.2.5 对象的几何变换

选择"菜单"→"编辑"→"变换"命令，弹出如图 2-26 所示的"变换"对话框，可被变换的对象包括直线、曲线、面、实体等。选中要选择的对象，单击"确定"按钮，弹出如图 2-27 所示的"变换"对话框。

（1）比例：用于将选取的对象相对于指定参考点成比例地缩放尺寸，对象在参考点处不动。选择该选项，弹出如图 2-28 所示的"变换—比例"对话框。

①比例：用于设置对象均匀缩放的比例。

②非均匀比例：选择该选项，在弹出的对话框中设置 XC、YC、ZC 方向上的缩放比例。

图 2-26 "变换"对话框 1

图 2-27 "变换"对话框 2

图 2-28 "变换—比例"对话框

（2）通过一直线镜像：用于将选取的对象相对于指定参考直线作镜像，即在参考线的相反侧建立源对象的一个镜像。选择该选项，弹出如图 2-29 所示的"变换—通过一直线镜像"对话框。

①两点：用于指定两点，两点的连线即参考线。

②现有的直线：选择一条已有直线（或实体边缘线）作为参考线。

③点和矢量：用点构造器指定一点，然后在矢量构造器中指定一个矢量，将通过指定点的矢量作为参考直线。

（3）矩形阵列：用于将选取的对象从指定的阵列原点开始，沿 XC 和 YC 方向（或指定的方位）建立一个等间距的矩形阵列。选择该选项，弹出如图 2-30 所示的"变换—矩形阵列"对话框。

①DXC：XC 方向的间距。

②DYC：YC 方向的间距。

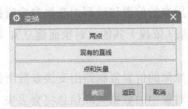
图 2-29 "变换—通过一直线镜像"对话框

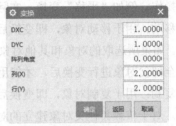
图 2-30 "变换—矩形阵列"对话框

（4）圆形阵列：用于将选取的对象从指定的阵列原点开始，绕目标点（阵列中心）建立一个等角间距的圆形阵列。选择该选项，弹出如图 2-31 所示的"变换—圆形阵列"对话框。

①半径：用于设置圆形阵列的半径值。该值等于目标对象上的参考点与目标点之间的距离。

②起始角：用于定位圆形阵列的起始角（与 XC 正向平行时为 0）。

（5）通过一平面镜像：用于将选取的对象相对于指定参考平面作镜像，即在参考平面的相反侧建立源对象的一个镜像。选择该选项，弹出如图 2-32 所示的"平面"对话框。在其中选择参考平面，单击"确定"按钮，弹出如图 2-33 所示的"变换"对话框。

图 2-31 "变换—圆形阵列"对话框

图 2-32 "平面"对话框

①重新选择对象：用于重新选择对象，即通过"类选择器"对话框来选择新的变换对象，而保持原变换方法不变。

②变换类型-镜像平面：用于修改变换方法，即在不重新选择变换对象的情况下，修改变换方法，当前选择的变换方法以简写的形式显示在"-"符号后面。

③目标图层-原始的：用于指定目标图层，即指定变换完成后，新建对象所在的图层。
    a. 工作：将变换后的对象放在当前工作图层中。
    b. 原始的：将变换后的对象保持在源对象所在图层中。
    c. 指定的：将变换后的对象移动到指定图层中。

④追踪状态-关：开关选项，用于设置是否跟踪变换过程。当将其设置为"开"时，则在源对象与变换后的对象之间画连接线。该选项可以和"平移""比例""旋转""镜像""重定位"等变换方法一起使用，以建立一个封闭的形状。

需要注意的是，该选项不可用于源对象类型为实体、片体或边界的对象的变换操作。跟踪曲线独立于图层设置，总是建立在当前的工作图层中。

⑤细分-1：用于等分变换距离，即把变换距离（或角度）分割成几个相等的部分，实际变换距离（或角度）是其等分值。指定的值称为等分因子。该选项可用于"平移""比例""旋转"等变换操作。例如"平移"变换，实际变换的距离是原指定距离除以等分因子的商。

⑥移动：用于移动对象，即变换后，将源对象从其原来的位置移动到由变换参数所指定的新位置。如果所选取的对象和其他对象间有父子依存关系（依赖于其他父对象而建立），则只有选取了全部父对象进行变换后，才能用"移动"选项。

⑦复制：用于复制对象，即变换后，将源对象从其原来的位置复制到由变换参数所指定的新位置。对于依赖其他父对象建立的对象，复制后，新对象中的数据关联信息将会丢失（它不再依赖于任何对象而独立存在）。

⑧多个副本-不可用：用于复制多个对象，即按指定的变换参数和复制个数在新位置复制源对象的多个副本，相当于一次执行了多个复制操作。

⑨撤消（撤销）上一个-不可用：用于撤销最近的变换操作，即撤销最近一次的变换操作，但源对象依旧处于选中状态。

在动态变化过程中，不会建立新对象，直到模型更新后才会建立新对象。

（6）点拟合：用于将选取的对象从指定的参考点集缩放、重定位或修剪到目标点集上。选择该选项，弹出如图2-34所示的对话框。

①3-点拟合：允许用户通过3个参考点和3个目标点来缩放和重定位对象。
②4-点拟合：允许用户通过4个参考点和4个目标点来缩放和重定位对象。

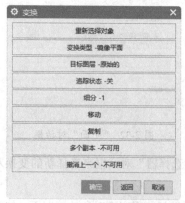

图2-33 "变换"对话框3

图2-34 "点拟合"选项

2.3 坐标系

UG 有 3 种坐标系，分别是绝对坐标系（Absolute Coordinate System，ACS）、工作坐标系（Work Coordinate System，WCS）和机械坐标系（Machine Coordinate System，MCS）。它们均符合右手定则。

（1）ACS：系统默认的坐标系。其原点位置永远不变，在用户新建文件时就产生了。

（2）WCS：系统提供给用户的坐标系。用户可根据需要任意移动它的位置，也可以设置属于自己的坐标系。

（3）MCS：一般用于模具设计、加工、配线等向导操作中。

一个 UG 文件中可以存在多个坐标系，但只可以有一个工作坐标系。可以利用"WCS"子菜单中的"保存"命令来保存坐标系，记录每次操作时的坐标系位置，以方便后期再利用"原点"命令将坐标系移动到相应的位置。

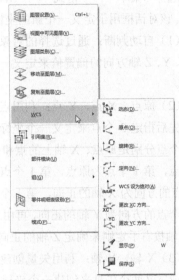

图 2-35 "WCS"子菜单

2.3.1 坐标系的变换

选择"菜单"→"格式"→"WCS"命令，弹出如图 2-35 所示的"WCS"子菜单。该子菜单用于对坐标系进行变换以产生新的坐标。

（1）动态：通过步进的方式移动或旋转当前的 WCS。用户可以在工作区中将坐标系移动到指定位置，也可以设置步进参数，使坐标系逐步移动指定距离，如图 2-36 所示。

（2）原点：通过定义当前 WCS 的原点来移动坐标系的位置，但仅仅移动坐标系的位置，不会改变坐标轴的方向。

（3）旋转：选择该命令，弹出如图 2-37 所示的"旋转 WCS 绕"对话框，设置通过当前的 WCS 绕其某个坐标轴旋转一定的角度，来定义一个新的 WCS。用户可以选择坐标系绕哪个轴旋转，同时指定从一个轴转向另一个轴。可以在"角度"文本框中输入需要旋转的角度值，可以为负值。

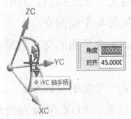

图 2-36 动态移动示意图

图 2-37 "旋转 WCS 绕"对话框

(4)更改 XC/YC 方向：选择"菜单"→"格式"→"WCS"→"更改 XC 方向"命令或选择"菜单"→"格式"→"WCS"→"更改 YC 方向"命令，都会弹出"点"对话框。在该对话框中选择点，系统以原坐标系的原点和该点在 XC-YC 平面上的投影点的连线方向作为新坐标系的 XC 方向或 YC 方向，而原坐标系的 ZC 方向不变。

2.3.2 坐标系定位

选择"菜单"→"格式"→"WCS"→"定向"命令，弹出如图 2-38 所示的"坐标系"对话框。该对话框用于定义一个新的坐标系。

（1）自动判断：通过选择的对象或输入 X、Y、Z 轴方向的偏置值来定义一个坐标系。

（2）原点，X 点，Y 点：利用点创建功能先后指定 3 个点来定义一个坐标系。这 3 个点分别是原点、X 轴上的点和 Y 轴上的点，第 1 个点为原点，第 1 个点到第 2 个点的方向为 X 轴的正向，第 1 个点到第 3 个点的方向为 Y 轴的正向，再由 X 轴和 Y 轴按右手定则来确定 Z 轴的正向。

（3）X 轴，Y 轴：利用矢量创建功能选择或定义两个矢量来创建一个坐标系。

图 2-38 "坐标系"对话框

（4）X 轴，Y 轴，原点：先利用点创建功能指定一个点为原点，然后利用矢量创建功能创建两个矢量来定义一个坐标系。

（5）Z 轴，X 点：先利用矢量创建功能选择或定义一个矢量，再利用点创建功能指定一个点来定义一个坐标系。X 轴的正向为沿点和定义的矢量的垂线指向定义点的方向，Y 轴则由 Z 轴、X 轴依据右手定则导出。

（6）对象的坐标系：由选择的平面曲线、平面或实体的坐标系来定义一个新的坐标系，XOY 平面为选择对象所在的平面。

（7）点，垂直于曲线：利用所选曲线的切线和一个指定点来定义一个坐标系。曲线的切线方向为 Z 轴矢量，X 轴的正向为沿点到切线的垂线指向点的方向，Y 轴的正向由 Z 轴至 X 轴矢量按右手定则来确定，切点为原点。

（8）平面和矢量：通过先后选择一个平面和一个矢量来定义一个坐标系。其中 X 轴为平面的法向矢量，Y 轴为指定矢量在平面上的投影，原点为指定矢量与平面的交点。

（9）三平面：通过先后选择 3 个平面来定义一个坐标系。3 个平面的交点为原点，第 1 个平面的法向矢量为 X 轴，Y 轴和 Z 轴，以此类推。

（10）绝对坐标系：在绝对坐标系的（0，0，0）点处定义一个新的坐标系。

（11）当前视图的坐标系：用当前视图定义一个新的坐标系。XOY 平面为当前视图所在平面。

（12）偏置坐标系：通过输入 X、Y、Z 轴方向相对于选择坐标系的偏距来定义一个新的坐标系。

2.3.3 坐标系的显示和保存

选择"菜单"→"格式"→"WCS"→"显示"命令，系统会显示或隐藏当前的工作坐标系。

选择"菜单"→"格式"→"WCS"→"保存"命令，系统会保存当前设置的工作坐标系，以方便后期调用。

2.4 布局

在工作区中，多个视图按一定排列规则显示出来，就成为一个布局，且每个布局都有一个名称。UG 预先定义了 6 种布局，称为标准布局，如图 2-39 所示。

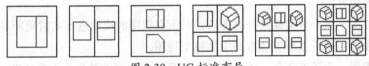

图 2-39 UG 标准布局

同一布局中，只有一个视图是工作视图，其他视图都是非工作视图。各种操作都默认为针对工作视图，用户可以随便改变工作视图。工作视图在其视图中都会显示"WORK"字样。

布局的主要作用是在工作区中同时显示多个视角的视图，便于用户更好地观察和操作模型。用户可以定义系统默认的布局，也可以自定义布局。

选择"菜单"→"视图"→"布局"命令，弹出如图 2-40 所示的"布局"子菜单。通过该菜单可控制布局的状态和各种视图的显示角度。部分功能介绍如下。

（1）新建：选择该命令，弹出如图 2-41 所示的"新建布局"对话框，用户可以在其中设置视图布局的形式和各视图的视角。

建议用户在自定义布局时输入自己的布局名称。默认情况下，UG 会按照先后顺序将每个布局命名为 LAY1、LAY2……

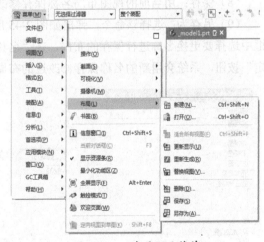

图 2-40 "布局"子菜单

（2）打开：选择该命令，弹出如图 2-42 所示的"打开布局"对话框，在当前文件的布局名称列表中选择要打开的某个布局，系统会按该布局的方式显示图形。勾选"适合所有视图"复选框，系统自动调整布局中的所有视图，加以拟合。

图 2-41 "新建布局"对话框

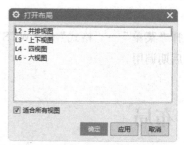
图 2-42 "打开布局"对话框

（3）适合所有视图：用于调整当前布局中所有视图的中心和比例，使实体模型最大限度地拟合在每个视图边界内。

（4）更新显示：用于对实体进行修改后，对所有视图的模型进行实时更新显示。

（5）重新生成：用于重新生成布局中的每个视图。

（6）替换视图：选择该命令，弹出如图 2-43 所示的"视图替换为"对话框。可在该对话框中设置替换布局中的某个视图。

（7）删除：选择该命令，弹出如图 2-44 所示的"删除布局"对话框。在该对话框的列表框中选择要删除的视图布局，单击"确定"按钮，系统就会删除该视图布局。

（8）保存：用当前的视图布局名称保存修改后的布局。

（9）另存为：选择该命令，弹出如图 2-45 所示的"另存布局"对话框。在该对话框的列表框中选择要更换名称进行保存的布局，在"名称"文本框中输入一个新的布局名称，单击"确定"按钮，系统会用新的名称保存修改过的布局。

图 2-43 "视图替换为"对话框

图 2-44 "删除布局"对话框

图 2-45 "另存布局"对话框

2.5 图层操作

所谓图层，就是在空间中放置几何体的不同层次。UG 中的图层功能类似于设计工程师在透明的覆盖层上建立模型的方法，一个图层类似于一个透明的覆盖层。其最主要功能是在复杂建模时控制对象的显示、编辑和状态。

一个 UG 文件中最多可以有 256 个图层，每个图层上可以包含任意数量的对象。因此，一个图层上可以包含部件上的所有对象，一个对象上的部件也可以分布在很多个图层上。需要注意的是，只有一个图层是当前工作图层，所有的操作只能在该工作图层上进行，其他图层可以通过可见性、可选择性等设置进行辅助工作。选择"菜单"→"格式"命令，打开"格式"菜单，如图 2-46 所示。可在该菜单中调用有关图层的所有命令。

图 2-46 "格式"菜单

2.5.1 图层类别

对相应图层进行分类管理，可以很方便地实现对其中各层的操作，提高操作效率。例如，可以设置 model、draft、sketch 等图层种类，model 包括 1~10 层，draft 包括 11~20 层，sketch 包括 21~30 层等。用户可根据自身需要设置图层类别。

选择"菜单"→"格式"→"图层类别"命令，弹出如图 2-47 所示的"图层类别"对话框。该对话框用于对图层进行分类设置。

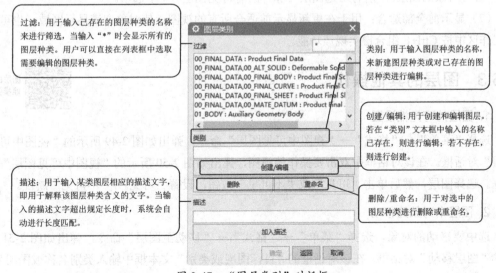

图 2-47 "图层类别"对话框

2.5.2 图层设置

用户可以在任何一个或一类图层中设置该图层是否显示、是否变换工作图层等。选择"菜单"→"格式"→"图层设置"命令，弹出如图 2-48 所示的"图层设置"对话框。利用该对话框可以对组件中的所有图层或任意一个图层进行工作层、可选取性、可见性等设置，可以查询图层信息，也可以对图层所属种类进行编辑。部分功能介绍如下。

（1）工作层：用于输入需要设置为当前工作层的图层号。当输入图层号后，系统自动将其设置为工作图层。

（2）按范围/类别选择图层：用于输入范围或图层种类的名称进行筛选操作。在文本框中输入种类名称后，系统自动将所有属于该种类的图层选取，并改变其状态。

（3）类别过滤器：在该文本框中输入"*"，表示接受所有图层种类。

图 2-48　"图层设置"对话框

（4）名称：显示所有图层和所属图层种类的相关信息，如图层编号、状态、类别、数目等。可以在单击的同时按 Ctrl+Shift 组合键进行多项选择。双击需要更改状态的图层，系统自动切换其显示状态。

（5）仅可见：用于将指定的图层设置为仅可见状态。当图层处于仅可见状态时，该图层的所有对象仅可见，不能被选取和编辑。

（6）显示：用于控制图层状态列表框中图层的显示状态。该下拉列表中包括"含有所有图层""含有对象的图层""所有可选图层"和"所有可见图层"4 个选项。

（7）显示前全部适合：用于在更新显示前适合所有的视图，使对象充满显示区域；也可以在工作区中按 Ctrl+F 组合键实现该功能。

2.5.3 图层的其他操作

1. 图层的可见性设置

选择"菜单"→"格式"→"视图中可见图层"命令，弹出如图 2-49 所示的"视图中可见图层"对话框。在该对话框中双击要操作的视图，弹出如图 2-50 所示的"视图中可见图层"对话框。选择图层，然后单击"可见"或"不可见"按钮，设置"可见"/"不可见"属性。

2. 图层中对象的移动

选中要移动的对象，选择"菜单"→"格式"→"移动至图层"命令，弹出如图 2-51 所示的"图层移动"对话框。在该对话框的"目标图层或类别"文本框中输入类别名称或图层号，或在"图层"列表中直接选中目标图层，系统就会将所选对象放置在目标图层中。

第 2 章　UG NX 12.0 快速入门

图 2-49　"视图中可见图层"对话框 1

图 2-50　"视图中可见图层"对话框 2

3. 图层中对象的复制

选中要复制的对象，选择"菜单"→"格式"→"复制至图层"命令，弹出如图 2-52 所示的"图层复制"对话框。操作过程与"图层中对象的移动"基本相同，此处不再详述。

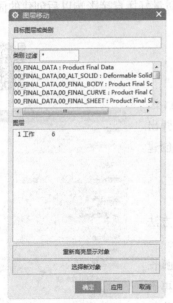

图 2-51　"图层移动"对话框

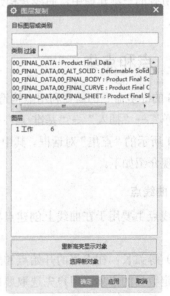

图 2-52　"图层复制"对话框

第 3 章 曲线功能

本章导读

本章主要介绍曲线的建立、操作及编辑方法。UG NX 12.0 改进了曲线的各种操作风格,抛弃了以前版本中一些复杂、难用的操作方法。

内容要点

- 基本曲线
- 复杂曲线
- 曲线操作
- 曲线编辑

3.1 基本曲线

在所有的三维建模中,曲线是构建模型的基础,其质量好坏直接影响以后创建的面或实体的质量。

3.1.1 点和点集

UG 的许多命令都需要利用点构造器来定义点的位置。选择"菜单"→"插入"→"基准/点"→"点集"命令,弹出如图 3-1 所示的"点集"对话框。其中设置了 4 种点集的创建方式,现介绍如下。

1. 曲线点

曲线点主要用于在曲线上创建点集。曲线点的产生方法有 7 种。

(1) 等弧长:在点集的开始点和结束点之间按相等弧长创建指定数目的点集。用户先选取要创建点集的曲线,再确定点集的数目,最后输入起始点和结束点在曲线上的百分比值。在"曲线点产生方法"下拉列表框中选择该选项后,即可在下方的设置界面进行设置。后面几种设置界面的打开方式相同,不再详述。

图 3-1 "点集"对话框

(2) 等参数:按曲线的曲率大小来分布点集的位置。曲率越大,产生的点距离也就越大;反之则越小。设置界面如图 3-2 所示。

(3) 几何级数：设置界面如图 3-3 所示。设置完其他参数后还要设置一个"比率"值，用来确定点集中彼此相邻的后两点间距与前两点间距的比值。

图 3-2　"等参数"方式设置界面

图 3-3　"几何级数"方式设置界面

(4) 弦公差：设置界面如图 3-4 所示，其中只有一个"弦公差"文本框，用户需要在此输入弦长误差值。在创建点集时，系统自动按该弦长误差值来分布点集的位置。弦长误差值越小，产生的点数越多；反之则越少。

(5) 增量弧长：设置界面如图 3-5 所示，其中只有一个"弧长"文本框，用户需要在此输入弧长值。在创建点集时，系统自动按该弧长值来分布点集的位置。点数的多少取决于曲线总长及两点间的弧长，按照顺时针方向生成点。

图 3-4　"弦公差"方式设置界面

图 3-5　"增量弧长"方式设置界面

(6) 投影点：利用一个或多个放置点向选定的曲线作垂直投影，在曲线上生成点集。设置界面如图 3-6 所示。

(7) 曲线百分比：通过曲线上的百分比位置来确定一个点。设置界面如图 3-7 所示，用户需在"曲线百分比"文本框中输入曲线的百分比值。

图 3-6　"投影点"方式设置界面

图 3-7　"曲线百分比"方式设置界面

2. 样条点

样条点类型共有 3 种。设置界面如图 3-8 所示。

(1) 定义点：选择该选项后，系统会提示用户选择样条，依据该样条的定义点来创建点集。

(2) 结点：选择该选项后，系统会提示用户选择样条，依据该样条的结点来创建点集。

(3) 极点：选择该选项后，系统会提示用户选择样条，依据该样条的极点来创建点集。

3. 面的点

设置界面如图 3-9 所示。

(1) 阵列：主要用于产生曲面上的点集。选择该选项后，系统会提示用户选择面。

①点数：用于设置在曲面上产生点的个数，即点集分布在表面的 U 向和 V 向上。通常情况下，U 向和 V 向是曲面上的正交方向。

②对角点：以对角点方式来限制点集的分布范围。

③百分比：以表面参数百分比的方式限制点集的分布范围。在"起始 U 值""终止 U 值""起始 V 值"和"终止 V 值"文本框中输入百分比值来设定点集范围。

图 3-8 "样条点"类型设置界面

图 3-9 "面的点"类型设置界面

（2）面百分比：通过设定表面 U 向和 V 向百分比来创建该表面上的一个点。设置界面如图 3-10 所示。

（3）B 曲面极点：以表面（B 表面）控制点的方式来创建点集。设置界面如图 3-11 所示。

4. 交点

设置界面如图 3-12 所示，用于创建一组相交点。

图 3-10 "面百分比"方式设置界面

图 3-11 "B 曲面极点"方式设置界面

图 3-12 "交点"类型设置界面

3.1.2 直线

直线

UG NX 12.0 中，"曲线"菜单中的"基本曲线""多边形""倒圆角"等命令默认处于隐藏状态，可以通过"命令查找器"对话框搜索该命令，然后将其添加到菜单中。

UG NX 12.0 中，直线的绘制方法有两种。

1. 利用"基本曲线"命令绘制直线

选择"菜单"→"插入"→"曲线"→"基本曲线（原有）"命令，在弹出的如图 3-13 所示的"基本曲线"对话框中单击"直线"按钮。

（1）无界：勾选该复选框后，生成的任何直线都会被限制在视图范围内（"线串模式"复选框变成灰色）。

（2）增量：勾选该复选框后，以增量的方式生成直线，即在选中一个点后，绘图工作区"跟踪条"对话框的 XC、YC、ZC 文本框中实时显示其坐标值，用户可在其右侧的 3 个文本框中输入相应值作为后一点相对于前一点的增量，输入精确的直线角度值或长度值，生成直线后立即按 Enter 键，如图 3-14 所示。

该方法适用于生成大多数直线。

图 3-13 "基本曲线"对话框   图 3-14 "跟踪条"对话框

（3）点方法：相对于已有的几何体，通过指定光标位置或使用点构造器来指定点。

（4）线串模式：用于生成未打断的线串。勾选该复选框后，一个对象的终点将变成下一个对象的起点。若要停止线串模式，只需取消勾选该复选框。若要中断线串模式并在生成下一个对象时再启动，可单击"打断线串"按钮。

（5）打断线串：在单击该按钮的地方打断线串，但"线串模式"仍保持激活状态，即如果继续生成直线或弧，它们将位于另一个未打断的线串中。

（6）锁定模式：当生成平行于/垂直于已有直线或与已有直线有一定角度的直线时，如果单击"锁定模式"按钮，则当前在工作区中以橡皮线样式显示的直线生成模式将被锁定。当下一步操作会导致直线生成模式发生改变，而又想避免这种改变时，可以单击该按钮。

当单击"锁定模式"按钮后，该按钮会变为"解锁模式"按钮。可单击"解锁模式"按钮来解除对正在生成的直线的锁定，使其能切换到其他模式中。

（7）平行于 XC/YC/ZC：这些按钮用于生成平行于 XC 轴、YC 轴或 ZC 轴的直线。用户需先指定一个点，然后单击所需轴的按钮，并指定直线的终点。

（8）原始的：选择该选项后，设定的距离为新创建的平行线与原选择线的距离。

（9）新的：选择该选项后，设定的距离为新创建的平行线与新选择线的距离。

（10）角度增量：如果指定了一个点，然后在工作区中拖动光标，则该直线会捕捉到在该文本框中指定的每个增量角度处。

2. 利用"直线"命令绘制直线

选择"菜单"→"插入"→"曲线"→"直线"命令或单击"曲线"功能区"曲线"组中的"直线"按钮，弹出如图 3-15 所示的"直线"对话框。

（1）开始：用于设置直线的起点形式。

（2）结束：用于设置直线的终点形式和方向。

（3）支持平面：用于设置直线平面的形式，包括"自动平面""锁定平面"和"选择平面"3种方式。

（4）限制：用于设置直线的点的起始位置和结束位置，包括"值""在点上"和"直至选定"3种方式。

（5）关联：用于设置直线之间是否关联。

3.1.3 圆和圆弧

UG NX 12.0中，圆和圆弧的绘制方法有两种。

利用基本曲线命令创建圆和圆弧

图3-15 "直线"对话框

1. 利用"基本曲线"命令

（1）绘制圆：选择"菜单"→"插入"→"曲线"→"基本曲线（原有）"命令，在弹出的"基本曲线"对话框中单击"圆"按钮○，如图3-16所示。

多个位置：勾选该复选框，则每定义一个点都会生成之前生成的圆的一个副本，其圆心位于指定点。

（2）绘制圆弧：选择"菜单"→"插入"→"曲线"→"基本曲线（原有）"命令，在弹出的"基本曲线"对话框中单击"圆弧"按钮⌒，如图3-17所示。

图3-16 "基本曲线—圆"对话框

图3-17 "基本曲线—圆弧"对话框

①整圆：勾选该复选框后，不论其生成方式如何，所生成的弧都是完整的圆。

②备选解：用于生成当前所预览的弧的补弧；只能在预览弧的时候使用。如果将光标移至该对话框之后再单击"备选解"按钮，预览的弧会发生改变，就不能得到预期的结果了。

③创建方法：圆弧的生成方式有以下两种。

a. 起点，终点，圆弧上的点：用于生成通过3个点的弧，或通过两个点并与选中对象相切的弧。选中的要与弧相切的对象不能是抛物线、双曲线或样条，但可以选择其中的某个对象与完整的圆相切。

b. 中心点，起点，终点：用户需首先定义中心点，然后定义弧的起始点和终止点。

④跟踪条：如图 3-18 所示，在弧的生成和编辑期间，"跟踪条"对话框中有以下字段可用。

a. XC、YC 和 ZC 栏：显示弧的起始点的位置。

b. 半径：显示弧的半径。

c. 直径：显示弧的直径。

d. 起始角：显示弧的起始角度，从 XC 轴开始测量，按逆时针方向移动。

e. 终止角：显示弧的终止角度，从 XC 轴开始测量，按逆时针方向移动。

图 3-18 "跟踪条"对话框

需要注意的是，在使用"起点，终点，圆弧上的点"生成方式时，"起始角"和"终止角"字段将变成灰色。

2. 利用"圆弧/圆"命令

选择"菜单"→"插入"→"曲线"→"圆弧/圆"命令或单击"曲线"功能区"曲线"组中的"圆弧/圆"按钮，弹出如图 3-19 所示的"圆弧/圆"对话框。该对话框中选项的含义与"直线"对话框中对应选项的含义相同。

圆弧/圆的绘制类型包括"三点画圆弧"和"从中心开始的圆弧/圆"两种类型。

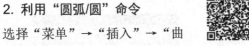
利用圆和圆弧命令创建圆和圆弧

图 3-19 "圆弧/圆"对话框

3.1.4 倒圆角

倒圆角

选择"菜单"→"插入"→"曲线"→"基本曲线（原有）"命令，在弹出的"基本曲线"对话框中单击"圆角"按钮，弹出如图 3-20 所示的"曲线倒圆"对话框。可在该对话框中设置在 2~3 条选中曲线的相交处倒圆角，还可以指定生成圆角时原曲线的修剪方式。

需要注意的是，激活的草图中的圆角是使用"草图圆角"对话框而不是使用本节所述的"曲线倒圆"对话框生成的。

图 3-20 "曲线倒圆"对话框

系统提供了以下 3 种倒圆角方式。

（1）简单倒圆：用于在两条共面非平行直线之间生成圆角。通过输入半径值确定圆角的大小，直线将被自动修剪至与圆弧的相切点。

①半径：用于定义倒圆角的半径。

②继承：用于通过选择已有的圆角来定义新圆角的值。

③修剪选项：如果选择生成 2~3 条曲线倒圆，则需要选择一个修剪选项，可缩短或延伸选中的曲线，以便与该圆角连接起来。

（2）曲线圆角：用于在两条曲线（包括点、线、圆弧、二次曲线和样条）之间生成一个圆角。两条曲线间的圆角是沿逆时针方向在第 1 条曲线与第 2 条曲线之间生成的一段弧。

（3）曲线圆角：用于在 3 条曲线间生成圆角。这 3 条曲线可以是点、线、圆弧、二次曲线和样条的任意组合。

3.1.5 倒斜角

选择"菜单"→"插入"→"曲线"→"倒斜角（原）"命令，弹出如图 3-21 所示的"倒斜角"对话框，用于在两条共面的直线或曲线之间生成斜角。

（1）简单倒斜角：用于生成简单倒斜角，其产生的两条边的偏置值必须相同，且角度为 45°。该选项只能用于在两条共面的直线间生成倒斜角。

（2）用户定义倒斜角：用于在两条共面曲线（包括圆弧、三次曲线和样条）之间生成倒斜角。该选项比生成简单倒斜角时具有更多的修剪控制功能。选择该选项，弹出如图 3-22 所示的"倒斜角"对话框。

图 3-21 "倒斜角"对话框 1　　　　图 3-22 "倒斜角"对话框 2

①自动修剪：用于使两条曲线自动延长或缩短以连接倒斜角曲线。如果原有曲线未能如愿修剪，可恢复原有曲线（单击"取消"按钮或按 Ctrl+Z 组合键）并单击"手工修剪"按钮。

②手工修剪：用于选择想修剪的倒斜角曲线。用户需指定是否修剪曲线和要修剪倒斜角的哪一侧。选取的倒斜角侧将被从几何体中切除。

③不修剪：用于保留原有曲线不变。

当用户单击某个倒斜角方式按钮后，弹出如图 3-23 所示的"倒斜角"对话框，要求用户输入偏置值和角度值（该角度是由第 2 条曲线测量而来的），或者单击"偏置值"按钮，在弹出的如图 3-24 所示的"倒斜角"对话框中输入所有偏置值来确定倒角范围。如图 3-23 和图 3-24 所示的两个对话框可通过单击"偏置值"和"偏置和角度"按钮进行切换。

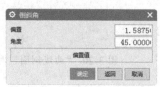 

图 3-23 "倒斜角"对话框 3　　　　图 3-24 "倒斜角"对话框 4

偏置：两条曲线交点与倒斜角曲线起点之间的距离。对于简单倒斜角而言，两条曲线的偏置值相等；对于线性倒斜角而言，偏置值是直线距离；对于非线性倒斜角而言，偏置值不一定是直线距离。

3.1.6 多边形

选择"菜单"→"插入"→"曲线"→"多边形（原有）"命令，弹出如图 3-25 所示的"多边形"对话框。当输入多边形的边数后,弹出如图 3-26 所示的"多边形"对话框,用于选择创建方式。

图 3-25 "多边形"对话框 1

图 3-26 "多边形"对话框 2

(1) 内切圆半径：单击该按钮,弹出如图 3-27 所示的"多边形"对话框。可以通过输入内切圆半径定义多边形的尺寸及方向角度来创建多边形。

①内切圆半径：原点到多边形一边的中点的距离。

②方位角：多边形沿 XC 轴逆时针旋转的角度。

(2) 多边形边：单击该按钮,弹出如图 3-28 所示的"多边形"对话框。可以通过输入多边形一边的边长及方向角度来创建多边形。

(3) 外接圆半径：单击该按钮,弹出如图 3-29 所示的"多边形"对话框。可以通过输入外接圆半径定义多边形的尺寸及方向角度来创建多边形。

图 3-27 "多边形"对话框 3

图 3-28 "多边形"对话框 4

图 3-29 "多边形"对话框 5

3.1.7 椭圆

选择"菜单"→"插入"→"曲线"→"椭圆（原有）"命令,在弹出的"点"对话框中指定椭圆原点,弹出如图 3-30 所示的"椭圆"对话框。

(1) 长半轴/短半轴：用于确定椭圆的主轴和副轴。椭圆有长轴和短轴两根轴（每根轴的中点都是椭圆的中心）。椭圆的最长直径是主轴,最短直径是副轴。

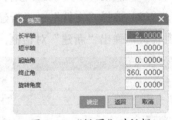

图 3-30 "椭圆"对话框

(2) 起始角/终止角：用于确定椭圆的起始和终止位置,它们都是相对于主轴测算的。然后,系统绕 ZC 轴正向沿着逆时针方向生成椭圆。

(3) 旋转角度：用于设置主轴相对于 XC 轴沿逆时针方向倾斜的角度。除非改变旋转角度,否则主轴一般是与 XC 轴平行的。

3.1.8 抛物线

选择"菜单"→"插入"→"曲线"→"抛物线"命令,在弹出的"点"对话框中定义抛物线的顶点,弹出如图 3-31 所示的"抛物线"对话框。输入各参数数值,单击"确定"按钮即可生成抛物线。抛物线示意图如图 3-32 所示。

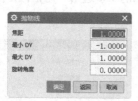
图 3-31 "抛物线"对话框

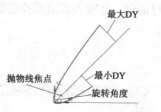
图 3-32 "抛物线"示意图

3.1.9 双曲线

双曲线

选择"菜单"→"插入"→"曲线"→"双曲线"命令,在弹出的"点"对话框中定义双曲线中心点,弹出如图 3-33 所示的"双曲线"对话框。输入各参数数值,单击"确定"按钮即可生成双曲线。双曲线示意图如图 3-34 所示。

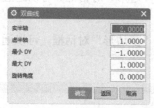
图 3-33 "双曲线"对话框

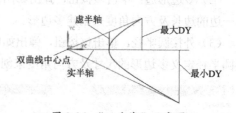
图 3-34 "双曲线"示意图

3.1.10 实例——轴轮廓曲线

实例——轴轮廓曲线

1. 新建文件

(1) 启动 UG NX 12.0 软件。

(2) 选择"文件"→"新建"命令、选择"菜单"→"文件"→"新建"命令或按 Ctrl+N 组合键,弹出"新建"对话框。在"新文件名"的"名称"文本框中输入 zhoulunkuoquxian,单击"确定"按钮,进入建模环境。

2. 创建基本曲线

(1) 选择"菜单"→"插入"→"曲线"→"基本曲线(原有)"命令,在弹出的"基本曲线"对话框中勾选"增量"复选框,在"点方法"下拉列表中选择"点构造器"选项,弹出如图 3-35 所示的"点"对话框。输入坐标值(0,0,0),单击"确定"按钮,生成直线上的第 1 个点。单击"返回"按钮,返回"基本曲线"对话框。在"跟踪条"对话框中输入线段终点相对于第 1 个点的增量坐标值(0,8,0),如图 3-36 所示,按 Enter 键。

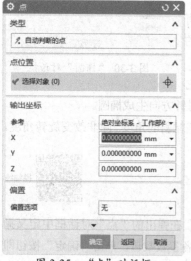
图 3-35 "点"对话框

图 3-36 "跟踪条"对话框

(2) 继续输入增量坐标值 (5, 0, 0), (0, -2, 0), (2, 0, 0), (0, 6, 0), (40, 0, 0), (0, 4, 0), (5, 0, 0), (0, -6, 0), (30, 0, 0), (0, -3, 0), (2, 0, 0), (0, 3, 0), (5, 0, 0), (0, -10, 0), (-89, 0, 0) 并分别按 Enter 键，生成如图 3-37 所示的轴截面轮廓曲线。

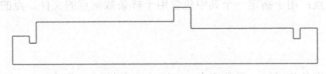

图 3-37　轴截面轮廓曲线

3.2　复杂曲线

复杂曲线是指非基本曲线，即除直线、圆和圆弧以外的曲线，包括样条、规律曲线、螺旋线等。复杂曲线是建立复杂实体模型的基础，下面介绍一些较为复杂的特殊曲线的生成和操作方法。

3.2.1　样条

选择"菜单"→"插入"→"曲线"→"样条（即将失效）"命令，弹出如图 3-38 所示的"样条（即将失效）"对话框。

UG 中生成的所有样条都是非均匀有理 B 样条。系统提供了 4 种生成方式。

1. 根据极点

用户给定的数据点称为曲线的极点或控制点，但通常不通过任何极点（端点除外）。使用极点可以对曲线的总体形状和特征进行更好的控制，还有助于避免曲线中多余的波动（曲率反向）。根据极点生成的样条靠近它的各个极点。

单击"根据极点"按钮后，弹出如图 3-39 所示的"根据极点生成样条（即将失效）"对话框。

图 3-38　"样条（即将失效）"对话框　　图 3-39　"根据极点生成样条（即将失效）"对话框

(1) 曲线类型：包括"多段"和"单段"两个选项，每段限制为 25 个点。多段样条为 B 样条，单段样条为贝塞尔曲线。

(2) 曲线次数：曲线的阶次。这是一个代表定义曲线的多项式次数的数学概念，通常比样条中的点数小 1。因此，样条的点数不得少于阶次数。UG 样条的阶次必须介于 1 和 24 之间，但是建议用户在生成样条时使用三次曲线（阶次为 3）。

（3）封闭曲线：通常，样条是非闭合的，它们开始于一个点，结束于另一个点。勾选该复选框后，可以生成开始和结束于同一点的封闭样条。当生成封闭样条时，无须将第一个点指定为最后一个点，样条会自动封闭。需要注意的是，该复选框仅用于多段样条。

（4）文件中的点：用于指定一个其中包含用于样条数据点的文件。点的数据可以放在*.dat文件中。

2. 通过点

通过点生成的样条将通过一组数据点。还可以定义任何点或所有点处的斜率和/或曲率。单击"通过点"按钮，弹出如图 3-40 所示的"通过点生成样条（即将失效）"对话框。按需进行设置后，单击"确定"按钮，弹出如图 3-41 所示的"样条"对话框。

图 3-40 "通过点生成样条（即将失效）"对话框

图 3-41 "样条"对话框

（1）全部成链：用于指定起始点和终止点，从而选择两点之间的所有点。

（2）在矩形内的对象成链：用于指定形成矩形的点，从而选择矩形内的所有点，并且必须指定第一个点和最后一个点。

（3）在多边形内的对象成链：用于指定形成多边形的点，从而选择多边形内的所有点，并且必须指定第一个点和最后一个点。

（4）点构造器：可以使用点构造器来定义样条点。

3. 拟合

该方式可减少定义样条所需的数据量，可以通过在指定公差内将样条与构造点相"拟合"来生成样条。单击"拟合"按钮，在弹出的"点"对话框中指定点，单击"确定"按钮，弹出如图 3-42 所示的"由拟合创建样条"对话框。

（1）拟合方法：用于指定数据点之后，通过选择以下方式之一定义如何生成样条。

①根据公差：用于指定样条可以偏离数据点的最大允许距离。

图 3-42 "由拟合创建样条"对话框

②根据段：用于指定样条的段数。

③根据模板：可以将现有样条作为模板，在拟合过程中使用其阶次和节点序列。以该方式生成的拟合曲线，可在需要拟合曲线具有相同阶次和相同节点序列的情况下使用。这样，在通过这些曲线构造曲面时，可以减少曲面中的面片数。

(2)公差：用于指定控制点与数据点相符的程度。

(3)段数：用于指定样条中的段数。

(4)赋予端点斜率：用于指定或编辑端点处的斜率。

(5)更改权值：用于更改任何数据点的加权系数，控制选定数据点对样条形状的影响程度。指定较大的权值可使样条通过或逼近该数据点；指定这一权值为 0 时，将在拟合过程中忽略该数据点。这对忽略"坏"数据点非常有用。默认权值使离散位置点获得比密集位置点更高的加权系数。

4. 垂直于平面

该选项用于生成通过并垂直于一组平面中各个平面的样条。每个平面组中允许的最大平面数为 100。

3.2.2 规律曲线

选择"菜单"→"插入"→"曲线"→"规律曲线"命令，弹出如图 3-43 所示的"规律曲线"对话框。其中的规律类型有以下 7 种。

(1)恒定：用于给整个规律定义一个常数值。系统会提示用户输入一个规律值（该常数）。

(2)线性：用于定义从起始点到终止点的线性变化率。

(3)三次：用于定义从起始点到终止点的三次变化率。

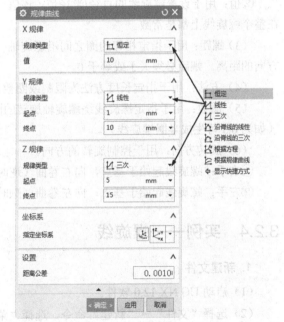

(4)沿脊线的线性：用于用两个或多个沿着脊线的点定义线性规律。选择一条脊线后，可以沿该脊线指出多个点。系统会提示用户在每个点处输入一个值。

(5)沿脊线的三次：用于用两个或多个沿着脊线的点定义三次规律。选择一条脊线后，可以沿该脊线指出多个点。系统会提示用户在每个点处输入一个值。

图 3-43 "规律曲线"对话框

(6)根据方程：用于用表达式和参数表达式变量来定义规律。必须事先定义所有变量（选择"工具"→"表达式"命令，在弹出的"表达式"对话框中进行定义），并且公式中必须使用参数表达式变量 t。

(7)根据规律曲线：用于利用已存在的规律曲线控制坐标或参数的变化。选择该选项，按系统提示，先选择一条已存在的规律曲线，再选择一条基线辅助选定曲线的方向。如果没有定义基线，则使用默认的基线，方向就是绝对坐标系的 X 轴方向。

3.2.3 螺旋线

螺旋线

选择"菜单"→"插入"→"曲线"→"螺旋"命令或单击"曲线"功能区"曲线"组中的"螺旋线"按钮，弹出如图3-44所示的"螺旋"对话框。该对话框用于定义圈数、螺距、直径/半径方式（规律或恒定）、旋转方向等，生成螺旋线。

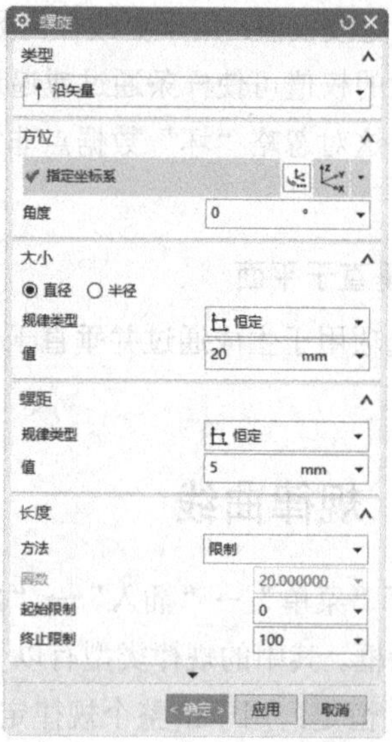

（1）方位：使用坐标系工具的"Z轴，X点"选项等定义螺旋线方向，可以使用"点"对话框或通过指定光标位置来定义基点。

（2）大小：用于指定螺旋的定义方式。可通过指定规律类型或输入直径/半径值来定义直径/半径。

①规律类型：使用规律函数来控制螺旋线的直径/半径变化。

②值：用于设置螺旋线的直径/半径值，该值在整个螺旋线上都是常数。

（3）螺距：用于指定相邻的圈之间沿螺旋轴方向的距离。螺距必须大于或等于0。

（4）方法：用于指定长度方法为限制或圈数。

（5）圈数：用于指定螺旋线绕螺旋轴旋转的圈数。圈数必须大于0，可以接受小于1的值（如为0.5可生成半圈螺旋线）。

（6）旋转方向：用于控制旋转的方向。

①右手：螺旋线起始于基点，向右卷曲（逆时针方向）。

②左手：螺旋线起始于基点，向左卷曲（顺时针方向）。

图3-44 "螺旋"对话框

3.2.4 实例——螺旋线

实例——螺旋线

1. 新建文件

（1）启动UG NX 12.0软件。

（2）选择"文件"→"新建"命令、选择"菜单"→"文件"→"新建"命令或按Ctrl+N组合键，弹出"新建"对话框。在"新文件名"的"名称"文本框中输入luoxuanxian，单击"确定"按钮，进入建模环境。

2. 创建直线

选择"菜单"→"插入"→"曲线"→"基本曲线（原有）"命令，弹出如图3-45所示的"基本曲线"对话框。单击"直线"按钮，在"点方法"下拉列表中选择"点构造器"选项，弹出如图3-46所示的"点"对话框。输入坐标值（0，0，0），单击"确定"按钮确定起始点，再弹出"点"对话框。输入坐标值（0，100，0），单击"确定"按钮，生成一条长度为100毫米的直线，如图3-47所示。

第3章 曲线功能

图 3-45　"基本曲线"对话框　　　图 3-46　"点"对话框　　　图 3-47　直线

3. 创建等分点

选择"菜单"→"插入"→"基准/点"→"点集"命令，弹出如图 3-48 所示的"点集"对话框。在"类型"下拉列表中选择"曲线点"选项，在"曲线点产生方法"下拉列表中选择"等弧长"选项，在"点数""起始百分比"和"终止百分比"文本框中分别输入 10、0 和 100，在工作区中选择刚刚创建的直线，单击"确定"按钮，便在直线上创建了 10 个等分点。

4. 创建螺旋线

（1）选择"菜单"→"插入"→"曲线"→"螺旋"命令，弹出如图 3-49 所示的"螺旋"对话框。在"螺距—值"和"长度—圈数"文本框中分别输入 8 和 12.5，在"大小—规律类型"下拉列表中选择"沿脊线的线性"选项，单击"选择脊线"按钮，在工作区中选择存在的直线，在"指定新的位置"下拉列表中选择"现有点"选项，在工作区中选择直线点集中的起始点，在"沿脊线的值—点"文本框中输入 1。

图 3-48　"点集"对话框　　　图 3-49　"螺旋"对话框

（2）操作方法同上，依次选择直线上的各点并分别赋予规律值 3、5、7、9、8、6、4、2、1，单击"确定"按钮，生成半径按上述定义的规律变化的螺旋曲线模型，如图 3-50 所示。

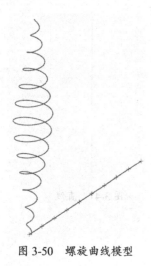

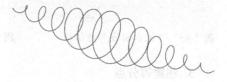

5. 隐藏直线和点

选择"菜单"→"编辑"→"显示和隐藏"→"隐藏"命令，弹出如图 3-51 所示的"类选择"对话框。用光标在工作区中拖出一个矩形框，将需要隐藏的直线和各点包括在内，单击"确定"按钮完成隐藏操作。结果如图 3-52 所示。

图 3-50　螺旋曲线模型　　图 3-51　"类选择"对话框　　图 3-52　螺旋线

3.3　曲线操作

一般情况下，曲线创建完成后并不能满足用户的需求，还需要进行进一步的处理。下面介绍几种曲线的操作功能，如偏置、在面上偏置、桥接、简化、连结等。

3.3.1　偏置曲线

偏置曲线操作能够通过从原先的对象偏置的方法，生成直线、圆弧、二次曲线、样条和边。偏置曲线是通过垂直于所选曲线上的点来构造的。可以选择是否使偏置曲线与其输入数据相关联。

曲线可以在选中的几何体所确定的平面内偏置，也可以通过设置拔模角度和拔模高度偏置到一个平行的平面上。只有当多条曲线共面且为连续的线串（端端相连）时，才能对其进行偏置。结果曲线的对象类型与其输入曲线的对象类型相同（但二次曲线的偏置曲线为样条）。

选择"菜单"→"插入"→"派生曲线"→"偏置"命令或单击"曲线"功能区"派生曲线"组中的"偏置曲线"按钮，弹出如图 3-53 所示的"偏置曲线"对话框。

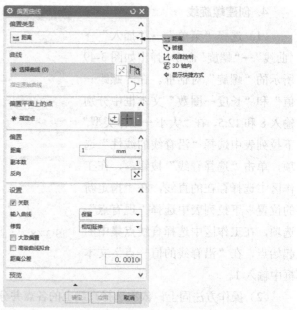

图 3-53　"偏置曲线"对话框

1. 类型

（1）距离：在选取曲线的平面上偏置曲线。可在其下方的"距离"和"副本数"文本框中设置偏置距离和产生的数量。

（2）拔模：在平行于选取曲线的平面并与其相距指定距离的平面上偏置曲线。可在其下方的"高度"和"角度"文本框中输入其数值。该方式的基本思路是将曲线按照指定角度偏置到与曲线所在平面相距指定高度的平面上。其中，拔模角度是偏置方向与原曲线所在平面的法向夹角。

（3）规律控制：在规律定义的距离上偏置曲线。可在其下方的"规律类型"和"值"选项中定义规律。

（4）3D 轴向：在三维空间内通过指定矢量方向和偏置距离来偏置曲线。可在其下方的"距离"和"指定方向"选项中进行设置。

2. 偏置

（1）距离：设置在箭头矢量标记的方向上与选中曲线之间的偏置距离。距离值为负时将在反方向上偏置曲线。

（2）副本数：构造多组偏置曲线。每组曲线都从前一组曲线偏置一个指定（使用"偏置方式"选项）的距离而来。

（3）反向：用于反转箭头矢量标记的偏置方向。

3. 设置

（1）关联：将偏置曲线与输入曲线和定义数据相关联。

（2）输入曲线：指定对原曲线的处理情况。对于关联曲线，下列选项不可用。

①保留：在生成偏置曲线时保留输入曲线。

②隐藏：在生成偏置曲线时隐藏输入曲线。

③删除：在生成偏置曲线时删除输入曲线。如果勾选了"关联"复选框，则该选项变成灰色。

④替换：类似于移动操作，用于将输入曲线移至偏置曲线的位置。如果勾选了"关联"复选框，则该选项变成灰色。

（3）修剪：将偏置曲线修剪或延伸到它们的交点处。

①无：既不修剪偏置曲线，也不将偏置曲线倒成圆角。

②相切延伸：将偏置曲线延伸到它们的交点处。

③圆角：构造与每条偏置曲线的终点相切的圆弧。圆弧的半径等于偏置距离。

（4）距离公差：当输入曲线为样条或二次曲线时，可确定偏置曲线的精度。

3.3.2 在面上偏置

选择"菜单"→"插入"→"派生曲线"→"在面上偏置"命令或单击"曲线"功能区"派生曲线"组中的"在面上偏置曲线"按钮，弹出如图 3-54 所示的"在面上偏置曲线"对话框。

图 3-54 "在面上偏置曲线"对话框

该功能用于在一个表面上由已存在曲线按指定的距离生成一条沿面的偏置曲线。

1. 类型

（1）恒定：用于生成具有面内原始曲线恒定偏置的曲线。

（2）可变：用于指定与原始曲线上点位置之间的不同距离，以在面中创建可变曲线。

2. 方向和方法

（1）偏置方向。

①垂直于曲线：沿垂直于输入曲线相切矢量的方向创建偏置曲线。

②垂直于矢量：用于指定一个矢量，确定与偏置曲线垂直的方向。

（2）偏置法。

①弦：沿曲线弦长偏置。

②弧长：沿曲线弧长偏置。

③测地线：沿曲面的最小距离创建。

④相切：沿曲面的切线方向创建。

⑤投影距离：沿投影距离偏置。

3. 修剪和延伸偏置曲线

（1）在截面内修剪至彼此：修剪同一截面内两条曲线之间的拐角。延伸两条曲线的切线形成拐角，并对切线进行修剪。

（2）在截面内延伸至彼此：延伸同一截面内两条曲线之间的拐角。延伸两条曲线的切线以形成拐角。

（3）修剪至面的边：将偏置曲线修剪至面边界。

（4）延伸至面的边：将偏置曲线延伸至面边界。

（5）移除偏置曲线内的自相交：修剪偏置曲线的相交区域。

4. 设置

公差：用于设置偏置曲线公差，其默认值是在"建模预设置"对话框中设置的。公差值决定偏置曲线与被偏置曲线的相似程度，一般选用默认值即可。

3.3.3 桥接曲线

选择"菜单"→"插入"→"派生曲线"→"桥接"命令或单击"曲线"功能区∣"派生曲线"组中的"桥接曲线"按钮，弹出如图3-55所示的"桥接曲线"对话框。该功能可用于桥接两条不同位置的曲线，边也可以作为曲线来选择。这是用户在曲线连结操作中常用的方法。

图3-55 "桥接曲线"对话框

1. 起始对象

该选项用于确定桥接曲线操作的第 1 个对象。

2. 终止对象

该选项用于确定桥接曲线操作的第 2 个对象。

3. 连接

（1）连续性。

①相切：表示桥接曲线与第 1 条曲线和第 2 条曲线在连接点处相切连续，且为三阶样条。

②曲率：表示桥接曲线与第 1 条曲线和第 2 条曲线在连接点处曲率连续，且为五阶或七阶样条。

（2）位置：移动滑尺上的滑块，确定点在曲线上的百分比位置。

（3）方向：通过点构造器来确定点在曲线上的位置。

4. 约束面

该选项用于限制桥接曲线所在面。

5. 半径约束

该选项用于限制桥接曲线的半径类型和大小。

6. 形状控制

（1）相切幅值：通过改变桥接曲线与第 1 条曲线和第 2 条曲线连接点的切向矢量值，来控制桥接曲线的形状。切向矢量值的改变可以通过拖动"开始"和"结束"滑块，或直接在"开始"和"结束"文本框中输入切向矢量实现。

（2）深度和歪斜度：当选择该选项后，"形状控制"组发生变化，如图 3-56 所示。

①深度：桥接曲线峰值点的深度，即影响桥接曲线形状的曲率的百分比，其值的改变可通过拖动下面的滑块或直接在"深度"文本框中输入百分比实现。

②歪斜度：桥接曲线峰值点的倾斜度，即设定沿桥接曲线从第 1 条曲线向第 2 条曲线度量时峰值点位置的百分比。

（3）模板曲线：用于选择控制桥接曲线形状的参考样条，使桥接曲线继承选定参考曲线的形状。

3.3.4 简化曲线

选择"菜单"→"插入"→"派生曲线"→"简化"命令，弹出如图 3-57 所示的"简化曲线"对话框。通过该对话框可以设置以一条最合适的逼近曲线，将一组选择曲线（最多可选择 512 条曲线）简化为圆弧或直线的组合，即将高次方曲线降成二次方或一次方曲线。

在简化选中曲线之前，可以指定原曲线在转换之后的状态。可以针对原曲线选择下列选项之一。

（1）保持：在生成直线和圆弧之后保留原曲线。在选中曲线的上面生成曲线。

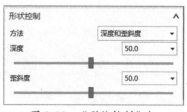
图 3-56 "形状控制"组

图 3-57 "简化曲线"对话框

（2）删除：简化曲线之后删除选中曲线，并且不能恢复。

（3）隐藏：生成简化曲线后，将选中的原曲线从屏幕上移除，但并未被删除。

若要选择的多组曲线彼此首尾相连，则可以通过单击其中的"成链"按钮，通过第一条和最后一条曲线来选择彼此连接的一组曲线，之后系统对其进行简化操作。

3.3.5 连结曲线

选择"菜单"→"插入"→"派生曲线"→"连结（即将失效）"命令，弹出如图 3-58 所示的"连结曲线（即将失效）"对话框。通过该对话框可将一链曲线和/或边合并到一起以生成一条 B 样条。其结果是生成与原曲线链近似的多项式样条，或者完全表示原曲线链的一般样条。

（1）关联：勾选该复选框，结果样条将与其输入曲线关联，并且修改这些曲线时会相应更新。

（2）输入曲线：用于处理原曲线。

（3）距离/角度公差：用于设置连结曲线的公差。其默认值在"建模预设置"对话框中设置。

图 3-58 "连结曲线（即将失效）"对话框

3.3.6 投影曲线

选择"菜单"→"插入"→"派生曲线"→"投影"命令或单击"曲线"功能区"派生曲线"组中的"投影曲线"按钮，弹出如图 3-59 所示的"投影曲线"对话框。通过该对话框可将曲线和点投影到片体、面、平面和基准面上。点和曲线可以沿着指定矢量方向、与指定矢量成某一角度的方向、指向特定点的方向或面法线的方向进行投影。所有投影曲线在孔或面边界处都要进行修剪。

（1）要投影的曲线或点：用于确定要投影的曲线或点。

（2）指定平面：用于确定投影所在的表面或平面。

（3）方向：用于指定将对象投影到片体、面和平面上时所使用的方向。

图 3-59 "投影曲线"对话框

①沿面的法向：用于沿着面和平面的法向投影对象。

②朝向点：可向一个指定点投影对象。对于投影的点，可以在选中点与投影点之间的直线上获得交点。

③朝向直线：沿垂直于指定直线或基准轴的矢量投影对象。对于投影的点，可以在通过选中点且垂直于指定直线的直线上获得交点。

④沿矢量：沿指定矢量（使用矢量构造器定义）投影选中对象。可以在该矢量指示的单个方向上投影曲线，或者在两个方向上（指示的方向和其反方向）投影曲线。

⑤与矢量成角度：将选中曲线按与指定矢量（使用矢量构造器定义）成指定角度的方向投影。根据选择的角度值（向内的角度为负值），该投影可以相对于曲线的近似形状按向外或向内的角度生成。对于点的投影，该选项不可用。

（4）关联：勾选该复选框后，原曲线保持不变，在投影面上生成与原曲线相关联的投影曲线。关联后，只要原曲线发生变化，投影曲线也随之发生变化。

（5）高级曲线拟合：用于指定曲线拟合的阶次，一般推荐使用 3 次。

（6）公差：用于设置公差，其默认值是在"建模预设置"对话框中设置的。该公差值可决定所投影的曲线与被投影曲线在投影面上的投影的相似程度。

3.3.7 组合投影

选择"菜单"→"插入"→"派生曲线"→"组合投影"命令或单击"曲线"功能区"派生曲线"组中的"组合投影"按钮，弹出如图 3-60 所示的"组合投影"对话框。利用该对话框可组合两个已有曲线的投影，生成一条新曲线。需要注意的是，这两个曲线投影必须相交。可以指定新曲线是否与输入曲线关联，以及将对输入曲线进行哪些处理。

1. 曲线 1/曲线 2

（1）选择曲线：用于选择第 1 个和第 2 个要投影的曲线链。

（2）反向⊠：单击该按钮，反转显示方向。

（3）指定原始曲线：用于指定选择曲线中的原始曲线。

2. 投影方向 1/投影方向 2

投影方向：分别为选择的曲线 1 和曲线 2 指定方向。

（1）垂直于曲线平面：设置曲线所在平面的法向。

（2）沿矢量：使用"矢量"对话框或"矢量"下拉列表选项来指定所需的方向。

3.3.8 缠绕/展开

选择"菜单"→"插入"→"派生曲线"→"缠绕/展开曲线"命令或单击"曲线"功能区"派生曲线"组中的"缠绕/展开曲线"按钮，弹出如图 3-61 所示的"缠绕/展开曲线"对话框。通过该对话框可以将曲线从平面缠绕到圆锥面或圆柱面上，或者将曲线从圆锥面或圆柱面展开到平面上。输出曲线是三次 B 样条，并且与其输入曲线、定义面和定义平面相关。

（1）类型：包括"缠绕"和"展开"两个选项。

①缠绕：将曲线从一个平面缠绕到圆锥面或圆柱面上。

图 3-60 "组合投影"对话框

图 3-61 "缠绕/展开曲线"对话框

②展开：将曲线从圆锥面或圆柱面展开到平面上。

（2）曲线或点：选择要缠绕或展开一条或多条曲线或者一个或多个点。

（3）面：选择将曲线缠绕到的或从其上展开的圆锥面或圆柱面。

（4）平面：选择一个与圆锥面或圆柱面相切的基准平面或平面。

（5）设置：与其他对话框中的"设置"参数相同。下面只介绍其中的"切割线角度"选项。

切割线角度：指定切线绕圆锥或圆柱轴线旋转的角度（0°～360°）。

3.3.9 抽取

选择"菜单"→"插入"→"派生曲线"→"抽取（原有）"命令，弹出如图 3-62 所示的"抽取曲线"对话框。通过该对话框，可使用一个或多个已有体的边或面生成几何体（线、圆弧、二次曲线和样条），且体不发生变化。大多数抽取曲线是非关联的，但也可选择生成相关的等斜度曲线或阴影外形曲线。

图 3-62 "抽取曲线"对话框

（1）边曲线：用于指定沿一个或多个已有体的边生成曲线。每次选择一条所需的边，或使用菜单选择面上的所有边、体中的所有边，按名称或按成链选取边。选定边的总数显示在状态行中，可以单击"返回"按钮取消选择边。选择完所有边后，单击"确定"按钮生成曲线。

（2）轮廓曲线：用于指定从轮廓边缘生成曲线，用于生成体的外形（轮廓）曲线（直线、弯曲面在这些直线处从指向视点变为远离视点）。选择所需体后，随即生成轮廓曲线，并提示选择其他体。生成的曲线是近似的，由建模距离公差控制。工作视图中生成的轮廓曲线与视图相关。

（3）完全在工作视图中：用于生成所有的边曲线，包括工作视图中实体和片体可视边缘的任何轮廓。

（4）阴影轮廓：用于产生工作视图中显示的体及与视图相关的曲线的外形。但用户需先将要隐藏的边设置为"不可见的"，然后单击"阴影轮廓"按钮。

（5）精确轮廓：使用可产生精确效果的 3D 曲线算法在工作视图中创建显示体轮廓的曲线。

3.3.10 相交曲线

选择"菜单"→"插入"→"派生曲线"→"相交"命令或单击"曲线"功能区"派生曲线"组中的"相交曲线"按钮，弹出如图 3-63 所示的"相交曲线"对话框。该对话框用于在两组对象之间生成相交曲线。相交曲线是关联的，会根据其定义对象的更改而更新。

图 3-63 "相交曲线"对话框

（1）第一组：可选择第 1 组对象。

（2）第二组：可选择第 2 组对象。

（3）保持选定：勾选该复选框后，选择第一组或第二组对象，单击"应用"按钮，自动选择已选择的"第一组"或"第二组"对象。

（4）关联：用于指定相交曲线是否关联。当对源对象进行更改时，关联的相交曲线自动更新。

（5）高级曲线拟合：用于设置曲线拟合的方式，包括"次数和段数""次数和公差"和"自动拟合"3 个选项。

3.3.11 截面曲线

选择"菜单"→"插入"→"派生曲线"→"截面"命令或单击"曲线"功能区"派生曲线"组中的"截面曲线"按钮，弹出如图 3-64 所示的"截面曲线"对话框。通过该对话框可设置在指定平面与体、面、平面和/或曲线之间生成相交几何体。其中，平面与曲线相交生成一个或多个点。几何体输出可以是相关的。

图 3-64 "截面曲线"对话框

1. 类型

（1）选定的平面：用于指定单独平面或基准平面作为截面。

（2）平行平面：用于设置一组等间距的平行平面作为截面。当选择该选项后，"截面曲线"对话框如图 3-65 所示。

①起点/终点：从基础平面测量而来，距离值为正表示矢量方向。系统将生成符合指定限制的平面数。输入的距离值不必恰好是步进值的偶数倍。

②步进：指定临时平行平面之间的相互距离。

（3）径向平面：从一条普通轴开始，以扇形展开生成等角度间隔的平面，以用于选中体、面和曲线的截取。选择该选项后"截面曲线"对话框如图 3-66 所示。

图 3-65 "截面曲线—平行平面"对话框

图 3-66 "截面曲线—径向平面"对话框

①径向轴：用于指定径向平面绕其旋转的轴矢量。若要指定轴矢量，可使用矢量方式或矢量构造器。

②参考平面上的点：通过使用点方式或点构造器，指定径向参考平面上的点。径向参考平面是包含该轴线和点的唯一平面。

③起点：表示相对于基础平面的角度，径向面由此角度处开始。按右手法则确定正向。限制角不必是步进角度的偶数倍。

④终点：表示相对于基础平面的角度，径向面在此角度处结束。

⑤步进：表示径向平面之间所需的夹角。

（4）垂直于曲线的平面：用于设定一个或一组与所选定曲线垂直的平面作为截面。选择该选项后，"截面曲线"对话框如图 3-67 所示。

①曲线或边：用于指定沿其生成垂直平面的曲线或边。可使用"过滤器"下拉列表辅助对象的选择，如可设置为曲线或边等。

②等弧长：沿曲线路径以等弧长方式间隔平面。必须输入平面的副本数，以及平面相对于曲线的起点和终点。

图 3-67 "截面曲线—垂直于曲线的平面"对话框

③等参数：根据曲线的参数间隔平面。必须输入平面的副本数，以及平面相对于曲线的起点和终点。

④几何级数：根据几何级数比间隔平面。必须输入平面的副本数、比率及平面相对于曲线的起点和终点。

⑤弦公差：根据弦公差间隔平面。选择曲线或边后，定义曲线段，使线段上的点距线段端点连线的最大弦距离等于在"弦公差"文本框中输入的弦公差值。

⑥增量弧长：以沿曲线路径递增的方式间隔平面。在"弧长"文本框中输入弧长值，在曲线上以递增弧长方式定义平面。

2. 要剖切的对象

该选项用于选择将被截取的对象。需要时，可以使用"过滤器"下拉列表辅助选择所需对象，如可设置为任意对象、体、面、曲线、平面或基准平面等。

3. 剖切平面

该选项用于选择现有平面或基准平面，或者使用平面子功能定义临时平面。需要注意的是，如果勾选"关联"复选框，则平面子功能不可用，此时必须选择现有平面。

4. 高级曲线拟合

该选项用于指定截面曲线的拟合阶次，一般推荐使用 3 次。

5. 距离公差

该选项用于指定截面曲线操作的公差。该文本框中的公差值确定截面曲线与定义截面曲线的对象和平面的接近程度。

3.3.12 镜像曲线

选择"菜单"→"插入"→"派生曲线"→"镜像"命令或单击"曲线"功能区"派生曲线"组中的"镜像曲线"按钮，弹出如图 3-68 所示的"镜像曲线"对话框。

（1）曲线：用于确定要镜像的曲线。

（2）镜像平面：用于确定镜像的面和基准平面。

（3）关联：勾选该复选框，可使原曲线保持不变，在投影面上生成与原曲线相关联的投影曲线，即只要原曲线发生变化，投影曲线也随之发生变化。

3.4 曲线编辑

在创建了曲线之后，经常还需要对曲线进行修改和编辑，调整曲线的很多细节。本节主要介绍曲线编辑操作，如编辑参数、修剪曲线、分割曲线、编辑圆角、拉长曲线、曲线长度、光顺样条等，其命令集中在"曲线"子菜单及相应的工具栏下，如图 3-69 所示。

图 3-68 "镜像曲线"对话框

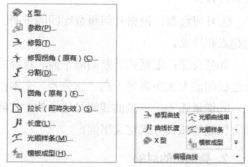
图 3-69 "曲线"子菜单及工具栏

3.4.1 编辑参数

编辑参数

选择"菜单"→"编辑"→"曲线"→"参数"命令,弹出如图 3-70 所示的"编辑曲线参数"对话框。通过该对话框可编辑大多数类型的曲线。设置了相关选项后,选择不同类型的对象时,系统会弹出相应的提示对话框。

1. 编辑直线

选择直线对象,弹出如图 3-71 所示的"直线"对话框。通过该对话框可设置改变直线的端点或其参数(长度和角度)。

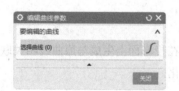

图 3-70 "编辑曲线参数"对话框

图 3-71 "直线"对话框

2. 编辑圆弧或圆

选择圆弧或圆对象,弹出如图 3-72 所示的"圆弧/圆"对话框。通过该对话框可输入新值或拖动滑块,以改变圆弧或圆的参数,还可以把圆弧变成它的补弧。不管选择的编辑模式是什么,都可以将圆弧或圆移动到新的位置。用此方法还可以把圆弧或圆移动到其他控制点(如线段的端点或其他圆的圆心)上。

3. 编辑椭圆

选择椭圆对象,弹出如图 3-73 所示的"编辑椭圆"对话框。通过该对话框可编辑一个或多个已有椭圆。与生成椭圆的操作几乎相同,用户最多可以选择 128 个椭圆进行编辑。当选择多个椭圆时,最后选中的椭圆的值为默认值。

图 3-72 "圆弧/圆"对话框

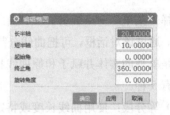

图 3-73 "编辑椭圆"对话框

3.4.2 修剪曲线

 修剪曲线

选择"菜单"→"编辑"→"曲线"→"修剪"命令或单击"曲线"功能区"编辑曲线"组中的"修剪曲线"按钮 ,弹出如图 3-74 所示的"修剪曲线"对话框。通过该对话框可以根据边界实体和选中曲线的分段来调整曲线的端点,修剪或延伸直线、圆弧、二次曲线和样条。

(1)要修剪的曲线:用于选择要修剪的一条或多条曲线。

(2)边界对象 1:用于选择一串对象作为边界 1,沿着它修剪曲线。

(3)边界对象 2:用于选择一串对象作为边界 2,沿着它修剪选中的曲线(此步骤是可选的)。

(4)关联:用于指定输出的已被修剪的曲线相关联。关联的修剪导致生成具有 TRIM_CURVE 特征的曲线,它是原始曲线的复制的、关联的、被修剪的副本。

若将原始曲线的线型改为虚线,则被修剪的、关联的副本更容易被看到。如果输入参数改变,则关联的被修剪的曲

图 3-74 "修剪曲线"对话框

线自动更新。

（5）输入曲线：用于指定输入曲线的被修剪部分处于何种状态。

①隐藏：输入曲线被渲染成不可见。

②保持：输入曲线不受修剪曲线操作的影响，被"保持"在它们的初始状态。

③删除：通过修剪曲线操作把输入曲线从模型中删除。

④替换：输入曲线被已修剪的曲线替换，原始曲线的子特征成为已修剪曲线的子特征。

（6）曲线延伸：如果正修剪一个要延伸到它的边界对象的样条，则可以按以下规则选择延伸的形状。

①自然：从样条的端点沿它的自然路径延伸。

②线性：将样条从它的任一端点延伸到边界对象，样条的延伸部分是直线。

③圆形：将样条从它的端点延伸到边界对象，样条的延伸部分是圆弧形。

④无：对任何类型的曲线都不执行延伸。

3.4.3 分割曲线

选择"菜单"→"编辑"→"曲线"→"分割"命令，弹出如图 3-75 所示的"分割曲线"对话框。通过该对话框，可把曲线分割成一组同样的段（直线到直线，圆弧到圆弧）。每个生成的段都是单独的实体并赋予和原曲线相同的线型。新的对象和原曲线放在同一层上。分割曲线的方式有 5 种。

（1）等分段：使用曲线长度或特定的曲线参数将曲线分成相等的段。

①等参数：根据曲线参数特征将曲线等分。曲线的参数随各种不同的曲线类型而变化。

②等弧长：可将选中的曲线分割成等长度的单独曲线，各段的长度是通过将实际的曲线分成要求的段数计算出来的。

（2）按边界对象：使用边界实体将曲线分成几段。边界实体可以是点、曲线、平面和/或面等。选中该选项，"分割曲线"对话框如图 3-76 所示。

图 3-75 "分割曲线"对话框

图 3-76 "分割曲线—按边界对象"对话框

（3）弧长段数：按照各段定义的弧长分割曲线。选中该选项，"分割曲线"对话框如图 3-77 所示。用户可根据要求输入分段弧长值，其后会显示分段数目和剩余部分弧长值。

具体进行操作时，在靠近要开始分段的端点处选择该曲线。从选择的端点开始，系统沿着曲线测量输入的长度，并生成一段曲线。从分段处的端点开始，系统再次测量长度并生成下一段曲线。此过程不断重复，直到到达曲线的另一个端点。生成的完整分段数目会在如图 3-77 所示的对话框中显示出来，此数目取决于曲线的总长度和输入的各段的长度；曲线剩余部分的长度也会显示出来，作为部分段。

（4）在结点处：使用选中的结点分割曲线，其中结点是指样条段的端点。选中该选项，"分割曲线"对话框如图 3-78 所示。

图 3-77 "分割曲线—弧长段数"对话框

图 3-78 "分割曲线—在结点处"对话框

①按结点号：通过输入特定的结点号分割样条。

②选择结点：通过用图形光标在结点附近指定一个位置来选择分割结点。当选择样条时会显示结点。

③所有结点：自动选择样条上的所有结点来分割曲线。

（5）在拐角上：可在角上分割样条。其中，角是指样条折弯处（某样条段的终止方向不同于下一段的起始方向）的结点。要在角上分割曲线，首先要选择该样条，所有的角上都会显示星号。用和"在结点处"方式相同的方法选择角点。如果在选择的曲线上未找到角，则会显示"不能分割——没有角"的错误提示信息。

3.4.4 编辑圆角

选择"菜单"→"编辑"→"曲线"→"圆角（原有）"命令，弹出如图 3-79 所示的"编辑圆角"对话框。通过该对话框可编辑已有的圆角，类似于两个对象圆角的生成方法。单击"自动修剪""手工修剪""不修剪"按钮中的一个，依次选择对象 1、圆角、对象 2，弹出如图 3-80 所示的"编辑圆角"对话框。

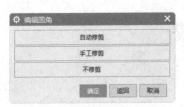

图 3-79 "编辑圆角"对话框 1

图 3-80 "编辑圆角"对话框 2

3.4.5 拉长曲线

拉长曲线

选择"菜单"→"编辑"→"曲线"→"拉长（即将失效）"命令，弹出如图 3-81 所示的"拉长曲线（即将失效）"对话框。该对话框中的选项用于移动大多数几何对象，拉伸或缩短选中的直线。

具体操作时可以使用矩形来选择对象。矩形必须包围要平移的对象和要拉伸的直线的端点。如果只有对象（直线除外）的一部分在矩形内，则该对象不被选中。

3.4.6 曲线长度

曲线长度

选择"菜单"→"编辑"→"曲线"→"长度"命令或单击"曲线"功能区"编辑曲线"组中的"曲线长度"按钮，弹出如图 3-82 所示的"曲线长度"对话框。可在该对话框中设置通过给定的圆弧增量或总弧长来修剪曲线。

图 3-81 "拉长曲线（即将失效）"对话框

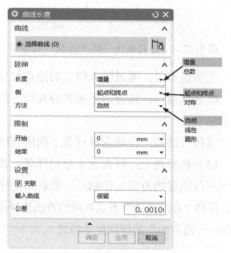

图 3-82 "曲线长度"对话框

1. 延伸

（1）长度：包括"增量"和"总数"两个选项。

①增量：利用给定的弧长增量修剪曲线。弧长增量是指从初始曲线上修剪的长度。

②总数：利用曲线的总弧长修剪曲线。总弧长是指沿着曲线的精确路径，从起点到终点的距离。

（2）侧：包括"起点和终点"和"对称"两个选项。

①起点和终点：从圆弧的起点和终点修剪或延伸曲线。

②对称：从圆弧的起点和终点修剪或延伸曲线。

（3）方法：该选项用于确定所选样条延伸的形状。

①自然：从样条的端点沿它的自然路径延伸它。

②线性：从样条的任意一个端点延伸它，它的延伸部分是线性的。

③圆形：从样条的端点延伸它，它的延伸部分呈圆弧状。

2. 限制

该选项用于输入一个值作为修剪掉的或延伸的圆弧的长度。用户既可以输入正值作为弧长，也可以输入负值作为弧长。输入正值时延伸曲线，输入负值时修剪曲线。

（1）开始：开始端修剪或延伸的圆弧的长度。

（2）结束：结束端修剪或延伸的圆弧的长度。

3.4.7 光顺样条

选择"菜单"→"编辑"→"曲线"→"光顺样条"命令，弹出如图 3-83 所示的"光顺样条"对话框。通过该对话框可设置光顺样条的曲率，使 B 样条更加光顺。

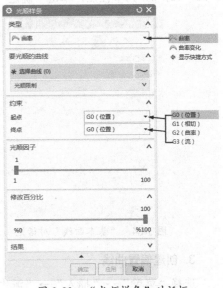

图 3-83 "光顺样条"对话框

1. 类型

（1）曲率：通过最小化曲率值来光顺曲线。

（2）曲率变化：通过最小化整条曲线的曲率变化来光顺曲线。

2. 约束

该选项用于选择光顺曲线时对曲线起点和终点的约束。以下对 G0（位置）、G1（相切）、G2（曲率）、G3（流）进行介绍。

（1）在 UG 中通常使用的两种连续性是数学连续性（用 Cn 表示，其中 n 是某个整数）和几何连续性（用 Gn 表示）。连续性是用来描述分段边界处的曲线与曲面的行为。

（2）Gn 表示两个几何对象间的实际连续程度，其连续性独立于表示（参数化）。例如，G0 表示两个对象相连或两个对象的位置是连续的；G1 表示两个对象光顺连接，一阶微分连续或相切连续；G2 表示两个对象光顺连接，二阶微分连续或两个对象的曲率连续；G3 表示两个对象光顺连接，三阶微分连续等。

3.4.8 实例——碗轮廓曲线

1. 新建文件

（1）启动 UG NX 12.0 软件。

（2）选择"文件"→"新建"命令、选择"菜单"→"文件"→"新建"命令或按 Ctrl+N 组合键，弹出"新建"对话框。在"新文件名"的"名称"文本框中输入 wan，单击"确定"按钮，进入建模环境。

（3）调整视图。单击视图工具条中的"俯视图"按钮，调整屏幕视图。

2. 创建曲线

选择"菜单"→"插入"→"曲线"→"基本曲线（原有）"命令，弹出如图 3-84 所示的"基本曲线"对话框。单击"圆"按钮○，在"点方法"下拉列表中选择"点构造器"选项，在弹出的"点"对话框中输入坐标值（0，50，0）为圆中心点，单击"确定"按钮，输入（-50，50，0）为半径点，单击"确定"按钮，完成圆1的绘制，如图3-85所示。

图3-84 "基本曲线"对话框

图3-85 绘制圆1

3. 创建偏置曲线

选择"菜单"→"插入"→"派生曲线"→"偏置"命令或单击"曲线"功能区"派生曲线"组中的"偏置曲线"按钮，弹出如图3-86所示的"偏置曲线"对话框。在"偏置类型"下拉列表中选择"距离"选项，选择刚刚绘制的圆1，注意偏置方向为-X轴，如图3-87所示。在"距离"和"副本数"文本框中分别输入2和1，单击"确定"按钮，生成圆2，如图3-88所示。

图3-86 "偏置曲线"对话框

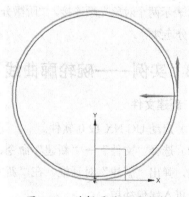

图3-87 选择要偏置的曲线

4. 创建直线

在如图3-84所示的"基本曲线"对话框中单击"直线"按钮，在"点方法"下拉列表中选择"象限点"选项，捕捉圆1的象限点，绘制两条相交直线，如图3-89所示。

第3章 曲线功能

图 3-88　绘制圆 2　　　　　　　　　图 3-89　绘制直线

5. 修剪操作

选择"菜单"→"编辑"→"曲线"→"修剪"命令或单击"曲线"功能区"编辑曲线"组中的"修剪曲线"按钮，弹出"修剪曲线"对话框，各选项设置如图 3-90 所示。选择刚刚绘制的两条直线作为边界对象，如图 3-91 所示。将两条圆弧作为被修剪曲线，单击"确定"按钮，结果如图 3-92 所示。再以圆 2 为边界，修剪两条直线，结果如图 3-93 所示。

图 3-90　"修剪曲线"对话框　　　　　图 3-91　选择边界对象

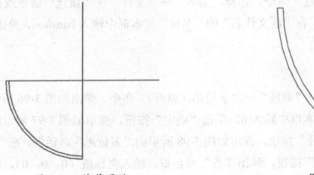
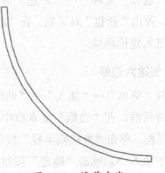

图 3-92　修剪圆弧　　　　　　　　　图 3-93　修剪直线

6. 创建碗底座轮廓

（1）选择"菜单"→"插入"→"曲线"→"直线"命令或单击"曲线"功能区"曲线"组中的"直线"按钮，弹出"直线"对话框。

（2）将"起点选项"设置为"自动判断"，在工作区中选择直线起点，即端点 A。

（3）选择终点方向，输入长度值-2。

（4）依照上述方法绘制如图 3-94 所示的线段 C、D、E，长度分别为 15、2、5。在定义线段 F 时，长度刚好到圆弧 1 即可。

7. 删除圆弧 1 多余的一段

选择"菜单"→"编辑"→"曲线"→"修剪"命令或单击"曲线"功能区"编辑曲线"组中的"修剪曲线"按钮，弹出"修剪曲线"对话框。选择线段 F 为边界对象，圆弧 1 为修剪对象，单击"确定"按钮，完成修剪操作，结果如图 3-95 所示。

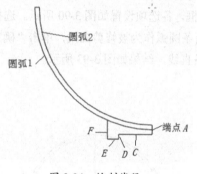
图 3-94 绘制线段

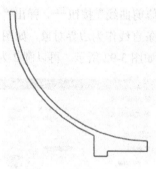
图 3-95 碗轮廓曲线

3.5 综合实例——扳手曲线

1. 新建文件

（1）启动 UG NX 12.0 软件。

（2）选择"文件"→"新建"命令、选择"菜单"→"文件"→"新建"命令或按 Ctrl+N 组合键，弹出"新建"对话框。在"新文件名"的"名称"文本框中输入 banshou，单击"确定"按钮，进入建模环境。

2. 创建六边形

选择"菜单"→"插入"→"曲线"→"多边形（原有）"命令，弹出如图 3-96 所示的"多边形"对话框。在"边数"文本框中输入 6，单击"确定"按钮，弹出如图 3-97 所示的"多边形"对话框。单击"外接圆半径"按钮，弹出如图 3-98 所示的"多边形"对话框。在"圆半径"文本框中输入 5，单击"确定"按钮，弹出"点"对话框。输入坐标值（0，0，0），将生成的多边形定位于原点上，单击"确定"按钮，完成多边形的创建。按上述步骤再创建一个定位于（80，0，0）、外接圆半径为 6 毫米的正六边形。生成的两个六边形如图 3-99 所示。

图3-96 "多边形"对话框1　　　图3-97 "多边形"对话框2　　　图3-98 "多边形"对话框3

图3-99　六边形

3. 创建外圆轮廓

选择"菜单"→"插入"→"曲线"→"基本曲线（原有）"命令，弹出如图3-100所示的"基本曲线"对话框。单击"圆弧"按钮，选中"起点，终点，圆弧上的点"选项，系统依次提示输入圆的起点、终点和圆弧上的点，单击六边形的 A 点和 B 点，输入坐标值（10，0，0），生成一个经过上述3点的圆弧。按上述步骤再创建一个经过 C 点、D 点和坐标值为（70，0，0）的点的圆弧。

4. 创建两条平行直线

选择"菜单"→"插入"→"曲线"→"基本曲线（原有）"命令，弹出"基本曲线"对话框。单击"直线"按钮，在"点方法"下拉列表中选择"点构造器"选项，弹出"点"对话框。输入坐标值（5，3，0），单击"确定"按钮；输入坐标值（75，3，0），单击"确定"按钮，生成线段1。按上述步骤输入坐标值（5，-3，0）和坐标值（75，-3，0），生成线段2。单击"取消"按钮，完成两条平行直线的创建，如图3-101所示。

 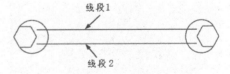

图3-100　"基本曲线"对话框　　　　　图3-101　创建平行直线

5. 修剪线段

选择"菜单"→"编辑"→"曲线"→"修剪"命令或单击"曲线"功能区"编辑曲线"组中的"修剪曲线"按钮，弹出"修剪曲线"对话框，各选项设置如图3-102所示。用光标选择左侧圆弧为第一边界，选择右侧圆弧为第二边界，单击左侧圆弧中的线段1和线段2，完成修剪操作。生成的曲线如图3-103所示。

6. 修剪圆弧

选择"菜单"→"编辑"→"曲线"→"修剪"命令或单击"曲线"功能区"编辑曲线"组中的"修剪曲线"按钮，弹出"修剪曲线"对话框，各选项设置如图 3-102 所示。用光标选择线段 1 为第一边界，选择线段 2 为第二边界，单击两条直线中的圆弧，完成修剪操作。生成的曲线如图 3-104 所示。

图 3-102　"修剪曲线"对话框

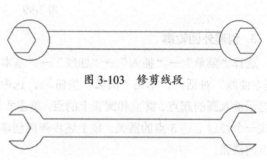

图 3-103　修剪线段

图 3-104　扳手曲线

第 4 章 草　　图

本章导读

草图（Sketch）是 UG 建模中建立参数化模型的一个重要工具。通常情况下，三维设计从草图设计开始，即通过 UG 提供的草图功能建立各种基本曲线，先对曲线进行几何约束和尺寸约束，再对二维草图进行拉伸、旋转或扫掠就可生成三维实体。此后模型的编辑修改，在相应的草图中完成后即可更新模型。

内容要点

- 草图概述
- 创建草图
- 草图约束
- 草图操作

4.1　草图概述

草图是位于指定平面上的曲线和点组成的一个特征，其默认特征名为 SKETCH。草图由草图平面、草图坐标系、草图曲线、草图约束等组成。其中，草图平面是草图曲线所在的平面，草图坐标系的 XY 平面即草图平面；草图坐标系由用户在建立草图时确定。一个模型中可以包含多个草图，每个草图都有一个名称，系统通过草图名称对草图及其对象进行引用。

使用草图可以实现对曲线的参数化控制，方便对模型进行修改，主要作用如下。

（1）用于对图形进行参数化。

（2）用于建立通过标准成型特征无法实现的形状。

（3）作为自由形状特征的控制线。

（4）如果形状可以用拉伸、旋转或沿引导线扫掠的方法建立，可将草图作为模型的基础特征。

4.2　创建草图

如果选择"菜单"→"插入"→"草图"命令，则弹出"创建草图"对话框，如图 4-1 所示。

如果选择"菜单"→"插入"→"在任务环境中绘制草图"命令，则进入草图任务环境（本章所述操作均在此环境中进行）并弹出如图 4-2 所示的"创建草图"对话框。选择完草图平面后，可以通过定位功能将草图固定在指定的平面位置。

图 4-1 "创建草图"对话框 1

图 4-2 "创建草图"对话框 2

在进入草图任务环境的同时，自动打开如图 4-3 所示的"主页"功能区。

图 4-3 草图任务环境的"主页"功能区

4.2.1 轮廓

选择"菜单"→"插入"→"曲线"→"轮廓"命令或单击"主页"功能区"曲线"组中的"轮廓"按钮 ，弹出如图 4-4 所示的"轮廓"对话框。

图 4-4 "轮廓"对话框

（1）直线：单击"直线"按钮 ，在工作区中选择两点绘制直线。

（2）圆弧：单击"圆弧"按钮 ，在工作区中选择一点，输入半径值，然后在工作区中选择另一点，或者根据相应约束和扫掠角度绘制圆弧。

（3）坐标模式：单击"坐标模式"按钮 ，在工作区中显示如图 4-5 所示的"XC"和"YC"数值输入文本框。输入所需数值，确定绘制点。

（4）参数模式：单击"参数模式"按钮 ，在工作区中显示如图 4-6 所示的"长度"和"角度"或者"半径"数值输入文本框。输入所需数值，拖动鼠标，在合适位置单击，绘制直线或弧。其与坐标模式的区别是，在数值输入文本框中输入数值后，坐标模式是确定的，而参数模式是浮动的。

（a）选择直线绘制　　　　　（b）选择弧绘制

图 4-5　"坐标模式"数值输入文本框　　　　图 4-6　"参数模式"数值输入文本框

4.2.2　直线

选择"菜单"→"插入"→"曲线"→"直线"命令或单击"主页"功能区"曲线"组中的"直线"按钮，弹出如图 4-7 所示的"直线"对话框，其各个选项含义和"轮廓"对话框中对应的选项含义相同。

4.2.3　圆弧

选择"菜单"→"插入"→"曲线"→"圆弧"命令或单击"主页"功能区"曲线"组中的"圆弧"按钮，弹出如图 4-8 所示的"圆弧"对话框。

（1）三点定圆弧：单击"三点定圆弧"按钮，以"三点定圆弧"方式绘制圆弧。

（2）中心和端点定圆弧：单击"中心和端点定圆弧"按钮，以"中心和端点定圆弧"方式绘制圆弧。

4.2.4　圆

选择"菜单"→"插入"→"曲线"→"圆"命令或单击"主页"功能区"曲线"组中的"圆"按钮，弹出如图 4-9 所示的"圆"对话框。

图 4-7　"直线"对话框　　　图 4-8　"圆弧"对话框　　　图 4-9　"圆"对话框

（1）圆心和直径定圆：单击"圆心和直径定圆"按钮，以"圆心和直径定圆"方式绘制圆。

（2）三点定圆：单击"三点定圆"按钮，以"三点定圆"方式绘制圆。

4.2.5　派生直线

选择一条或几条直线后，系统自动生成其平行线、中线或角平分线。

单击"主页"功能区"曲线"组中的"派生直线"按钮，以"派生直线"方式绘制直线。以"派生直线"方式绘制的草图示意图如图 4-10 所示。

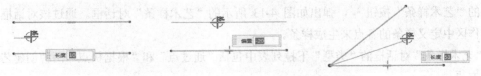

图 4-10　以"派生直线"方式绘制的草图示意图

4.2.6 矩形

矩形

选择"菜单"→"插入"→"曲线"→"矩形"命令或单击"主页"功能区"曲线"组中的"矩形"按钮□，弹出如图4-11所示的"矩形"对话框。

图4-11 "矩形"对话框

(1) 按2点：单击"矩形"对话框中的"按2点"按钮，以"按2点"方式绘制矩形。

(2) 按3点：单击"矩形"对话框中的"按3点"按钮，以"按3点"方式绘制矩形。

(3) 从中心：单击"矩形"对话框中的"从中心"按钮，以"从中心"方式绘制矩形。

4.2.7 拟合曲线

拟合曲线

选择"菜单"→"插入"→"曲线"→"拟合曲线"命令或单击"主页"功能区"曲线"组中的"拟合曲线"按钮，弹出如图4-12所示的"拟合曲线"对话框。

拟合曲线类型分为"拟合样条""拟合直线""拟合圆"和"拟合椭圆"4种。其中，"拟合直线""拟合圆"和"拟合椭圆"创建类型下的各个操作选项基本相同，如选择源目标的方式有"自动判断""指定的点"和"成链的点"3种，创建出来的曲线也可以通过"结果"选项来查看误差。与其他3种类型不同的是"拟合样条"，其可选的操作方式有"自动判断""指定的点""成链的点"和"曲线"4种。

(1) 次数/段数：用于根据拟合样条次数和分段数生成拟合样条。在"次数"和"段数"文本框中输入所需的数值，创建拟合样条。若要均匀分段，则需勾选"均匀段"复选框。

(2) 次数/公差：用于根据拟合样条次数和公差生成拟合样条。在"次数"和"公差"文本框中输入所需的数值，创建拟合样条。

图4-12 "拟合曲线"对话框

(3) 模板曲线：用于根据模板样条生成次数及结点顺序均与模板曲线相同的拟合样条。勾选"保持模板曲线为选定"复选框，表示保留所选择的模板曲线，否则移除。

4.2.8 艺术样条

艺术样条

选择"菜单"→"插入"→"曲线"→"艺术样条"命令或单击"主页"功能区"曲线"组中的"艺术样条"按钮，弹出如图4-13所示的"艺术样条"对话框。通过该对话框，可在工作区中定义样条的各点来生成样条。

"艺术样条"对话框的"类型"下拉列表中包括"通过点"和"根据极点"两种创建艺术样条的方法。

4.2.9 二次曲线

选择"菜单"→"插入"→"曲线"→"二次曲线"命令或单击"主页"功能区"曲线"组中的"二次曲线"按钮 ，弹出如图 4-14 所示的"二次曲线"对话框。定义 3 个点，输入 Rho 值（曲线饱满值），单击"确定"按钮，创建一条二次曲线。

图 4-13　"艺术样条"对话框　　　　　图 4-14　"二次曲线"对话框

4.3 草图约束

约束用于精确地控制草图中的对象。草图约束有两种类型：尺寸约束（又称草图尺寸）和几何约束。

尺寸约束用于建立草图对象的大小（如直线的长度、圆弧的半径等）约束或两个对象之间的关系（如两点之间的距离）。几何约束用于建立草图对象的几何特性（如要求某条直线具有固定长度）或两个甚至更多个草图对象的关系类型（如要求两条直线垂直或平行，或是几条弧具有相同的半径）。用户无法在工作区中看到几何约束，但是可以使用"显示/删除约束"功能显示有关信息，并显示代表这些约束的直观标记。

4.3.1 尺寸约束

尺寸约束用于限制草图几何对象的大小和形状，也就是在草图上标注尺寸，并设置尺寸标注线，同时建立相应的表达式，以便在后续的编辑工作中实现尺寸的参数化驱动。

生成尺寸约束时，用户可以选择草图曲线、边、基准平面或基准轴上的点，以生成水平、竖直、平行、垂直和角度尺寸。

生成尺寸约束时，系统会生成一个表达式，其名称和值显示在一个弹出对话框的文本区域中，用户可以接着编辑该表达式的名称和值。

生成尺寸约束时，只要选中了几何体，其尺寸及其延伸线和箭头就会全部显示出来。将尺寸值拖动到位，然后按下鼠标左键即可生成尺寸约束。完成尺寸约束后，用户还可以随时更改，只需在图形区选中该值，双击，便可以使用生成过程采用的方式编辑其名称、值或位置。用户还可以使用"动画模拟"功能，在一个指定的范围中，显示动态地改变表达式之值的效果。

选择"菜单"→"插入"→"尺寸"命令，弹出如图 4-15 所示的"尺寸"子菜单。

图 4-15　"尺寸"子菜单

（1）线性尺寸：选择"菜单"→"插入"→"尺寸"→"线性"命令或单击"主页"功能区"约束"组中的"线性尺寸"按钮，弹出如图 4-16 所示的"线性尺寸"对话框。在工作区中选取同一对象或不同对象的两个控制点，则系统自动用两点的连线标注尺寸。如果选取一段圆弧曲线，则系统自动标注圆弧的直径尺寸。在标注尺寸时所选取的圆弧或圆，必须是在草图模式下创建的。

（2）径向尺寸：选择"菜单"→"插入"→"尺寸"→"径向"命令或单击"主页"功能区"曲线"组中的"径向尺寸"按钮，弹出如图 4-17 所示的"径向尺寸"对话框。在工作区中选取一段圆弧曲线，则系统自动标注圆弧的半径尺寸，如图 4-18 所示。

图 4-16　"线性尺寸"对话框

图 4-17　"径向尺寸"对话框

(3) 角度尺寸：选择"菜单"→"插入"→"尺寸"→"角度"命令或单击"主页"功能区"约束"组中的"角度尺寸"按钮，弹出如图 4-19 所示的"角度尺寸"对话框。在工作区中远离直线交点的位置选择两条直线，则系统自动标注这两条直线之间的夹角。如果选取直线时光标比较靠近两条直线的交点，则标注的该角度是对顶角。

(4) 周长尺寸：选择"菜单"→"插入"→"尺寸"→"周长"命令或单击"主页"功能区"约束"组中的"周长尺寸"按钮，弹出如图 4-20 所示的"周长尺寸"对话框。在工作区中选取一段或多段曲线，则系统自动标注这些曲线的周长。这种方式不会在工作区中显示。

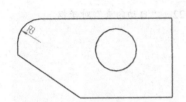

图 4-18　径向尺寸示意图　　图 4-19　"角度尺寸"对话框　　图 4-20　"周长尺寸"对话框

4.3.2 几何约束

几何约束用于指定草图对象必须遵守的条件，或是草图对象之间必须维持的关系。几个主要的几何约束选项（均在"约束"组中）如下。

1. 几何约束

单击"主页"功能区"约束"组中的"几何约束"按钮，弹出如图 4-21 所示的"几何约束"对话框。用户可以单击要约束的类型按钮以确定要添加的约束。

2. 自动约束

单击"主页"功能区"约束"组中的"自动约束"按钮，弹出如图 4-22 所示的"自动约束"对话框，用于设置系统自动要添加的约束，能够在可行的地方自动应用草图的几何约束的类型（水平、竖直、相切、平行、垂直、共线、同心、等长、等半径、点在曲线上、重合等）。当将几何体添加到激活的草图中时，尤其是当几何体由其他 CAD 系统导入时，"自动约束"功能特别有用。

(1) 全部设置：用于选中所有约束类型。

(2) 全部清除：用于清除所有约束类型。

(3) 距离公差：用于控制对象端点的距离必须达到的接近程度。

(4) 角度公差：用于控制系统要应用水平、竖直、平行或垂直约束时，直线必须达到的接近程度。

图 4-21 "几何约束"对话框

图 4-22 "自动约束"对话框

3. 显示草图约束

设置显示草图约束后,可打开所有的约束类型。

4. 转换至/自参考对象

单击"主页"功能区"约束"组中的"转换至/自参考对象"按钮 ,弹出如图 4-23 所示的"转换至/自参考对象"对话框。通过该对话框可将草图对象或尺寸转换为参考对象,或将参考对象转换为草图对象。

(1) 参考曲线或尺寸:可将所选对象由草图对象或尺寸转换为参考对象。

(2) 活动曲线或驱动尺寸:可将当前所选的参考对象转换为草图对象或尺寸。

5. 备选解

单击"主页"功能区"约束"组中的"备选解"按钮 ,弹出如图 4-24 所示的"备选解"对话框。当对草图进行约束操作时,同一约束条件可能存在多种解决方法,采用"备选解"操作可从一种解法转为另一种解法。例如,圆弧和直线相切有两种方式,其"备选解"操作示意图如图 4-25 所示。

图 4-23 "转换至/自参考对象"对话框

图 4-24 "备选解"对话框

6. 动画演示尺寸

动画演示尺寸用于使在草图中制定的尺寸在规定的范围内变化,同时观察其他相应的几何约束变化情形，以此来判断草图设计的合理性，及时发现错误。操作之前，必须先在草图对象上进行尺寸标注和进行必要的约束。单击"主页"功能区"约束"组中的"动画演示尺寸"按钮，弹出如图 4-26 所示的"动画演示尺寸"对话框。系统提示用户在工作区中或在尺寸表达式列表框中选择一个尺寸，然后在对话框中设置该尺寸的变化范围和每个循环显示的步长。单击"确定"按钮，系统自动在工作区中以动画形式显示与此尺寸约束相关的几何对象。

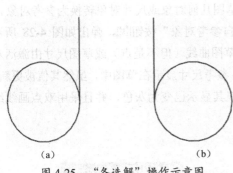

图 4-25 "备选解"操作示意图　　　　图 4-26 "动画演示尺寸"对话框

（1）尺寸表达式列表框：用于显示在草图中已标注的全部尺寸表达式。

（2）下限：用于设置尺寸在动画显示时变化范围的下限。

（3）上限：用于设置尺寸在动画显示时变化范围的上限。

（4）步数/循环：用于设置每次循环时动态显示的步长值。输入的数值越大，动态显示的速度越慢，但运动较为连贯。

（5）显示尺寸：用于设置在动画显示过程中，是否显示已标注的尺寸。如果勾选该复选框，则在草图动画显示时，所有尺寸都会显示在窗口中，且其数值保持不变；否则不显示其他尺寸。

4.4 草图操作

建立草图后，可以对草图进行很多操作，如镜像、转换至/自参考对象等命令。

4.4.1 镜像

该操作用于通过草图中现有的任意一条直线镜像草图几何体。选择"菜单"→"插入"→"来自曲线集的曲线"→"镜像曲线"命令或单击"主页"功能区"曲线"组中的"镜像曲线"按钮，弹出如图 4-27 所示的"镜像曲线"对话框。

（1）要镜像的曲线：用于选择一个或多个需要镜像的草图对象。在"镜像曲线"对话框中单击"曲线"按钮，可在工作区中选择镜像几何体。

（2）中心线：用于选择一条直线作为镜像中心线。在"镜像曲线"对话框中单击"中心线"按钮，可在工作区中选择中心线。

（3）中心线转换为参考：用于将活动中心线转换为参考线。如果中心线为参考轴，则系统沿该轴创建一条参考线。

（4）显示终点：用于显示端点约束，以便移除或添加它们。如果移除端点约束，然后编辑原曲线，则未约束的镜像曲线将不会更新。

4.4.2 转换至/自参考对象

转换至/自参考对象

在给草图添加几何约束和尺寸约束的过程中，有时会引起约束冲突，一种解决方法是删除多余的几何约束和尺寸约束，另一种解决方法是将草图几何对象或尺寸对象转换为参考对象。

单击"主页"功能区"约束"组中的"转换至/自参考对象"按钮，弹出如图4-28所示的"转换至/自参考对象"对话框。该对话框用于将草图曲线（但不是点）或草图尺寸由激活对象转换为参考对象，或由参考对象转换回激活对象。参考尺寸显示在草图中，虽然其值被更新，但是它不能控制草图几何体。虽然显示参考曲线，但其显示已变为灰色，并且采用双点画线线型。在拉伸或回转草图时，没有用到它的参考曲线。

图4-27 "镜像曲线"对话框

图4-28 "转换至/自参考对象"对话框

（1）参考曲线或尺寸：用于将激活对象转换为参考对象。
（2）活动曲线或驱动尺寸：用于将参考对象转换为激活对象。

4.4.3 偏置已投影的曲线

偏置曲线

该操作用于在草图中关联性地偏置抽取的曲线，生成偏置约束，修改原曲线时，将会更新抽取的曲线和偏置曲线。被偏置的曲线都是单个样条，并且是几何约束。

选择"菜单"→"插入"→"来自曲线集的曲线"→"偏置曲线"命令或单击"主页"功能区"曲线"组中的"偏置曲线"按钮，弹出如图4-29所示的"偏置曲线"对话框。其中大部分选项功能与基本建模中的"偏置曲线"对话框中的选项功能类似。

4.4.4 添加现有曲线

添加现有曲线

选择"菜单"→"插入"→"来自曲线集的曲线"→"现有曲线"命令或单击"主页"功能区"曲线"组中的"添加现有曲线"按钮，弹出如图4-30所示的"添加曲线"对话框。该对话框用于将绝大多数已有的曲线和点，以及椭圆、抛物线、双曲线等二次曲线添加到当前草图中，但只是简单地将曲线添加到草图中，而不会将约束应用于添加的曲线，几何体之间的间隙没有闭合。要使系统应用某些几何约束，可使用"自动约束"功能。

图 4-29 "偏置曲线"对话框　　　　图 4-30 "添加曲线"对话框

另外，不能使用"添加现有曲线"操作将"构造的"或"关联的"曲线添加到草图中，应该使用"添加抽取对象"（又称"投影曲线"）操作来代替。

4.4.5 投影曲线

选择"菜单"→"插入"→"配方曲线"→"投影曲线"命令或单击"主页"功能区"曲线"组中的"投影曲线"按钮，弹出如图 4-31 所示的"投影曲线"对话框。通过该对话框可将选中的对象沿草图平面的法向投影到草图的平面上。通过选择草图外部的对象，可以生成抽取的曲线或线串。能够抽取的对象包括曲线（关联的或非关联的）、边、面、其他草图或草图内的曲线、点等。

由关联曲线抽取的线串将维持与原几何体的关联性。如果修改原曲线，草图中抽取的线串也将被更新；如果原曲线被抑制，抽取的线串仍在草图中保持可见状态；如果选中面，则其边自动被选中，以便进行抽取；如果更改面及其边的拓扑结构，则抽取的线串也将被更新；对边的数目的增加或减少操作，也会反映在抽取的线串中。

图 4-31 "投影曲线"对话框

4.4.6 重新附着草图

单击"主页"功能区"草图"组中的"重新附着"按钮，可将草图附着到不同的表平面或基准平面上，而不是刚创建时生成的面上。

4.4.7 更新草图

草图更新

选择"菜单"→"工具"→"更新"→"从草图更新模型"命令或单击"主页"功能区"草图"组中的"更新模型"按钮，弹出"草图更新"对话框。该对话框用于更新模型，以反映对草图的更改。如果没有要进行的更新，则此操作不可用；如果存在要进行的更新，而且用户退出了"草图更新"对话框，则系统自动更新模型。

4.4.8 删除草图

删除草图

选择"菜单"→"编辑"→"删除"命令或在部件导航器中右击，在弹出的快捷菜单中选择"删除"命令，可删除草图。但如果草图在部件导航器特征树中有子特征，则只会删除与其相关的特征，不会删除草图。

4.5 综合实例——六边形

综合实例——六边形

1. 新建文件

（1）启动 UG NX 12.0 软件。

（2）选择"文件"→"新建"命令、选择"菜单"→"文件"→"新建"命令或按 Ctrl+N 组合键，弹出"新建"对话框。在"新文件名"的"名称"文本框中输入 liubianxing，单击"确定"按钮，进入建模环境。

2. 创建草图

（1）选择"菜单"→"插入"→"在任务环境中绘制草图"命令，进入草图任务环境并弹出如图 4-32 所示的"创建草图"对话框。设置 XC-YC 平面为草图绘制面，单击"确定"按钮。

（2）单击"主页"功能区"曲线"组中的"轮廓"按钮，弹出如图 4-33 所示的"轮廓"对话框，用于绘制草图轮廓（3 条直线段），如图 4-34 所示。

图 4-32 "创建草图"对话框

图 4-33 "轮廓"对话框

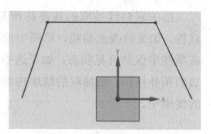
图 4-34 绘制草图轮廓

3. 添加几何约束

（1）单击"主页"功能区"约束"组中的"几何约束"按钮，弹出如图 4-35 所示的"几何约束"对话框。用光标选择 3 条直线段，单击"等长"按钮，使 3 条直线段的长度相等，如图 4-36 所示。

图 4-35 "几何约束"对话框

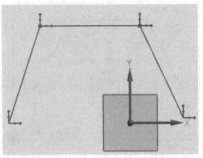

图 4-36 3 条直线段的长度相等

（2）单击"点在曲线上"按钮，用光标选择左边斜直线段的下端点和 XC 轴，使所选的点落在 XC 轴上，如图 4-37 所示。操作方法同上，选择右边斜直线段的下端点和 XC 轴，使所选的点落在 XC 轴上，如图 4-38 所示。

4. 添加尺寸约束

单击"主页"功能区"约束"组中的"快速尺寸"按钮，为草图添加尺寸约束。各个尺寸如图 4-39 所示。

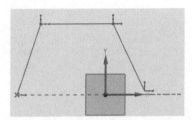

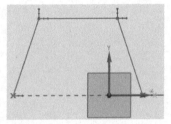

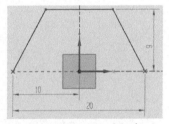

图 4-37 指定左边斜直线段的下端点　图 4-38 指定右边斜直线段的下端点　图 4-39 添加尺寸约束

5. 创建镜像

（1）选择"菜单"→"插入"→"来自曲线集的曲线"→"镜像曲线"命令或单击"主页"功能区"曲线"组中的"镜像曲线"按钮，弹出如图 4-40 所示的"镜像曲线"对话框。选择 XC 轴作为镜像中心，如图 4-41 所示。

图 4-40 "镜像曲线"对话框

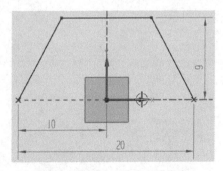

图 4-41 选择 XC 轴作为镜像中心

（2）选择所有的草图线段作为镜像几何体，如图 4-42 所示。单击"确定"按钮，完成镜像并生成正六边形草图，如图 4-43 所示。

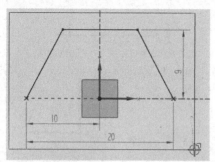
图 4-42　选择所有的草图线段作为镜像几何体

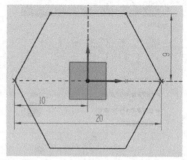
图 4-43　正六边形草图

6. 退出草图

选择"菜单"→"任务"→"完成草图"命令或单击"主页"功能区"草图"组中的"完成"按钮，退出草图任务环境。

第 5 章 特征建模

本章导读

相对于单纯的实体建模和参数化建模，UG 采用的是复合建模方法。该方法是基于特征的实体建模方法，是在参数化建模方法的基础上采用了一种所谓的"变量化技术"设计建模方法，对参数化建模技术进行了改进。本章主要介绍 UG NX 12.0 中基础三维建模工具的用法。

内容要点

- 基准建模
- 实体建模
- 特征操作

5.1 基准建模

在建模过程中，经常需要建立基准点、基准平面、基准轴和基准坐标系。UG NX 12.0 提供了基准建模工具，包含在通过选择"菜单"→"插入"→"基准/点"命令打开的"基准/点"子菜单中，如图 5-1 所示。

5.1.1 基准点

选择"菜单"→"插入"→"基准/点"→"点"命令或单击"主页"功能区"特征"组中的"点"按钮＋，弹出如图 5-2 所示的"点"对话框。

图 5-1 "基准/点"子菜单

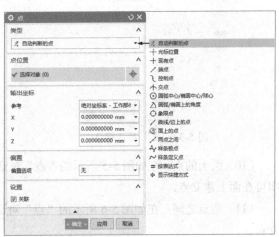

图 5-2 "点"对话框 1

基准点的部分创建方法如下。

（1）自动判断的点：根据光标所指的位置指定离光标最近的点。

（2）光标位置：直接在单击位置建立点。

（3）现有点：在已经存在的点的位置上再创建一个点。

（4）端点：在靠近光标选择位置的端点处建立点。如果选择的特征为完整的圆，那么端点为零象限点。

（5）控制点：在曲线的控制点上构造一个点或规定新点的位置。控制点与曲线的类型有关，可以是直线的中点或端点、二次曲线的端点、样条曲线的定义点或控制点等。

（6）交点：在两段曲线的交点上、曲线和平面或曲面的交点上创建一个点或规定新点的位置。

（7）圆弧/椭圆上的角度：在与 X 轴正向成一定角度（沿逆时针方向）的圆弧/椭圆弧上创建一个点或规定新点的位置。在如图 5-3 所示的"点"对话框中输入曲线上的角度。

（8）象限点：指定圆弧的四分点，在圆弧或椭圆弧的四分点处创建一个点或规定新点的位置。

（9）曲线/边上的点：在如图 5-4 所示的"点"对话框中设置曲线上的位置，即可在选择的特征上建立点。

图 5-3 "点"对话框 2

图 5-4 "点"对话框 3

（10）面上的点：在如图 5-5 所示的"点"对话框中设置"U 向参数"和"V 向参数"的值，即可在面上建立点。

（11）两点之间：在如图 5-6 所示的"点"对话框中设置点之间的位置，即可在两点之间建立点。

可在输出坐标的文本框中设置点的坐标值，然后单击"确定"按钮，如图 5-7 所示。

  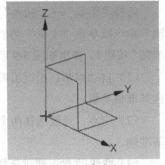

图 5-5 "点"对话框 4　　图 5-6 "点"对话框 5　　图 5-7 基准点

5.1.2 基准平面

选择"菜单"→"插入"→"基准/点"→"基准平面"命令或单击"主页"功能区"特征"组中的"基准平面"按钮，弹出如图 5-8 所示的"基准平面"对话框。

基准平面的部分创建方法如下。

（1）自动判断：系统根据所选对象创建基准平面。

（2）按某一距离：通过已存在的参考平面或基准面进行偏置得到新的基准平面。

图 5-8 "基准平面"对话框

（3）成一角度：通过与一个平面或基准面成指定角度来创建基准平面。

（4）二等分：在两个相互平行的平面或基准平面的对称中心处创建基准平面。

（5）曲线和点：通过选择曲线和点来创建基准平面。

（6）两直线：通过选择两条直线来创建基准平面。若两条直线在同一平面内，则以这两条直线所在平面为基准平面；若两条直线不在同一平面内，那么基准平面通过一条直线且和另一条直线平行。

（7）相切：通过与一个曲面相切且通过该曲面的点、线或平面来创建基准平面。

（8）通过对象：以对象平面为基准平面。

（9）点和方向：通过选择一个参考点和一个参考矢量来创建基准平面。

（10）曲线上：通过已存在的曲线创建在该曲线某点处与该曲线垂直的基准平面。

UG NX 12.0 还提供了 YC-ZC 平面、XC-ZC 平面、XC-YC 平面和按系数 4 种方法。也就是说，可通过选择 YC-ZC 平面、XC-ZC 平面、XC-YC 平面为基准平面，或按系数自定义基准平面。

5.1.3 基准轴

选择"菜单"→"插入"→"基准/点"→"基准轴"命令或单击"主页"功能区"特征"组中的"基准轴"按钮，弹出如图 5-9 所示的"基准轴"对话框。

（1）自动判断：根据所选的对象确定要使用的最佳基准轴类型。

（2）交点：通过选择两个相交对象的交点来创建基准轴。

（3）曲线/面轴：通过选择曲线和曲面上的轴来创建基准轴。

图 5-9 "基准轴"对话框

（4）曲线上矢量：通过选择曲线和该曲线上的点来创建基准轴。

（5）XC 轴：在工作坐标系的 XC 轴上创建基准轴。

（6）YC 轴：在工作坐标系的 YC 轴上创建基准轴。

（7）ZC 轴：在工作坐标系的 ZC 轴上创建基准轴。

（8）点和方向：通过选择一个点和方向矢量创建基准轴。

（9）两点：通过选择两个点创建基准轴。

5.1.4 基准坐标系

选择"菜单"→"插入"→"基准/点"→"基准坐标系"命令或单击"主页"功能区"特征"组中的"基准坐标系"按钮，弹出如图 5-10 所示的"基准坐标系"对话框。该对话框用于创建基准坐标系。和坐标系不同的是，基准坐标系一次建立 3 个基准面（XY 面、YZ 面和 ZX 面）和 3 个基准轴（X 轴、Y 轴和 Z 轴）。

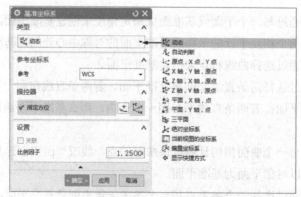

图 5-10 "基准坐标系"对话框

该对话框中各种类型的基准坐标系创建方法与"坐标系"对话框中的基本一致,此处不再详述。

5.2 实体建模

5.2.1 长方体

选择"菜单"→"插入"→"设计特征"→"长方体"命令,弹出如图 5-11 所示的"长方体"对话框。该对话框用于通过定义角点位置和尺寸来创建长方体。

1. 原点和边长

该方式允许用户通过原点和 3 个边的长度来创建长方体。

(1) 指定点:通过"指定点"下拉列表或"点"对话框来定义块的原点。

(2) 尺寸:包括"长度""宽度"和"高度"3 个选项。

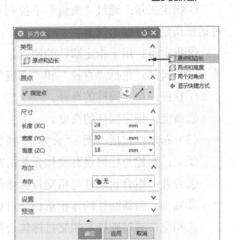

图 5-11 "长方体"对话框

①长度:指定块长度的值。
②宽度:指定块宽度的值。
③高度:指定块高度的值。

(3) 布尔:包括"无""合并""减去""相交"4 个选项。
①无:新建与任何现有实体无关的块。
②合并:将新建的块与目标体进行合并操作。
③减去:将新建的块从目标体中减去。
④相交:通过块与相交目标体公用的体积创建新块。

(4) 关联原点:勾选该复选框,使块原点和任何偏置点与定位几何体相关联。

2. 两点和高度

该方式允许用户通过高度和底面的两个对角点来创建长方体。

从原点出发的点 XC,YC:用于将基于原点的相对拐角指定为块的第二点。

3. 两个对角点

该方式允许用户通过两个对角顶点来创建长方体。

从原点出发的点 XC,YC,ZC:用于指定块的 3D 对角相对点。

5.2.2 圆柱

选择"菜单"→"插入"→"设计特征"→"圆柱"命令,弹出如图 5-12 所示的"圆柱"

对话框。该对话框用于通过定义轴位置和尺寸来创建圆柱。

1. 轴、直径和高度

该方式允许用户通过定义直径、圆柱高度值及底面圆心来创建圆柱。

（1）轴：包括"指定矢量"和"指定点"两个选项。

①指定矢量：通过"矢量"下拉列表或"矢量"对话框指定圆柱轴的矢量。

②指定点：用于指定圆柱的原点。

（2）尺寸：包括"直径"和"高度"两个选项。

①直径：指定圆柱的直径。

②高度：指定圆柱的高度。

（3）布尔：包括"无""合并""减去""相交"4个选项。

①无：新建与任何现有实体无关的圆体。

②合并：组合新圆柱与相交目标体的体积。

③减去：将新圆柱的体积从相交目标体中减去。

④相交：通过圆柱与相交目标体公用的体积创建新圆柱。

（4）关联轴：使圆柱轴原点及其方向与定位几何体相关联。

2. 圆弧和高度

该方式允许用户通过定义圆柱高度值，选择一段已有的圆弧并定义创建方向来创建圆柱体。用户选取的圆弧不一定是完整的圆，且生成的圆柱与弧不关联，圆柱方向可以选择是否反向。

选择圆弧：选择圆弧或圆。创建的圆柱的轴垂直于圆弧的平面，且穿过圆弧中心。

图 5-12 "圆柱"对话框

5.2.3 圆锥

选择"菜单"→"插入"→"设计特征"→"圆锥"命令，弹出如图 5-13 所示的"圆锥"对话框。该对话框用于通过定义轴位置和尺寸来创建圆锥。

1. 直径和高度

该方式通过定义底部直径、顶部直径和高度值生成实体圆锥。

（1）轴：包括"指定矢量"和"指定点"两个选项。

①指定矢量：通过"矢量"下拉列表或"矢量"对话框指定圆锥的轴。

②指定点：通过"点"下拉列表或"点"对话框指定圆锥的原点。

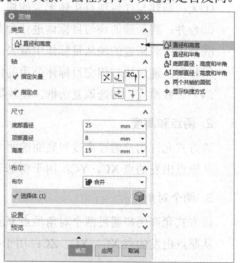

图 5-13 "圆锥"对话框

（2）尺寸：包括"底部直径""顶部直径"和"高度"3个选项。
①底部直径：设置圆锥底面圆弧的直径。
②顶部直径：设置圆锥顶面圆弧的直径。
③高度：设置圆锥的高度。

2. 直径和半角

该方式通过定义底部直径、顶部直径和半角值生成圆锥。
半角：设置在圆锥轴顶点与其边之间测量的半角值。

3. 底部直径，高度和半角

该方式通过定义底部直径、高度和半角值生成圆锥。

4. 顶部直径，高度和半角

该方式通过定义顶部直径、高度和半角值生成圆锥。在生成圆锥的过程中，有一个经过原点的圆形平面，其直径由顶部直径值给出。底部直径值必须大于顶部直径值。

5. 两个共轴的圆弧

该方式通过选择两条弧生成圆锥特征。两条弧不一定是平行的。
（1）基圆弧：选择一个现有圆弧为基圆弧。
（2）顶圆弧：选择一个现有圆弧为顶圆弧。

选择了基圆弧和顶圆弧之后，就会生成完整的圆锥。所定义的圆锥轴位于圆弧的中心，并且处于基圆弧的法向上。圆锥的底部直径和顶部直径取自两个弧。圆锥的高度是顶圆弧的中心与基圆弧的平面之间的距离。

如果选中的弧不是共轴的，系统会将第2条选中的弧（顶圆弧）平行投影到由基圆弧形成的平面上，直到两个弧共轴为止。另外，圆锥不与弧相关联。

5.2.4 球

选择"菜单"→"插入"→"设计特征"→"球"命令，弹出如图5-14所示的"球"对话框。该对话框用于通过定义中心点和尺寸来创建球。

1. 中心点和直径

该选项通过定义中心点和直径值生成球体。
（1）指定点：在"点"下拉列表或"点"对话框中指定某点为球的中心点。
（2）直径：输入球的直径值。

2. 圆弧

该选项通过选择圆弧来生成球，所选的弧不必为

图5-14 "球"对话框

完整的圆弧，系统可基于任何弧对象生成完整的球，以选定的弧定义球体的中心和直径。另外，球不与弧相关，这意味着如果编辑弧的大小，球不会更新以匹配弧的改变。

5.2.5 拉伸

选择"菜单"→"插入"→"设计特征"→"拉伸"命令或单击"主页"功能区"特征"组中的"拉伸"按钮，弹出如图 5-15 所示的"拉伸"对话框。该对话框通过在指定方向上对截面曲线扫掠一个线性距离来生成体。

图 5-15 "拉伸"对话框

1. 表区域驱动

(1) 曲线：用于选择被拉伸的曲线。如果选择的是面，则自动进入草图任务环境。

(2) 绘制截面：用户可以首先绘制拉伸的轮廓，然后进行拉伸。

2. 方向

(1) 自动判断的矢量：用于选择拉伸的矢量方向。可以单击旁边的下拉按钮，打开"矢量"下拉列表。

(2) 反向：如果在生成拉伸体之后更改了作为方向轴的几何体，拉伸也会相应更新，以实现匹配。显示的默认方向矢量指向选中几何体平面的法向。如果选择了面或片体，默认方向是沿着选中面端点的面法向。如果选中曲线构成了封闭环，在选中曲线的质心处显示方向矢量；如果选中曲线没有构成封闭环，开放环的端点将以系统颜色显示为星号。

3. 限制

开始/结束：用于沿着方向矢量输入生成几何体的起始位置和结束位置，可通过动态箭头来调整。

(1) 值：由用户输入拉伸的起始和结束距离值。

(2) 对称值：用于约束生成的几何体关于选取的对象对称。

(3) 直至下一个：沿矢量方向拉伸至下一个对象。

(4) 直至选定：拉伸至选定的表面、基准面或实体。

(5) 直至延伸部分：允许用户将扫掠体拉伸至一个选中表面。

(6) 贯通：允许用户沿拉伸矢量完全通过所有可选实体生成拉伸体。

4. 布尔

该选项用于指定生成的几何体与其他对象的布尔运算，包括"无""合并""减去""相交"4 个选项。配合起始点位置的选取可以实现多种拉伸效果。

5. 拔模

该选项用于对面进行拔模。正拔模角使得特征的侧面向内拔模（朝向选中曲线的中心）；负拔模角使得特征的侧面向外拔模（背离选中曲线的中心）；零拔模角则不会应用拔模。

(1) 从起始限制：允许用户从起始点至结束点创建拔模。

(2) 从截面：允许用户从起始点至结束点创建的拔模与截面对齐。

(3) 从截面-对称角：允许用户沿截面至起始点和结束点创建对称拔模。

(4) 从截面匹配的终止处：允许用户沿轮廓线至起始点和结束点创建拔模。

6. 偏置

该选项用于生成特征。该特征由曲线或边的基本设置偏置一个常数值。

(1) 单侧：用于生成以单边偏置的实体。

(2) 两侧：用于生成以双边偏置的实体。

(3) 对称：用于生成以对称形式偏置的实体。

7. 预览

选中该复选框后，可预览工作区中临时实体的生成状态，以便用户及时修改和调整。

5.2.6 实例——创建扳手模型

1. 打开文件

打开在第 3 章绘制的扳手曲线，如图 5-16 所示。

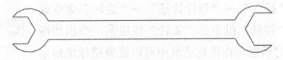

图 5-16 扳手曲线

2. 创建拉伸

选择"菜单"→"插入"→"设计特征"→"拉伸"命令或单击"主页"功能区"特征"组中的"拉伸"按钮，弹出如图 5-15 所示的"拉伸"对话框。选择工作区中的曲线为拉伸曲线，将开始距离值和结束距离值分别设置为 0 和 5，单击"确定"按钮，生成如图 5-17 所示的固定开口扳手。

图 5-17 固定开口扳手

3. 隐藏曲线

选择"菜单"→"编辑"→"显示和隐藏"→"隐藏"命令，弹出如图 5-18 所示的"类选择"对话框。单击"类型过滤器"按钮，弹出如图 5-19 所示的"按类型选择"对话框。选择"曲线"选项，单击"确定"按钮，返回"类选择"对话框。单击"全选"按钮，再单击"确定"按钮，则工作区中的所有曲线都被隐藏起来，如图 5-20 所示。

图 5-18 "类选择"对话框

图 5-19 "按类型选择"对话框

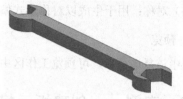

图 5-20 扳手模型

5.2.7 旋转

选择"菜单"→"插入"→"设计特征"→"旋转"命令或单击"主页"功能区"特征"组中的"旋转"按钮，弹出如图 5-21 所示的"旋转"对话框。在该对话框中可以设置通过绕给定的轴以非零角度旋转截面曲线来生成一个特征。可以从基本横截面开始生成圆或部分圆的特征。

1. 表区域驱动

（1）曲线：用于选择被旋转的曲线。如果选择的是面，则自动进入草图任务环境。

（2）绘制截面：用户可以首先绘制旋转的轮廓，然后进行旋转。

2. 轴

（1）指定矢量：用于指定旋转轴的矢量方向。可以单击旁边的下拉按钮，打开"矢量"下拉列表。

（2）指定点：通过指定旋转轴上的一点来确定旋转轴的具体位置。

图 5-21 "旋转"对话框

（3）反向：与"拉伸"对话框中的"反向"选项类似，其默认方向是生成实体的法向。

3. 限制

该选项用于指定旋转的角度。

（1）值：在"开始"和"结束"下拉列表中选择"值"选项，在"角度"文本框中指定旋转的开始/结束角度，总数不能超过 360°。结束角度大于起始角度时，旋转方向为正；否则为反。

(2)直至选定:在"开始"和"结束"下拉列表中选择"直至选定"选项,用户需把截面集合体旋转到目标实体上的选定面或基准平面。

4. 布尔

该选项用于指定生成的几何体与其他对象的布尔运算,包括"无""合并""减去""相交"4 个选项。配合起始点位置的选取可以实现多种旋转效果。

5. 偏置

该选项用于指定偏置形式。

(1)无:直接以截面曲线生成旋转特征。

(2)两侧:在截面曲线两侧生成旋转特征,以结束值和起始值之差为实体的厚度。

5.2.8 实例——创建碗模型

实例——创建碗模型

1. 打开文件

打开在第 3 章绘制的碗轮廓曲线,如图 5-22 所示。

2. 创建旋转

(1)选择"菜单"→"插入"→"设计特征"→"旋转"命令或单击"主页"功能区"特征"组中的"旋转"按钮,弹出"旋转"对话框。按系统提示选择工作区中的所有曲线。在"指定矢量"下拉列表中选择"YC 轴"选项,如图 5-23 所示,单击"点对话框"按钮,弹出"点"对话框。输入坐标值(0,0,0),单击"确定"按钮,返回"旋转"对话框。

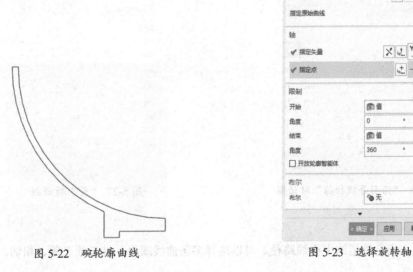

图 5-22 碗轮廓曲线　　　　图 5-23 选择旋转轴

(2)分别输入开始角度和结束角度 0°和 360°,预览图如图 5-24 所示。单击"确定"按钮,生成如图 5-25 所示的碗模型。

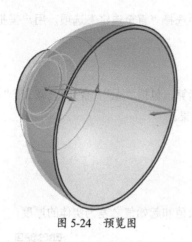

图 5-24　预览图　　　　　　　　　　　图 5-25　碗模型

5.2.9　沿引导线扫掠

选择"菜单"→"插入"→"扫掠"→"沿引导线扫掠"命令,弹出如图 5-26 所示的"沿引导线扫掠"对话框。该对话框用于通过沿着由一个或一系列曲线、边或面构成的引导线串(路径)拉伸开放的或封闭的边界草图、曲线、边或面来生成单个体。

5.2.10　管道

选择"菜单"→"插入"→"扫掠"→"管"命令,弹出如图 5-27 所示的"管"对话框。该对话框用于通过沿着由一个或一系列曲线构成的引导线串(路径)扫掠出简单的管对象。

图 5-26　"沿引导线扫掠"对话框　　　　图 5-27　"管"对话框

1. 路径

选择曲线:指定管道的中心线路径。可以选择多条曲线或边,且必须光顺、相切、连续。

2. 横截面

(1) 外径:用于输入管的外直径值,不能为 0。

(2) 内径:用于输入管的内直径值。

3. 输出

(1) 单段：具有一个或两个侧面，此侧面为 B 面。如果内径为 0，那么管具有一个侧面。

(2) 多段：沿着引导线串扫掠成一系列侧面，这些侧面可以是柱面或环面。

5.2.11 孔

选择"菜单"→"插入"→"设计特征"→"孔"命令或单击"主页"功能区"特征"组中的"孔"按钮，弹出如图 5-28 所示的"孔"对话框。该对话框用于对实体添加孔。

1. 常规孔

该选项用于创建指定尺寸的简单孔、沉头、埋头或锥孔特征。

(1) 位置：选择现有点或创建草图点来指定孔的中心。

图 5-28 "孔"对话框

(2) 方向：指定孔的方向。

① 垂直于面：沿着与公差范围内每个指定点最近的面的法向的反向定义孔的方向。

② 沿矢量：沿指定的矢量定义孔的方向。

(3) 形状和尺寸：指定形状和尺寸。

① 成形：指定孔特征的形状。

a. 简单孔：创建具有指定直径、深度和尖端顶锥角的简单孔。

b. 沉头：创建具有指定直径、深度、顶锥角、沉头直径和沉头深度的沉头。

c. 埋头：创建具有指定直径、深度、顶锥角、埋头直径和埋头角度的埋头。

d. 锥孔：创建具有指定锥角和直径的锥孔。

② 尺寸：设置直径、深度限制等参数。

2. 钻形孔

该选项用于使用 ANSI（美国国家标准学会）或 ISO（国际标准化组织）标准创建简单钻形孔特征。

(1) 大小：用于创建钻形孔特征的尺寸。

(2) 等尺寸配对：指定孔所需的等尺寸配对。

(3) 起始倒斜角：将起始倒斜角添加到孔特征。

(4) 终止倒斜角：将终止倒斜角添加到孔特征。

3. 螺钉间隙孔

该选项用于创建简单孔、沉头或埋头，为具体应用而设计。

(1) 螺钉类型：列表中可用的选项取决于将形状设置为简单孔、沉头还是埋头。

(2)尺寸:为用于创建螺钉间隙孔特征的选定螺钉类型指定尺寸。
(3)等尺寸配对:指定孔所需的等尺寸配对。

4.螺纹孔
该选项用于创建螺纹孔。
(1)大小:指定螺纹的大小。
(2)径向进刀:选择径向进刀百分比,用于计算攻丝直径的近似百分比。
(3)攻丝直径:指定攻丝的直径。
(4)旋向:指定螺纹是右旋(顺时针方向)还是左旋(逆时针方向)。
(5)终止倒斜角:将终止倒斜角添加到孔特征。

5.孔系列
该选项用于创建起始、中间和结束孔尺寸一致的多形状、多目标体的对齐孔。
(1)起始:指定起始孔参数。起始孔是在指定中心处开始的,具有简单孔、沉头或埋头形状的螺钉间隙通孔。
(2)中间:指定中间孔参数。中间孔是与起始孔对齐的螺钉间隙通孔。
(3)端点:指定终止孔参数。结束孔可以是螺钉间隙孔或螺钉孔。
(4)终止倒斜角:将终止倒斜角添加到孔特征。
当完成孔的创建之后,弹出"定位"对话框,用于确定孔的放置位置。

5.2.12 凸台

凸台

选择"菜单"→"插入"→"设计特征"→"凸台(原有)"命令或单击"主页"功能区"特征"组中的"凸台"按钮,弹出如图 5-29 所示的"支管"对话框。该对话框用于在已存在的实体表面创建圆柱形或圆锥形凸台(支管)。

5.2.13 腔

腔

选择"菜单"→"插入"→"设计特征"→"腔(原有)"命令,弹出如图 5-30 所示的"腔"对话框。该对话框用于从实体中移除材料或用沿矢量对截面进行投影生成的面来修改片体。

图 5-29 "支管"对话框

图 5-30 "腔"对话框

1. 圆柱形

单击该按钮,在选定放置平面后,弹出如图 5-31 所示的"圆柱腔"对话框。该对话框用于定义一个圆形腔,该腔有一定的深度,有或没有圆角底面,具有直面或斜面。

(1) 腔直径:用于输入腔的直径。

(2) 深度:沿指定方向矢量从原点测量的腔深度。

(3) 底面半径:输入腔底边的圆形半径。此值必须大于或等于 0。

(4) 锥角:应用到腔壁的拔模角。此值必须大于或等于 0。

2. 矩形

单击该按钮,在选定放置平面及水平参考后,弹出如图 5-32 所示的"矩形腔"对话框。该对话框用于以指定的长度、宽度和深度,按拐角处和底面上的指定半径定义一个矩形腔,该腔具有直边或锥边。

图 5-31 "圆柱腔"对话框　　　　　图 5-32 "矩形腔"对话框

(1) 长度/宽度/深度:输入腔的长度/宽度/深度值。

(2) 角半径:腔竖直边的圆半径(大于或等于 0)。

(3) 底面半径:腔底边的圆半径(大于或等于 0)。

(4) 锥角:腔的四壁以这个角度向内倾斜。该值不能为负;为 0 时会导致生成竖直的壁。需要注意的是,角半径必须大于或等于底面半径。

3. 常规

常规腔具有更大的灵活性。单击该按钮,弹出如图 5-33 所示的"常规腔"对话框。

(1) 选择步骤:包括以下几个按钮。

① 放置面:一个或多个选中的面、单个平面或基准平面。腔的顶面会遵循放置面的轮廓。有必要的话,可将放置面轮廓曲线投影到放置面上。如果没有指定可选的目标体,第 1 个选中的面或相关的基准平面会标识出要放置腔的实体或片体(如果选择了固定的基准平面,则必须指定目标体)。面的其余部分可来自于部件中的任何体。

② 放置面轮廓:在放置面上构成腔顶部轮廓的曲线。放置面轮廓曲线必须是连续的(端到端相连)。

③ 底面:一个或多个选中的面、单个平面或基准平面,用于确定腔的底部。选择底面的步骤是可选的,腔的底部可以由放

图 5-33 "常规腔"对话框

置面偏置而来。

④ 底面轮廓曲线：底面上腔的底部轮廓曲线。与放置面轮廓一样，底面轮廓曲线（或边）必须是连续的。

⑤ 目标体：如果腔所在的体与第 1 个选中的放置面所属的体不同，则可单击该按钮。这是一个可选项，如果没有选择目标体，则将由放置面进行定义。

⑥ 放置面轮廓曲线投影矢量：如果放置面轮廓曲线已经不在放置面上，则可单击该按钮，指定如何将它们投影到放置面上。

⑦ 底面平移矢量：指定放置面或选中底面将平移的方向。

⑧ 底面轮廓曲线投影矢量：如果底部轮廓曲线已经不在底面上，则底面轮廓曲线投影矢量将指定如何将它们投影到底面上。其他用法与"放置面轮廓曲线投影矢量"按钮类似。

⑨ 放置面上的对齐点：在放置面轮廓曲线上选择的对齐点。

⑩ 底面对齐点：在底面轮廓曲线上选择的对齐点。

（2）轮廓对齐方法：如果选择了放置面轮廓和底面轮廓，则可以指定对齐放置面轮廓曲线和底面轮廓曲线的方式。

（3）放置面半径：定义放置面（腔顶部）与侧面之间的圆角半径。

① 恒定：用户为放置面半径输入恒定值。

② 规律控制：用户通过为底部轮廓定义规律来控制放置面半径。

（4）底面半径：定义腔底面（腔底部）与侧面之间的圆角半径。

（5）角半径：定义放置在腔拐角处的圆角半径。拐角位于两条轮廓曲线/边之间，这两条曲线/边的切线偏差变化范围要大于角度公差。

（6）附着腔：将腔缝合到目标片体，或由目标实体减去腔。如果没有勾选该复选框，则生成的腔将成为独立的实体。

5.2.14 垫块

选择"菜单"→"插入"→"设计特征"→"垫块（原有）"命令，弹出如图 5-34 所示的"垫块"对话框。该对话框用于在已有实体上生成垫块。

1. 矩形

单击该按钮后选择适当的垫块放置面和水平参考，弹出如图 5-35 所示的"矩形垫块"对话框，让用户定义一个有指定长度、宽度和深度，在拐角处有指定半径，具有直面或斜面的垫块。

图 5-34 "垫块"对话框

图 5-35 "矩形垫块"对话框

2. 常规

该选项所定义的垫块具有更大的灵活性。单击"常规"按钮，弹出"常规垫块"对话框，其中各选项的功能与"常规腔"对话框中的选项功能类似，此处不再详述。

5.2.15 键槽

键槽

选择"菜单"→"插入"→"设计特征"→"键槽（原有）"命令或单击"主页"功能区"特征"组中的"键槽"按钮，弹出如图 5-36 所示的"槽"对话框。该对话框用于生成一个直槽的通道通过实体或通到实体里面，在当前的目标实体上自动执行减去操作。所有槽类型的深度值按垂直于放置面的方向测量。

1. 矩形槽

该选项用于沿着底边生成有尖锐边缘的槽。选中该选项，弹出如图 5-37 所示的"矩形槽"对话框，在此进行设置即可。

图 5-36 "槽"对话框

图 5-37 "矩形槽"对话框

（1）长度：槽的长度，按照平行于水平参考的方向测量。此值必须为正。

（2）宽度：槽的宽度。

（3）深度：槽的深度，按照与槽的轴相反的方向测量，是从原点到槽底面的距离。此值必须为正。

2. 球形端槽

该选项用于生成一个有完整半径底面和拐角的槽。选中该选项，弹出如图 5-38 所示的"球形槽"对话框，在此进行设置即可。

3. U 形槽

该选项用于生成 U 形槽。这种槽留下了圆的转角和底面半径。选中该选项，弹出如图 5-39 所示的"U 形键槽"对话框，在此进行设置即可。

图 5-38 "球形槽"对话框

图 5-39 "U 形键槽"对话框

（1）宽度：槽的宽度（切削工具的直径）。

（2）深度：槽的深度，在槽轴的反方向测量，即从原点到槽底的距离。此值必须为正。

（3）角半径：槽的底面半径（切削工具边的半径）。

（4）长度：槽的长度，在平行于水平参考的方向上测量。此值必须为正。

需要注意的是，深度必须大于拐角半径。

4．T 形槽

该选项用于生成横截面为倒 T 形的槽。选中该选项，弹出如图 5-40 所示的"T 形槽"对话框，在此进行设置即可。

（1）顶部宽度：槽的较窄的上部宽度。

（2）顶部深度：槽顶部的深度，在槽轴的反方向上测量，即从槽原点到底部深度值的顶部的距离。

（3）底部宽度：槽的较宽的下部宽度。

（4）底部深度：槽底部的深度，在刀轴的反方向上测量，即从顶部深度值的底部到槽底的距离。

（5）长度：槽的长度，在平行于水平参考的方向上测量。此值必须为正。

5．燕尾槽

该选项用于生成燕尾形的槽。这种槽留下了尖锐的角和有角度的壁。选中该选项，弹出如图 5-41 所示的"燕尾槽"对话框，在此进行设置即可。

图 5-40 "T 形槽"对话框

图 5-41 "燕尾槽"对话框

（1）宽度：实体表面上槽的开口宽度，在垂直于槽路径的方向上测量，以槽的原点为中心。

（2）深度：槽的深度，在刀轴的反方向上测量，即从槽原点到槽底的距离。

（3）角度：槽底面与侧壁的夹角。

（4）长度：槽的长度，在平行于水平参考的方向上测量。此值必须为正。

6．通槽

该复选框用于生成一个完全通过两个选定面的槽。有时，如果在生成特殊的槽时碰到麻烦，可尝试按相反的顺序选择通过面。槽可能会多次通过选定的面，这依赖于选定面的形状。

5.2.16 槽

选择"菜单"→"插入"→"设计特征"→"槽"命令或单击"主页"功能区"特征"组中的"槽"按钮，弹出如图 5-42 所示的"槽"对话框。

该对话框用于在实体上生成一个槽，就好像一个成型刀具在旋转部件上向内（从外部定位面）或向外（从内部定位面）移动，如同车削操作。

该操作只在圆柱形或圆锥形的面上起作用。旋转轴是选中面的轴。槽在选择该面的位置（选择点）附近生成并自动连接到选中的面上。

1. 矩形

该选项用于生成一个周围为尖角的槽。单击该按钮，弹出如图 5-43 所示的"矩形槽"对话框，在此进行设置即可。

图 5-42 "槽"对话框

图 5-43 "矩形槽"对话框

（1）槽直径：生成外部槽时，指定槽的内径；生成内部槽时，指定槽的外径。
（2）宽度：槽的宽度，沿选定面的轴向测量。

2. 球形端槽

该选项用于生成底部有完整半径的槽。单击该按钮，弹出如图 5-44 所示的"球形端槽"对话框，在此进行设置即可。

（1）槽直径：生成外部槽时，指定槽的内径；生成内部槽时，指定槽的外径。
（2）球直径：槽的宽度。

3. U 形槽

该选项用于生成在拐角有半径的槽。单击该按钮，弹出如图 5-45 所示的"U 形槽"对话框，在此进行设置即可。

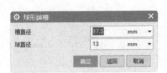

图 5-44 "球形端槽"对话框

图 5-45 "U 形槽"对话框

（1）槽直径：生成外部槽时，指定槽的内径；生成内部槽时，指定槽的外径。
（2）宽度：槽的宽度，沿选定面的轴向测量。
（3）角半径：槽的内部圆角半径。

5.2.17 三角形加强筋

选择"菜单"→"插入"→"设计特征"→"三角形加强筋（原有）"命令，弹出如图 5-46 所示的"三角形加强筋"对话框。该对话框用于沿着两个相交面的交线创建一个三角形加强筋特征。

图 5-46 "三角形加强筋"对话框

1. 类型

（1）第一组：在视图区选择三角形加强筋的第 1 组放置面。

（2）第二组：在视图区选择三角形加强筋的第 2 组放置面。

（3）位置曲线：在第 2 组放置面的选择超过两个曲面时，该按钮被激活，用于选择两组面多条交线中的一条交线作为三角形加强筋的位置曲线。

（4）位置平面：用于指定与工作坐标系或绝对坐标系相关的平行平面或在视图区指定一个已存在的平面位置来定位三角形加强筋。

（5）方向平面：用于指定三角形加强筋的倾斜方向平面，如图 5-47 所示。方向平面可以是已存在平面或基准平面，默认的方向平面是已选两组平面的法向平面。

2. 修剪选项

该选项用于设置三角形加强筋的修剪方式。

方法：用于设置三角形加强筋的定位方法，包括"沿曲线"和"位置"两种方法。

（1）沿曲线：用于通过两组面的交线位置来定位，可通过指定"弧长"或"%弧长"值来定位。

（2）位置：单击该按钮，则如图 5-46 所示对话框的"位置"选项变化为如图 5-48 所示。

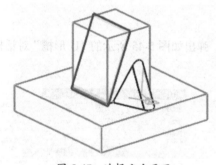

图 5-47　选择方向平面

图 5-48　"位置"选项

5.2.18　实例——闪盘模型

实例——
闪盘模型

1. 新建文件

（1）启动 UG NX 12.0 软件。

（2）选择"文件"→"新建"命令、选择"菜单"→"文件"→"新建"命令或按 Ctrl+N 组合键，弹出"新建"对话框。在"模型"选项卡中选择"模型"模板，在"新文件名"的"名称"文本框中输入 shanpan，单击"确定"按钮，进入建模环境。

2. 创建长方体 1

选择"菜单"→"插入"→"设计特征"→"长方体"命令，弹出"长方体"对话框。在"长度""宽度"和"高度"文本框中分别输入 50、20 和 8，如图 5-49 所示，单击"点对话框"按钮，弹出"点"对话框。确定坐标原点为长方体原点，单击"确定"按钮，返回"长方体"对话框。单击"确定"按钮，生成长方体，如图 5-50 所示。

图 5-49 "长方体"对话框

图 5-50 创建长方体 1

3. 创建垫块

选择"菜单"→"插入"→"设计特征"→"垫块（原有）"命令，弹出如图 5-51 所示的"垫块"对话框。单击"矩形"按钮，弹出如图 5-52 所示的"矩形垫块"对话框。选择长方体右端面为放置面，弹出如图 5-53 所示的"水平参考"对话框。按系统提示选择 YC 轴方向直段边为水平参考，弹出如图 5-54 所示的"矩形垫块"对话框。在"长度""宽度"和"高度"文本框中分别输入 18、6 和 3，单击"确定"按钮，弹出如图 5-55 所示的"定位"对话框。单击"垂直"按钮 ，按系统提示分别选择长方体上端面的宽、高两边为定位基准，选择垫块两边为工具边，在各个距离文本框中分别输入 1，连续单击"确定"按钮，完成垫块的创建，如图 5-56 所示。

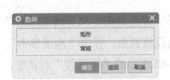

图 5-51 "垫块"对话框

图 5-52 "矩形垫块"对话框 1

图 5-53 "水平参考"对话框

图 5-54 "矩形垫块"对话框 2

图 5-55 "定位"对话框

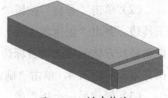

图 5-56 创建垫块

4. 创建长方体 2~3

（1）选择"菜单"→"插入"→"设计特征"→"长方体"命令，弹出"长方体"对话框。在"长度""宽度"和"高度"文本框中分别输入 13、16 和 5，如图 5-57 所示，单击"点对话框"按钮 ，弹出如图 5-58 所示的"点"对话框。确定长方体原点坐标为（53，1.5，1.5），单击"确定"按钮，返回"长方体"对话框。在"布尔"下拉列表中选择"合并"选项，单击"确定"按钮，生成长方体，如图 5-59 所示。

图 5-57 "长方体"对话框

图 5-58 "点"对话框

(2)选择"菜单"→"插入"→"设计特征"→"长方体"命令,弹出"长方体"对话框。在"长度""宽度"和"高度"文本框中分别输入 16、15 和 4,单击"点对话框"按钮,弹出"点"对话框。确定长方体原点坐标为(53.5,2,2),单击"确定"按钮,返回"长方体"对话框。在"布尔"下拉列表中选择"减去"选项,单击"确定"按钮,生成长方体,如图 5-60 所示。

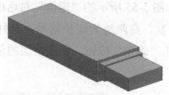
图 5-59 创建长方体 2

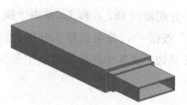
图 5-60 创建长方体 3

5. 创建腔

(1)选择"菜单"→"插入"→"设计特征"→"腔(原有)"命令,弹出如图 5-61 所示的"腔"对话框。单击"矩形"按钮,在弹出的对话框中选择长方体上端面为腔放置面,弹出"水平参考"对话框。按系统提示选择 YC 轴方向直段边为水平参考,弹出如图 5-62 所示的"矩形腔"对话框。在对话框的"长度""宽度"和"深度"文本框中分别输入 2、2 和 8,其他都输入 0,单击"确定"按钮,弹出"定位"对话框。

(2)单击"垂直"按钮,按系统提示选择长方体的长边为目标边,选择垫块的中心线为工具边,弹出"创建表达式"对话框。在文本框中输入 4,单击"应用"按钮,完成垂直定位。再选择长方体的短边为目标边,垫块的另一条中心线为工具边,弹出"创建表达式"对话框。在文本框中输入 4,单击"确定"按钮,完成水平定位。单击"取消"按钮,关闭对话框。

(3)创建另一个矩形腔,模型如图 5-63 所示。

图 5-61 "腔"对话框

图 5-62 "矩形腔"对话框

图 5-63 创建矩形腔

6. 创建长方体 4

选择"菜单"→"插入"→"设计特征"→"长方体"命令，弹出"长方体"对话框。在"长度""宽度"和"高度"文本框中分别输入 12.5、15 和 2，单击"点对话框"按钮，弹出"点"对话框。确定长方体原点坐标为（53.5，2，2），单击"确定"按钮，返回"长方体"对话框。在"布尔"下拉列表中选择"无"选项，单击"确定"按钮，生成长方体，如图 5-64 所示。

7. 创建草图曲线

（1）选择"菜单"→"插入"→"在任务环境中绘制草图"命令，进入草图任务环境并弹出如图 5-65 所示的"创建草图"对话框。选择大长方体的上表面为草图绘制面，单击"确定"按钮。

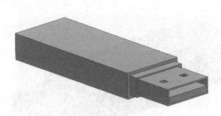

图 5-64　创建长方体 4

图 5-65　"创建草图"对话框

（2）选择"菜单"→"插入"→"草图曲线"→"椭圆"命令，弹出如图 5-66 所示的"椭圆"对话框。单击"中心"选项下的"点对话框"按钮，在弹出的"点"对话框中确定椭圆中心坐标值为（25，10，0）的点，单击"确定"按钮，返回"椭圆"对话框。在"大半径""小半径"和"角度"文本框中分别输入 12、6 和 0，单击"确定"按钮，完成椭圆曲线的创建，如图 5-67 所示。选择"菜单"→"任务"→"完成草图"命令或单击"主页"功能区"草图"组中的"完成"按钮，返回建模环境。

图 5-66　"椭圆"对话框

图 5-67　绘制椭圆

8. 创建拉伸

选择"菜单"→"插入"→"设计特征"→"拉伸"命令或单击"主页"功能区"特征"组中的"拉伸"按钮，弹出如图 5-68 所示的"拉伸"对话框。选择工作区中的椭圆曲线，将开始距离值和结束距离值分别设置为 0 和 1，拉伸方向指向椭圆曲线平面外侧，在"布尔"下拉列表中选择"合并"选项,单击"确定"按钮,完成拉伸操作。生成的闪盘模型如图5-69所示。

图5-68 "拉伸"对话框

图5-69 闪盘模型

5.3 特征操作

特征操作是在特征建模基础上的进一步细化。其中大部分命令可以在菜单栏中找到。

5.3.1 拔模

拔模

选择"菜单"→"插入"→"细节特征"→"拔模"命令或单击"主页"功能区"特征"组中的"拔模"按钮,弹出如图5-70所示的"拔模"对话框。该对话框用于设置相对于指定矢量和可选的参考点将拔模应用于面或边。

1. 面

该选项用于将选中的面倾斜。在该类型下,拔模参考点定义了垂直于拔模方向矢量的拔模面上的一个点。拔模特征与它的参考点相关。

(1)脱模方向:定义脱模方向矢量。

(2)拔模方法:如选择"固定面"选项,则定义拔模时不改变平面。

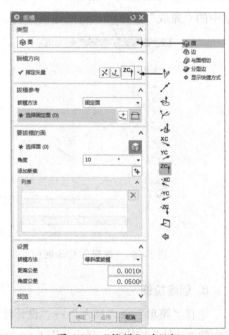

图5-70 "拔模"对话框

（3）要拔模的面：拔模操作所涉及的各个面。

（4）角度：定义拔模的角度。

（5）距离公差：更改拔模操作的距离公差。其默认值是在"建模预设置"对话框中设置的。

（6）角度公差：更改拔模操作的角度公差。其默认值是在"建模预设置"对话框中设置的。

需要注意的是，用同样的参考点和方向矢量来拔模内部面和外部面，则内部面拔模和外部面拔模是相反的。

2. 边

该选项用于沿一组选中的边，按指定的角度拔模。当需要的边不包含在垂直于方向矢量的平面内时，该拔模类型特别有用。

如果选择的边是平滑的，则将被拔模的面是拔模方向矢量所指一侧的面。

3. 与面相切

该选项用于以给定的拔模角拔模，开模方向与所选面相切。用此角度来决定参考对象的等斜度曲线，然后在离开方向矢量的一侧生成拔模面。

该拔模类型对于模铸件和浇注件特别有用，可以弥补任何可能的拔模不足。

4. 分型边

该选项用于沿一组选中的边，用指定的多个角度和一个参考点拔模。参考点决定了拔模面的起始点。分隔线拔模生成垂直于参考方向和边的扫掠面。在这种类型的拔模中，改变了面但不改变分隔线。当处理模铸塑料部件时，这是一个常用的操作。

5.3.2 边倒圆

选择"菜单"→"插入"→"细节特征"→"边倒圆"命令或单击"主页"功能区"特征"组中的"边倒圆"按钮，弹出如图 5-71 所示的"边倒圆"对话框。该对话框用于通过对选定的边进行倒圆来修改一个实体。加工圆角时，用一个圆球沿着要倒圆角的边（圆角半径）滚动，并保持紧贴相交于该边的两个面。球将圆角层除去。

球将在两个面的内部还是外部滚动取决于是要生成圆角还是要生成倒过圆角的边。

1. 边

该选项用于选择要倒圆角的边，输入想要的半径值（必须是正值）即可。圆角沿着选定的边生成。

2. 变半径

该选项用于沿着选中的边缘指定多个点。在如图 5-72 所示的"变半径"选项中输入每个点上的半径值，可以生成一个可变半径圆角，从而生成一个半径沿着其边缘变化的圆角。

选择要倒角的边时，可以通过弧长取点。对于每处边倒角，系统都设置了对应的表达式，用户可通过表达式进行倒角半径的调整。当在可变窗口区选取某点进行编辑时（可在其上右击，在弹出的快捷菜单中选择"移除"命令删除点），工作区显示对应点，可以进行动态调整。

图 5-71 "边倒圆"对话框

图 5-72 "变半径"选项

3. 拐角倒角

该选项用于生成一个拐角圆角,业内称为球状圆角。可以指定所有圆角的偏置值(这些圆角一起形成拐角),从而控制拐角的形状。拐角作为非类型表面钣金冲压的一种辅助,并不意味着要用于生成曲率连续的面。

4. 拐角突然停止

该选项用于通过添加中止倒角点来限制边上的倒角范围。

5. 溢出

该选项用于在生成边缘圆角时控制溢出。

(1) 跨光顺边滚动:倒角遇到另一个表面时,实现光滑倒角过渡,如图 5-73 所示。

(a) 不勾选"跨光顺边滚动"复选框　　(b) 勾选"跨光顺边滚动"复选框

图 5-73 跨光顺边滚动

(2) 沿边滚动:在溢出区域保留尖锐的边缘,如图 5-74 所示。

 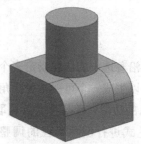

(a) 不勾选"沿边滚动"复选框　　(b) 勾选"沿边滚动"复选框

图 5-74 沿边滚动

（3）修剪圆角：在倒角过程中与定义倒角边的面保持相切，并移除阻碍的边。

6. 设置

（1）修补混合凸度拐角：当凸度相反的圆角同时应用时，修补拐角。当相凸面邻近边上的两个圆角相交 3 次或更多次时，边缘顶点和圆角的默认外形将从一个圆角滚动到另一个圆角上，Y 形顶点圆角提供在顶点处可选的圆角形状。

（2）移除自相交：利用多边形曲面来替换由于圆角的创建精度等原因导致的自相交曲面。

5.3.3 面倒圆

面倒圆

选择"菜单"→"插入"→"细节特征"→"面倒圆"命令或单击"主页"功能区"特征"组中的"面倒圆"按钮，弹出如图 5-75 所示的"面倒圆"对话框。该对话框用于通过可选的圆角面的修剪生成一个相切于指定面的圆角。

1. 类型

（1）双面：选择两个面来创建圆角。

（2）三面：选择两个面和一个中间面来创建圆角。

2. 面

（1）选择面 1：用于选择面倒圆的第 1 个面。
（2）选择面 2：用于选择面倒圆的第 2 个面。

3. 方位

（1）滚球：横截面位于垂直于选定的两组面的平面上。

（2）扫掠圆盘：和滚球不同的是，在倒圆横截面中多了条脊线。

4. 形状

（1）圆形：用定义好的圆盘与倒角面相切来进行倒角。

（2）对称相切：二次曲面圆角具有二次曲线横截面。

（3）非对称相切：用两个偏置值和一个 Rho 值来控制横截面，还必须定义一个脊线线串来定义二次曲线横截面的平面。

5. 半径方法

（1）恒定：对于恒定半径的圆角，只允许使用正值。

（2）可变：根据规律类型和规律值，基于脊线上两个或多个个体点改变圆角半径。

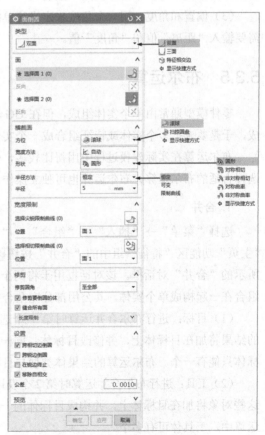

图 5-75 "面倒圆"对话框

（3）限制曲线：半径由限制曲线定义，且该限制曲线始终与倒圆保持接触，并且始终与选定曲线或边相切。该曲线必须位于一个定义面内。

5.3.4 倒斜角

倒斜角

选择"菜单"→"插入"→"细节特征"→"倒斜角"命令或单击"主页"功能区"特征"组中的"倒斜角"按钮，弹出如图 5-76 所示的"倒斜角"对话框。该对话框用于通过定义所需的倒角尺寸来在实体的边上形成斜角。

（1）对称：生成一个简单的倒角，其沿两个面的偏置是相同的。偏置值必须为正。

（2）非对称：与倒角边邻接的两个面分别采用不同的偏置值来创建倒角。这些偏置是从选择的边沿着面测量的。必须输入"距离 1"值和"距离 2"值。这两个值都必须为正。在生成倒角以后，如果倒角的偏置和想要的方向相反，可以单击"反向"按钮。

（3）偏置和角度：用一个角度来定义简单的倒角。需要输入"距离"值和"角度"值。

图 5-76 "倒斜角"对话框

5.3.5 布尔运算

零件模型通常由单个实体组成，但在 UG 建模过程中，实体通常由多个实体或特征组合而成，于是要求把多个实体或特征组合成一个实体，这个操作称为布尔运算（或布尔操作）。

布尔运算在实际建模过程中用得比较多，但一般情况下，系统会自动完成或自动提示用户选择合适的布尔运算。布尔运算也可独立操作。

1. 合并

合并

选择"菜单"→"插入"→"组合"→"合并"命令或单击"主页"功能区"特征"组中的"合并"按钮，弹出如图 5-77 所示的"合并"对话框。该对话框用于将两个或多个实体的体积组合在一起构成单个实体，其公用部分完全合并到一起。

（1）目标：进行布尔合并运算时第 1 个选择的体对象。运算的结果将加在目标体上，并修改目标体。同一次布尔运算中，目标体只能有一个。布尔运算的结果体类型与目标体类型一致。

（2）工具：进行布尔合并运算时第 2 个及以后选择的体对象。这些对象将加在目标体上，并构成目标体的一部分。同一次布尔运算中，工具体可有多个。

图 5-77 "合并"对话框

减去

2. 减去

选择"菜单"→"插入"→"组合"→"减去"命令或单击"主页"功能区"特征"组中

的"减去"按钮,弹出如图5-78所示的"求差"对话框。该对话框用于从目标体中减去一个或多个工具体的体积,即将目标体中与工具体公用的部分去掉。

3. 相交

选择"菜单"→"插入"→"组合"→"相交"命令或单击"主页"功能区"特征"组中的"相交"按钮,弹出如图5-79所示的"相交"对话框。该对话框用于将两个或多个实体合并成单个实体,运算结果取其公用部分构成单个实体。

图5-78 "求差"对话框

图5-79 "相交"对话框

5.3.6 实例——轴承座

1. 新建文件

(1) 启动 UG NX 12.0 软件。

(2) 选择"文件"→"新建"命令、选择"菜单"→"文件"→"新建"命令或按 Ctrl+N 组合键,弹出"新建"对话框。在"模型"选项卡中选择"模型"模板,在"新文件名"的"名称"文本框中输入 zhouchengzuo,单击"确定"按钮,进入建模环境。

2. 创建圆柱体

选择"菜单"→"插入"→"设计特征"→"圆柱"命令,弹出如图5-80所示的"圆柱"对话框。在"类型"下拉列表中选择"轴、直径和高度"选项,在"直径"和"高度"文本框中分别输入 50 和 50,单击"确定"按钮,以原点为中心生成圆柱,如图5-81所示。

图5-80 "圆柱"对话框

图5-81 创建圆柱

3. 创建基准平面 1~3

选择"菜单"→"插入"→"基准/点"→"基准平面"命令或单击"主页"功能区"特征"组中的"基准平面"按钮,弹出"基准平面"对话框。在"类型"下拉列表中选择"XC-YC

平面"选项,如图 5-82 所示,单击"应用"按钮,完成基准平面 1 的创建。在"类型"下拉列表中选择"XC-ZC 平面"选项,单击"应用"按钮,完成基准平面 2 的创建。在"类型"下拉列表中选择"YC-ZC 平面"选项,单击"确定"按钮,完成基准平面 3 的创建。结果如图 5-83 所示。

图 5-82 "基准平面"对话框

图 5-83 创建基准平面 1~3

4. 创建凸台

选择"菜单"→"插入"→"设计特征"→"凸台(原有)"命令或单击"主页"功能区"特征"组中的"凸台"按钮，弹出"支管"对话框。在"直径""高度"和"锥角"文本框中分别输入 26、30 和 0,如图 5-84 所示,按系统提示选择"XC-ZC 基准平面"为放置面,单击"确定"按钮,生成凸台并弹出"定位"对话框。单击"垂直"按钮，按系统提示选择"XC-YC 基准平面"为定位对象,输入参数值 26,单击"应用"按钮。继续选择"YC-ZC 基准平面",输入参数值 0,单击"确定"按钮,完成凸台的创建。生成的模型如图 5-85 所示。

图 5-84 "支管"对话框

图 5-85 创建凸台

5. 创建基准平面 4

选择"菜单"→"插入"→"基准/点"→"基准平面"命令或单击"主页"功能区"特征"组中的"基准平面"按钮，弹出"基准平面"对话框。在"类型"下拉列表中选择"按某一距离"选项,在"距离"文本框中输入 7,如图 5-86 所示,单击"确定"按钮,完成基准平面 4 的创建。结果如图 5-87 所示。

6. 创建草图 1

选择"菜单"→"插入"→"在任务环境中绘制草图"命令,进入草图任务环境并弹出如图 5-88 所示的"创建草图"对话框。选择基准平面 4 为草图绘制面,单击"确定"按钮。绘制如图 5-89 所示的草图,选择"菜单"→"任务"→"完成草图"命令或单击"主页"功能区"草图"组中的"完成"按钮，返回建模环境。

图 5-86 "基准平面"对话框

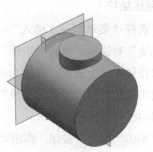

图 5-87 创建基准平面 4

图 5-88 "创建草图"对话框

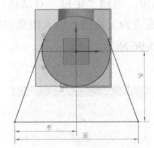

图 5-89 创建草图 1

7. 创建拉伸 1

选择"菜单"→"插入"→"设计特征"→"拉伸"命令或单击"主页"功能区"特征"组中的"拉伸"按钮，弹出"拉伸"对话框。选择刚刚创建的草图曲线链，将结束距离值设置为 12，如图 5-90 所示，单击"确定"按钮，完成拉伸操作。生成的模型如图 5-91 所示。

图 5-90 "拉伸"对话框

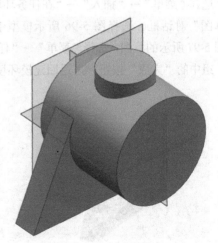

图 5-91 创建拉伸 1

8. 创建垫块

(1) 选择"菜单"→"插入"→"设计特征"→"垫块（原有）"命令，弹出如图 5-92 所示的"垫块"对话框。单击"矩形"按钮，弹出如图 5-93 所示的"矩形垫块"对话框。选择刚刚创建的拉伸实体上表面，弹出如图 5-94 所示的"水平参考"对话框。选择与坐标系 XC 轴方向一致的实体边，弹出"矩形垫块"对话框。在"长度""宽度"和"高度"文本框中分别输入12、26 和 48，如图 5-95 所示。

(2) 单击"确定"按钮，弹出"定位"对话框。单击"垂直"按钮，按系统提示分别选择"YC-ZC 基准平面"为定位基准，选择垫块中心线为工具边，在"距离"文本框中输入 0，单击"应用"按钮，返回"定位"对话框。单击"垂直"按钮，按系统提示分别选择拉伸体的底边、垫块底边为工具边，输入距离参数 0，连续单击"确定"按钮，完成垫块的创建。生成的模型如图 5-96 所示。

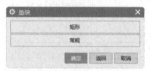

图 5-92 "垫块"对话框

图 5-93 "矩形垫块"对话框 1

图 5-94 "水平参考"对话框

图 5-95 "矩形垫块"对话框 2

9. 创建草图 2

选择"菜单"→"插入"→"在任务环境中绘制草图"命令，进入草图任务环境并弹出"创建草图"对话框。选择图 5-96 所示模型中的面 1 为草图绘制面，单击"确定"按钮。绘制如图 5-97 所示的草图，选择"菜单"→"任务"→"完成草图"命令或单击"主页"功能区"草图"组中的"完成"按钮，返回建模环境。

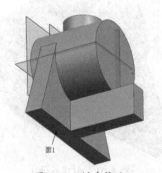

图 5-96 创建垫块

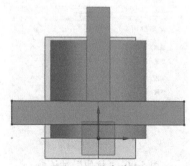

图 5-97 创建草图 2

10. 创建拉伸 2

(1) 选择"菜单"→"插入"→"设计特征"→"拉伸"命令或单击"主页"功能区"特征"组中的"拉伸"按钮,弹出"拉伸"对话框。选择刚刚绘制的草图,将结束距离值设置为 14,单击"确定"按钮,完成拉伸操作。生成的模型如图 5-98 所示。

(2) 选择"菜单"→"插入"→"设计特征"→"拉伸"命令或单击"主页"功能区"特征"组中的"拉伸"按钮,弹出"拉伸"对话框。单击"绘制截面"按钮,选择图 5-98 所示模型中的面 2,沿该面边缘绘制矩形轮廓线,将结束距离值设置为 48,单击"确定"按钮,完成拉伸操作。生成的模型如图 5-99 所示。

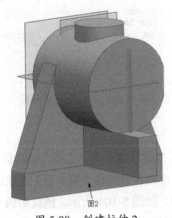

图 5-98　创建拉伸 2

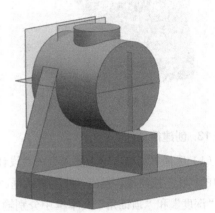

图 5-99　生成的模型

11. 倒斜角

选择"菜单"→"插入"→"细节特征"→"倒斜角"命令或单击"主页"功能区"特征"组中的"倒斜角"按钮,弹出"倒斜角"对话框。在"横截面"下拉列表中选择"非对称"选项,在"距离 1"和"距离 2"文本框中分别输入 17 和 26,选择图 5-100 所示模型中的边,如图 5-101 所示,单击"确定"按钮,完成倒斜角。结果如图 5-102 所示。

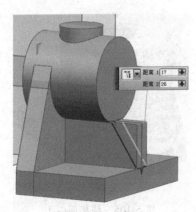

图 5-100　选择边

图 5-101　"倒斜角"对话框

12. 合并实体

选择"菜单"→"插入"→"组合"→"合并"命令或单击"主页"功能区"特征"组

中的"合并"按钮，弹出如图 5-103 所示的"合并"对话框。在此将视图中的所有实体合并。

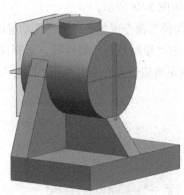

图 5-102 倒斜角

图 5-103 "合并"对话框

13. 创建简单孔

（1）选择"菜单"→"插入"→"设计特征"→"孔"命令或单击"主页"功能区"特征"组中的"孔"按钮，弹出"孔"对话框。在"成形"下拉列表中选择"简单孔"选项，在"直径""深度"和"顶锥角"文本框中分别输入 14、30 和 0，如图 5-104 所示。捕捉如图 5-105 所示的圆心为孔放置位置，单击"确定"按钮，完成孔的创建。

图 5-104 "孔"对话框

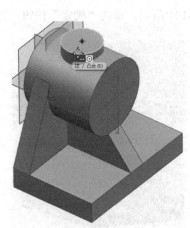

图 5-105 捕捉圆心 1

（2）再在圆柱面上创建孔，"直径""深度"和"顶锥角"文本框中的值分别为 30、50 和 0，捕捉如图 5-106 所示的圆心为孔放置位置。生成的模型如图 5-107 所示。

（3）操作方法同上，再创建两个简单孔。"直径""深度"和"顶锥角"文本框中的值分别为 18、14 和 0。单击"绘制截面"按钮，创建的拉伸实体上端面为孔放置面，绘制如图 5-108 所示的草图点。完成草图绘制，返回"孔"对话框中，单击"确定"按钮。

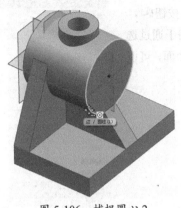

图 5-106 捕捉圆心 2

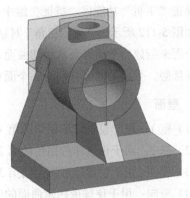

图 5-107 创建简单孔

14. 边倒圆

选择"菜单"→"插入"→"细节特征"→"边倒圆"命令或单击"主页"功能区"特征"组中的"边倒圆"按钮，弹出如图 5-109 所示的"边倒圆"对话框。选择如图 5-110 所示的边，在"半径 1"文本框中输入 12，单击"确定"按钮。最后生成的模型如图 5-111 所示。

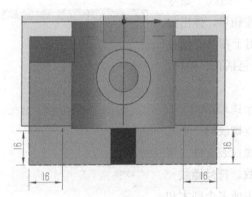

图 5-108 绘制草图点

图 5-109 "边倒圆"对话框

图 5-110 选择边

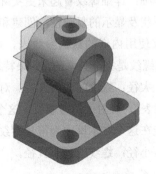

图 5-111 边倒圆处理

5.3.7 球形拐角

球形
拐角

选择"菜单"→"插入"→"细节特征"→"球形拐角"命令或单击"主页"功能区"特征"组中的"球形拐角"按钮，弹出如图 5-112 所示的"球形拐角"对话框。该对话框用于通过选择 3 个面来创建一个球形角落相切曲面。3 个面可以是曲面，可以不相互接触。生成的曲面分别与 3 个面相切。

1. 壁面

（1）壁 1：用于设置球形拐角的第 1 个相切曲面。
（2）壁 2：用于设置球形拐角的第 2 个相切曲面。
（3）壁 3：用于设置球形拐角的第 3 个相切曲面。
（4）反向：用于使球形拐角曲面的法向反向。

2. 半径

该选项用于设置球形拐角的半径值。

图 5-112 "球形拐角"对话框

5.3.8 螺纹

螺纹

选择"菜单"→"插入"→"设计特征"→"螺纹"命令或单击"主页"功能区"特征"组中的"螺纹"按钮，弹出如图 5-113 所示的"螺纹切削"对话框。该对话框用于在具有圆柱面的特征上生成符号螺纹或详细螺纹。这些特征包括孔、圆柱、凸台及圆周曲线扫掠产生的减去或增添部分。

（1）螺纹类型：包括"符号"和"详细"两个选项。

①符号：符号螺纹以虚线圆的形式显示在要攻螺纹的一个或几个面上，如图 5-114 所示。符号螺纹使用外部螺纹表文件（可根据特殊螺纹要求来定制这些文件）确定默认参数。符号螺纹一旦生成就不能被复制或实例化，但在生成时可以生成多个副本和可引用副本。

②详细：详细螺纹看起来更实际，如图 5-115 所示，但由于其几何形状及显示的复杂性，创建和更新都需要长得多的时间。详细螺纹使用内嵌的默认参数表，可以在创建后被复制或实例化。详细螺纹是完全关联的，如果特征被修改，螺纹也相应更新。

图 5-113 "螺纹切削"对话框

（2）大径：螺纹的最大直径。对于符号螺纹，提供默认值的是"查找表"。且对于符号螺纹，这个直径必须大于圆柱面直径。只有当勾选"手工输入"复选框后才能在这个文本框中为符号螺纹输入值。

（3）小径：螺纹的最小直径。

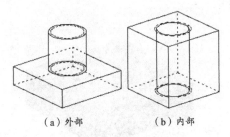

　　（a）外部　　　　（b）内部

图 5-114　符号螺纹示意图

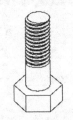

图 5-115　详细螺纹示意图

　　（4）螺距：从螺纹上某个点到下一个螺纹的相应点之间的距离，平行于轴进行测量。

　　（5）角度：螺纹的两个面之间的夹角，在通过螺纹轴的平面内进行测量。

　　（6）标注：引用为符号螺纹提供默认值的螺纹表条目。当"螺纹类型"是"详细"时，或者"螺纹类型"是"符号"且勾选了"手工输入"复选框时，该选项变为灰色。

　　（7）轴尺寸/螺纹钻尺寸：提供默认值的是"查找表"。"轴尺寸"出现于外部符号螺纹；"螺纹钻尺寸"出现于内部符号螺纹。

　　（8）方法：用于定义螺纹加工方法，如滚、切削、磨和铣。可以选择由用户在用户默认设置中定义，也可以不同于这些例子。该选项只出现于"符号"螺纹类型中。

　　（9）螺纹头数：用于指定是要生成单头螺纹还是多头螺纹。

　　（10）锥孔：用于设置符号螺纹带锥度。

　　（11）完整螺纹：用于设置当圆柱面的长度改变时符号螺纹将更新。

　　（12）长度：从选中的起始面到螺纹终端的距离，平行于轴进行测量。对于符号螺纹，提供默认值的是"查找表"。

　　（13）手工输入：用于为某些选项输入值，否则这些值要由"查找表"提供。当勾选了该复选框后，"从表中选择"按钮变为灰色。

　　（14）从表中选择：对于符号螺纹，该按钮用于从"查找表"中选择标准螺纹表条目。

　　（15）旋转：用于指定螺纹是"右旋"（顺时针方向）还是"左旋"（逆时针方向）。

　　（16）选择起始：通过选择实体上的一个平面或基准面来为符号螺纹或详细螺纹指定新的起始位置。

　　①反转螺纹轴：用于指定相对于起始面攻螺纹的方向。

　　②起始条件："延伸过起始面"选项用于生成超出起始平面的完整螺纹。"不延伸"选项用于从起始面起生成螺纹。

5.3.9　阵列特征

　　选择"菜单"→"插入"→"关联复制"→"阵列特征"命令或单击"主页"功能区"特征"组中的"阵列特征"按钮，弹出如图 5-116 所示的"阵列特征"对话框。该对话框用于通过已有特征生成阵列。

　　（1）线性：用于通过一个或多个选定特征生成图样的线性阵列。线性阵列既可以是二维的（在 XC 轴和 YC 轴方向上），也可以是一维的（在 XC 轴或 YC 轴方向上），如图 5-117 所示。

　　（2）圆形：用于通过一个或多个选定特征生成图样的圆形阵列，如图 5-118 所示。

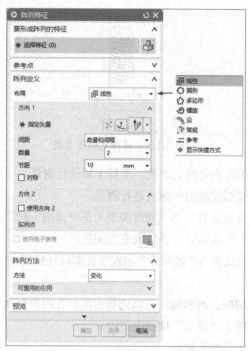

图 5-116 "阵列特征"对话框

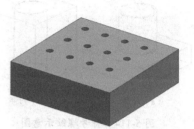

图 5-117 线性阵列示意图

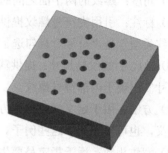

图 5-118 圆形阵列示意图

（3）多边形：用于通过一个或多个选定特征按照绘制好的多边形生成图样的阵列。

（4）螺旋：用于通过一个或多个选定特征按照绘制好的螺旋线生成图样的阵列，如图 5-119 所示。

（5）沿：用于通过一个或多个选定特征按照绘制好的曲线生成图样的阵列，如图 5-120 所示。

（6）常规：用于通过一个或多个选定特征在指定点处生成图样的阵列，如图 5-121 所示。

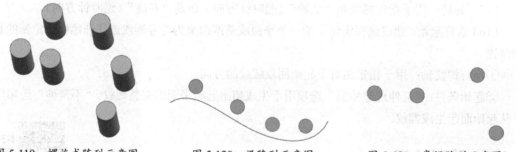

图 5-119 螺旋式阵列示意图　　图 5-120 沿阵列示意图　　图 5-121 常规阵列示意图

5.3.10 镜像特征

选择"菜单"→"插入"→"关联复制"→"镜像特征"命令或单击"主页"功能区"特征"组中的"镜像特征"按钮 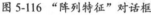，弹出如图 5-122 所示的"镜像特征"对话框。该对话框用于通过基准平面或平面镜像选定特征的方法来生成对称的模型。镜像特征可以在体内进行。

（1）要镜像的特征：用于选择要进行镜像的部件中的特征。

（2）参考点：用于指定源参考点。如果不想使用在选择源特征时系统自动判断的默认点，则使用此选项。

（3）镜像平面：用于指定镜像选定特征所用的平面或基准平面。

（4）设置：包括以下3个选项。

①坐标系镜像方法：选择坐标系特征时可用，用于指定要镜像坐标系的那两个轴。为产生右旋的坐标系，系统将派生第3个轴。

②保持螺纹旋向：选择螺纹特征时可用，用于指定镜像螺纹是否与源特征具有相同的选项。

图 5-122 "镜像特征"对话框

③保持螺旋旋向：选择螺旋特征时可用，用于指定镜像螺旋是否与源特征具有相同的选项。

5.3.11 镜像几何体

镜像几何体

选择"菜单"→"插入"→"关联复制"→"镜像几何体"命令或单击"主页"功能区"特征"组中的"镜像几何体"按钮 ，弹出如图 5-123 所示的"镜像几何体"对话框。该对话框用于以基准平面来镜像所选的实体，镜像后的实体或片体和原实体或片体相关联，但本身没有可编辑的特征参数，如图 5-124 所示。

图 5-123 "镜像几何体"对话框

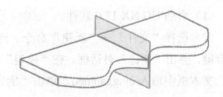

图 5-124 镜像几何体示意图

5.3.12 抽壳

抽壳

选择"菜单"→"插入"→"偏置/缩放"→"抽壳"命令或单击"主页"功能区"特征"组中的"抽壳"按钮 ，弹出如图 5-125 所示的"抽壳"对话框。利用该对话框可以进行抽壳来挖空实体或在实体周围建立薄壳。

（1）移除面，然后抽壳：用于移除所选目标面。

①如果进行等厚度的抽壳，则在选好要抽壳的面和设置好默认厚度后，直接单击"确定"或"应用"按钮完成抽壳。

②如果进行变厚度的抽壳，则在选好要抽壳的面后，在"备选厚度"选项中选择面，如图 5-126 所示，选择要设定的变厚度抽壳的表面并在"厚度1"文本框中输入可变厚度值，则该表面抽壳后的厚度为新设定的可变厚度。

图 5-125 "抽壳"对话框 1

图 5-126 "抽壳"对话框 2

（2）对所有面抽壳：选择一个实体后，系统将按照设置的厚度进行抽壳，抽壳后原实体变成一个空心实体。

如果厚度为正数，则空心实体的外表面为原实体的表面；如果厚度为负数，则空心实体的内表面为原实体的表面。

在"备选厚度"选项中选择面也可以设置变厚度，设置方法与"移除面，然后抽壳"类型相同。

5.3.13 实例——顶杆帽模型

实例——顶杆帽模型

1. 新建文件

（1）启动 UG NX 12.0 软件。

（2）选择"文件"→"新建"命令、选择"菜单"→"文件"→"新建"命令或按 Ctrl+N 组合键，弹出"新建"对话框。在"模型"选项卡中选择"模型"模板，在"新文件名"的"名称"文本框中输入 dingganmao，单击"确定"按钮，进入建模环境。

2. 创建草图 1

选择"菜单"→"插入"→"在任务环境中绘制草图"命令，进入草图任务环境并弹出如图 5-127 所示的"创建草图"对话框。选择 XC-YC 平面为草图绘制面，单击"确定"按钮。绘制如图 5-128 所示的草图，选择"菜单"→"任务"→"完成草图"命令或单击"主页"功能区"草图"组中的"完成"按钮，返回建模环境。

图 5-127 "创建草图"对话框

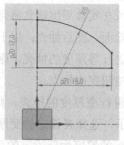
图 5-128 创建草图 1

3. 创建旋转体

选择"菜单"→"插入"→"设计特征"→"旋转"命令或单击"主页"功能区"特征"组中的"旋转"按钮，弹出如图 5-129 所示的"旋转"对话框。选择草图曲线 1 为旋转曲线，在"指定矢量"下拉列表中选择"YC 轴"选项，单击"点对话框"按钮，在弹出的"点"对话框中确定基点在坐标原点上，单击"确定"按钮，返回"旋转"对话框。单击"确定"按钮，完成旋转体操作，生成如图 5-130 所示的模型。

4. 创建草图 2

选择"菜单"→"插入"→"在任务环境中绘制草图"命令，进入草图任务环境并弹出"创建草图"对话框。选择旋转体的底面为草图绘制面，单击"确定"按钮。绘制如图 5-131 所示的草图，选择"菜单"→"任务"→"完成草图"命令或单击"主页"功能区"草图"组中的"完成"按钮，返回建模环境。

5. 创建拉伸

选择"菜单"→"插入"→"设计特征"→"拉伸"命令或单击"主页"功能区"特征"组中的"拉伸"按钮，弹出"拉伸"对话框。选择刚刚绘制的草图曲线 2 为拉伸曲线，在"指定矢量"下拉列表中选择"YC 轴"选项，将开始距离值和结束距离值分别设置为 0 和 30，在"布尔"下拉列表中选择"减去"选项，如图 5-132 所示，单击"确定"按钮，完成拉伸操作，如图 5-133 所示。

图 5-129 "旋转"对话框

图 5-130 创建旋转体

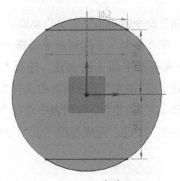

图 5-131 创建草图 2

图 5-132 "拉伸"对话框

6. 创建凸台

(1)选择"菜单"→"插入"→"设计特征"→"凸台（原有）"命令或单击"主页"功能区"特征"组中的"凸台"按钮，弹出"支管"对话框。在"直径""高度"和"锥角"文本框中分别输入18、2和0，如图5-134所示，按系统提示选择旋转体底面为放置面，单击"确定"按钮，生成凸台并弹出如图5-135所示的"定位"对话框。

图5-133 完成拉伸

图5-134 "支管"对话框

图5-135 "定位"对话框

(2)单击"点落在点上"按钮，弹出"点落在点上"对话框。按系统提示选择旋转体底面圆弧边为定位对象，弹出如图5-136所示的"设置圆弧的位置"对话框。单击"圆弧中心"按钮，生成的凸台1定位于旋转体底面圆弧中心。

(3)操作方法同上，创建凸台2，其位于圆柱体顶端面，直径和高度分别为19毫米和78毫米，锥角为0°。创建的模型如图5-137所示。

图5-136 "设置圆弧的位置"对话框

图5-137 创建凸台

7. 创建基准平面

选择"菜单"→"插入"→"基准/点"→"基准平面"命令或单击"主页"功能区"特征"组中的"基准平面"按钮，弹出"基准平面"对话框。在"类型"下拉列表中选择"XC-YC平面"选项，如图5-138所示，单击"应用"按钮，完成基准平面1的创建。选择"YC-ZC平面"类型，单击"应用"按钮，完成基准平面2的创建。在"类型"下拉列表中选择"XC-ZC平面"选项，单击"应用"按钮，完成基准平面3的创建。在"类型"下拉列表中选择"YC-ZC平面"选项，在"距离"文本框中输入9.5，单击"确定"按钮，完成基准平面4的创建，如图5-139所示。

第 5 章 特征建模

图 5-138 "基准平面"对话框

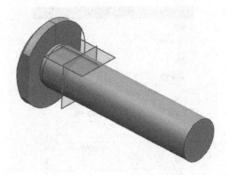

图 5-139 创建基准平面

8. 创建简单孔

（1）选择"菜单"→"插入"→"设计特征"→"孔"命令或单击"主页"功能区"特征"组中的"孔"按钮，弹出"孔"对话框。在"成形"下拉列表中选择"简单孔"选项，在"直径""深度"和"顶锥角"文本框中分别输入 10、77 和 120，如图 5-140 所示。捕捉如图 5-141 所示的圆心为孔放置位置，完成简单孔 1 的创建，如图 5-142 所示。

图 5-140 "孔"对话框

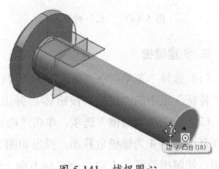

图 5-141 捕捉圆心

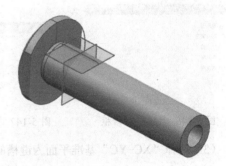

图 5-142 创建简单孔 1

（2）选择"菜单"→"插入"→"设计特征"→"孔"命令或单击"主页"功能区"特征"组中的"孔"按钮，弹出"孔"对话框。在"成形"下拉列表中选择"简单孔"选项，在"直径""深度"和"顶锥角"文本框中分别输入 4、20 和 0，如图 5-143 所示。单击"绘制截面"按钮，选择基准平面 4 为孔放置面，绘制如图 5-144 所示的草图点，完成草图后，单击"确定"按钮，完成简单孔 2 的创建，如图 5-145 所示。

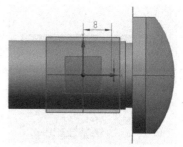

图 5-144　绘制草图点

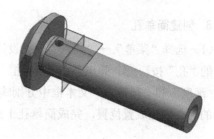

图 5-143　"孔"对话框　　　　　　　图 5-145　创建简单孔 2

9. 创建键槽

（1）选择"菜单"→"插入"→"设计特征"→"键槽（原有）"命令或单击"主页"功能区"特征"组中的"键槽"按钮，弹出如图 5-146 所示的"槽"对话框。

（2）选中"矩形槽"选项，单击"确定"按钮，弹出如图 5-147 所示的"矩形槽"对话框。选择基准平面 4 为键槽放置面，弹出如图 5-148 所示的特征边选择对话框。单击"接受默认边"按钮，使键槽特征边方向与-XC 轴方向一致，弹出如图 5-149 所示的"水平参考"对话框。

图 5-146　"槽"对话框　　　图 5-147　"矩形槽"对话框 1　　图 5-148　特征边选择对话框

（3）选择"XC-YC"基准平面为键槽的水平参考，弹出如图 5-150 所示的"矩形槽"对话框。在"长度""宽度"和"深度"文本框中分别输入 14、5.5 和 20，单击"确定"按钮，弹出如图 5-151 所示的"定位"对话框。单击"垂直"按钮，按系统提示选择"XC-YC"基准平面为定位基准，选择矩形键槽长中心线为工具边，弹出"创建表达式"对话框。

（4）在文本框中输入 0，单击"确定"按钮，返回"定位"对话框。单击"垂直"按钮，按系统提示选择"XC-ZC"基准平面为定位基准，选择矩形键槽短中心线为工具边，弹出"创建表达式"对话框。在文本框中输入-28，单击"确定"按钮，完成垂直定位并完成矩形键槽的创建，如图 5-152 所示。

图 5-149 "水平参考"对话框

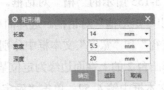
图 5-150 "矩形槽"对话框 2

图 5-151 "定位"对话框

10. 创建阵列特征

选择"菜单"→"插入"→"关联复制"→"阵列特征"命令或单击"主页"功能区"特征"组中的"阵列特征"按钮，弹出"阵列特征"对话框。选择已创建的键槽为要形成阵列的特征，在"布局"下拉列表中选择"线性"选项，在方向 1 的"指定矢量"下拉列表中选择"-YC 轴"选项，在"数量"和"节距"文本框中分别输入 2 和 28，如图 5-153 所示，单击"确定"按钮。生成的模型如图 5-154 所示。

图 5-152 创建矩形键槽

图 5-153 "阵列特征"对话框

图 5-154 创建阵列特征

11. 隐藏草图和基准

选择"菜单"→"编辑"→"显示和隐藏"→"隐藏"命令，弹出"类选择"对话框。单击"类型过滤器"按钮，弹出"按类型选择"对话框。按住 Ctrl 键，同时选择"草图"和"基准"选项，单击"确定"按钮，返回"类选择"对话框。单击"全选"按钮，再单击"确定"按钮，则工作区中的所有草图和基准都被隐藏起来。

12. 创建槽

（1）选择"菜单"→"插入"→"设计特征"→"槽"命令或单击"主页"功能区"特征"组中的"槽"按钮，弹出如图 5-155 所示的"槽"对话框。

（2）单击"矩形"按钮，弹出"矩形槽"对话框。选择简单孔 1 的表面，弹出如图 5-156 所示的"矩形槽"对话框。在"槽直径"和"宽度"文本框中分别输入 11 和 2，单击"确定"按钮，在弹出的"定位槽"对话框中选择凸台 2 的上端面边缘为定位基准，选择槽上端面边缘为工具边，弹出"创建表达式"对话框。在文本框中输入 52，单击"确定"按钮，完成槽的创建。

图 5-155 "槽"对话框

图 5-156 "矩形槽"对话框

13. 倒斜角

选择"菜单"→"插入"→"细节特征"→"倒斜角"命令或单击"主页"功能区"特征"组中的"倒斜角"按钮，弹出"倒斜角"对话框。在"横截面"下拉列表中选择"对称"选项，在"距离"文本框中输入 1，选择凸台底边，如图 5-157 所示，单击"确定"按钮，完成倒斜角。生成的模型如图 5-158 所示。

图 5-157 "倒斜角"对话框

图 5-158 顶杆帽模型

5.4 综合实例——减速器机盖模型

综合实例——减速器机盖模型

1. 新建文件

（1）启动 UG NX 12.0 软件。

（2）选择"文件"→"新建"命令、选择"菜单"→"文件"→"新建"命令或按 Ctrl+N 组合键，弹出"新建"对话框。在"模型"选项卡中选择"模型"模板，在"新文件名"的"名称"文本框中输入 jigai，单击"确定"按钮，进入建模环境。

2. 创建草图 1

（1）选择"菜单"→"插入"→"在任务环境中绘制草图"命令，进入草图任务环境并弹出如图 5-159 所示的"创建草图"对话框。选择 XC-YC 平面为草图绘制面,单击"确定"按钮。

(2)选择"菜单"→"插入"→"曲线"→"圆"命令或单击"主页"功能区"曲线"组中的"圆"按钮○,弹出"圆"对话框。绘制原点坐标为(0,0)、直径为 280 毫米的圆和圆心坐标为(130,0)、直径为 196 毫米的圆,如图 5-160 所示。

图 5-159 "创建草图"对话框

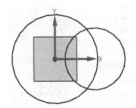

图 5-160 绘制圆

(3)选择"菜单"→"插入"→"曲线"→"直线"命令或单击"主页"功能区"曲线"组中的"直线"按钮/,弹出"直线"对话框。绘制大圆与小圆的上公切线,再绘制初始坐标为(-250,0)、长度 550 毫米、角度为 0°的直线。得到的结果如图 5-161 所示。

(4)选择"菜单"→"编辑"→"曲线"→"快速修剪"命令或单击"主页"功能区"曲线"组中的"快速修剪"按钮√,弹出"快速修剪"对话框,修剪图形,如图 5-162 所示。

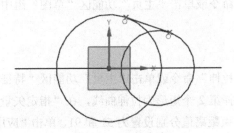

图 5-161 绘制直线

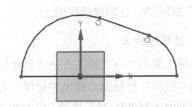

图 5-162 修剪图形

(5)选择"菜单"→"任务"→"完成草图"命令或单击"主页"功能区"草图"组中的"完成"按钮,返回建模环境。

3. 创建拉伸 1

选择"菜单"→"插入"→"设计特征"→"拉伸"命令或单击"主页"功能区"特征"组中的"拉伸"按钮,弹出"拉伸"对话框。选择刚刚绘制的草图曲线为拉伸曲线,在"指定矢量"下拉列表中选择"ZC 轴"选项,将开始距离值和结束距离值分别设置为 0 和 51,如图 5-163 所示,单击"确定"按钮,完成拉伸,生成如图 5-164 所示的实体模型。

4. 创建草图 2

(1)选择"菜单"→"插入"→"在任务环境中绘制草图"命令,进入草图任务环境并弹出"创建草图"对话框,单击"确定"按钮。

(2)选择"菜单"→"插入"→"曲线"→"矩形"命令或单击"主页"功能区"曲线"组中的"矩形"按钮□,弹出"矩形"对话框。单击"按 2 点"按钮,绘制起点坐标为(-170,0)、宽度和高度分别为 428 毫米和 12 毫米,以及起点坐标为(-86,0)、宽度和高度分别为 312

毫米和45毫米的两个矩形。结果如图5-165所示。

图5-163 "拉伸"对话框

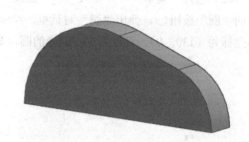

图5-164 创建拉伸外形

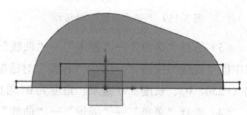

图5-165 绘制矩形

（3）选择"菜单"→"任务"→"完成草图"命令或单击"主页"功能区"草图"组中的"完成"按钮，返回建模环境。

5. 创建拉伸2

选择"菜单"→"插入"→"设计特征"→"拉伸"命令或单击"主页"功能区"特征"组中的"拉伸"按钮，弹出"拉伸"对话框。选择第2个矩形为拉伸曲线，在"指定矢量"下拉列表中选择"ZC轴"选项，将开始距离值和结束距离值分别设置为51和91，单击"应用"按钮，得到如图5-166所示的实体。选择第1个矩形为拉伸曲线，在"指定矢量"下拉列表中选择"ZC轴"选项，将开始距离值和结束距离值分别设置为0和91，单击"确定"按钮，得到如图5-167所示的实体。

图5-166 创建拉伸实体1

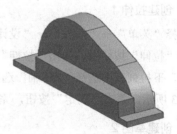

图5-167 创建拉伸实体2

6. 变换实体1

（1）选择"菜单"→"编辑"→"变换"命令，弹出如图5-168所示的"变换"对话框。单击"全选"按钮，再单击"确定"按钮，弹出如图5-169所示的"变换"对话框。

（2）单击"通过一平面镜像"按钮，弹出如图5-170所示的"平面"对话框。在"类型"

下拉列表中选择"XC-YC 平面"选项,单击"确定"按钮,弹出如图 5-171 所示的"变换"对话框。单击"复制"按钮,单击"确定"按钮,得到如图 5-172 所示的实体。

图 5-168 "变换"对话框 1

图 5-169 "变换"对话框 2

图 5-170 "平面"对话框

图 5-171 "变换"对话框 3

7. 合并实体 1

选择"菜单"→"插入"→"组合"→"合并"命令或单击"主页"功能区"特征"组中的"合并"按钮 ,弹出如图 5-173 所示的"合并"对话框。选择布尔运算的实体,如图 5-174 所示。单击"确定"按钮,得到如图 5-175 所示的运算结果。

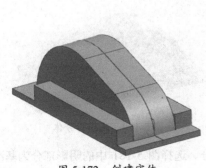

图 5-172 创建实体

图 5-173 "合并"对话框

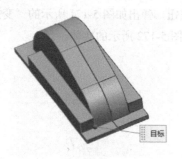
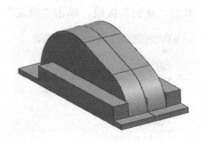

图 5-174　选择布尔运算的实体　　　　　图 5-175　布尔运算结果

8. 拆分实体

（1）选择"菜单"→"插入"→"修剪"→"拆分体"命令或单击"主页"功能区"特征"组中的"拆分体"按钮，弹出如图 5-176 所示的"拆分体"对话框。选择实体全部为目标体。

（2）在"工具选项"下拉列表中选择"新建平面"选项，选择机盖凸起部分的一侧平面为基准平面，如图 5-177 所示的阴影部分，将箱体中间部分分离出来。在图形旁的"距离"文本框中输入 0，单击"拆分体"对话框中的"确定"按钮。

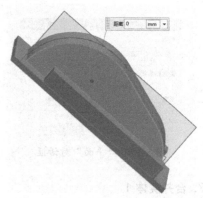

图 5-176　"拆分体"对话框　　　　　图 5-177　设定基准平面 1

（3）操作方法同上，选择另一个对称平面进行拆分，得到如图 5-178 所示的实体。

（4）选择如图 5-179 所示实体的阴影部分，再进行拆分，方法同上。基准平面选为如图 5-180 所示的阴影平面，同时在"距离"文本框中输入-30，单击"拆分体"对话框中的"确定"按钮。

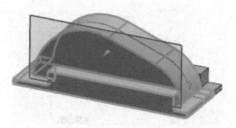

图 5-178　拆分实体　　　　　图 5-179　选择拆分体

（5）按上述方法对图 5-181 中的阴影部分进行拆分。选择图 5-181 中的阴影部分为基准平面,同时在"距离"文本框中输入-30,单击"拆分体"对话框中的"确定"按钮,得到如图5-182所示的实体。

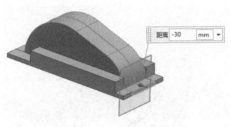

图5-180 设定基准平面2

图5-181 设定基准平面3

9. 抽壳

选择"菜单"→"插入"→"偏置/缩放"→"抽壳"命令或单击"主页"功能区"特征"组中的"抽壳"按钮 ,弹出"抽壳"对话框。在"类型"下拉列表中选择"移除面,然后抽壳"选项,选择如图5-183所示的端面作为抽壳面,在"厚度"文本框中输入8,如图5-184所示。单击"应用"按钮,得到如图5-185所示的抽壳特征。

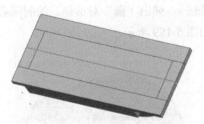

图5-182 拆分后的实体

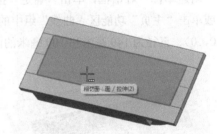

图5-183 选择端面

图5-184 "抽壳"对话框

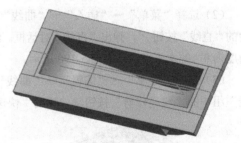

图5-185 抽壳特征

10. 边倒圆1

选择"菜单"→"插入"→"细节特征"→"边倒圆"命令或单击"主页"功能区"特征"组中的"边倒圆"按钮 ,弹出如图5-186所示的"边倒圆"对话框。选择如图5-187所示的边缘,然后在"半径1"文本框中输入6,单击"确定"按钮,生成如图5-188所示的圆角。

图 5-186 "边倒圆"对话框

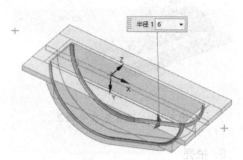

图 5-187 选择边缘

11. 创建草图 3

（1）选择"菜单"→"插入"→"在任务环境中绘制草图"命令，进入草图任务环境并弹出"创建草图"对话框，单击"确定"按钮。选择"菜单"→"插入"→"曲线"→"圆"命令或单击"主页"功能区"曲线"组中的"圆"按钮○，弹出"圆"对话框。绘制圆心坐标为（0，0）、直径为 140 毫米和 100 毫米的同心圆，如图 5-189 所示。

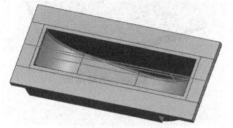

图 5-188 创建边倒圆

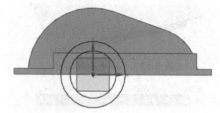

图 5-189 绘制同心圆

（2）选择"菜单"→"插入"→"曲线"→"直线"命令或单击"主页"功能区"曲线"组中的"直线"按钮╱，弹出"直线"对话框。绘制一条起点坐标为（-230，0）、长度为 400 毫米、角度为 0°的水平直线，如图 5-190 所示。

（3）选择"菜单"→"编辑"→"曲线"→"快速修剪"命令或单击"主页"功能区"曲线"组中的"快速修剪"按钮，弹出"快速修剪"对话框，修剪圆环，如图 5-191 所示。

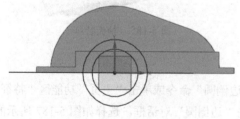

图 5-190 绘制直线

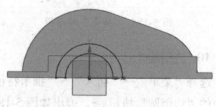

图 5-191 修剪圆环

（4）选择"菜单"→"任务"→"完成草图"命令或单击"主页"功能区"草图"组中的"完成"按钮，返回建模环境。

12. 创建拉伸3

选择"菜单"→"插入"→"设计特征"→"拉伸"命令或单击"主页"功能区"特征"组中的"拉伸"按钮 ，弹出"拉伸"对话框。选择刚刚绘制的草图圆环为拉伸曲线，在"指定矢量"下拉列表中选择"ZC 轴"选项，将开始距离值和结束距离值分别设置为 51 和 98，如图 5-192 所示，单击"确定"按钮，得到如图 5-193 所示的实体。

13. 变换实体2

选择"菜单"→"编辑"→"变换"命令，弹出"变换"对话框。选择拉伸得到的轴承面为镜像对象，弹出新的"变换"对话框。单击"通过一平面镜像"按钮，弹出如图 5-194 所示的"平面"对话框。在"类型"下拉列表中选择"XC-YC 平面"选项，单击"确定"按钮，弹出如图 5-195 所示的"变换"对话框。单击"复制"按钮，再单击"确定"按钮，得到如图 5-196 所示的实体。

图 5-192 "拉伸"对话框

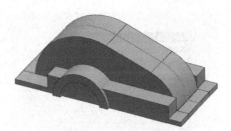

图 5-193 创建实体

图 5-194 "平面"对话框

图 5-195 "变换"对话框

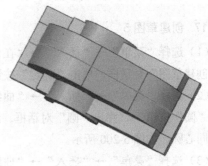

图 5-196 变换实体

14. 合并实体2

选择"菜单"→"插入"→"组合"→"合并"命令或单击"主页"功能区"特征"组中的"合并"按钮，弹出"合并"对话框。选择所有实例，单击"确定"按钮，将所有实体进行合并运算。

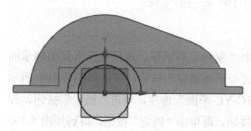

图5-197 创建草图4

15. 创建草图4

选择"菜单"→"插入"→"在任务环境中绘制草图"命令，进入草图任务环境并弹出"创建草图"对话框，单击"确定"按钮。选择"菜单"→"插入"→"曲线"→"圆"命令或单击"主页"功能区"曲线"组中的"圆"按钮○，弹出"圆"对话框。绘制圆心坐标为（0，0）、直径为100毫米的圆，如图5-197所示。

16. 创建拉伸4

选择"菜单"→"插入"→"设计特征"→"拉伸"命令或单击"主页"功能区"特征"组中的"拉伸"按钮，弹出"拉伸"对话框。选择草图中的圆为拉伸曲线，在"指定矢量"下拉列表中选择"ZC轴"选项，将开始距离值和结束距离值分别设置为100和-100，如图5-198所示，单击"确定"按钮，得到如图5-199所示的实体。

图5-198 "拉伸"对话框

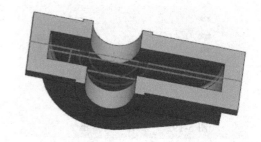

图5-199 拉伸实体

17. 创建草图5

（1）选择"菜单"→"插入"→"在任务环境中绘制草图"命令，进入草图任务环境并弹出"创建草图"对话框，单击"确定"按钮。

（2）选择"菜单"→"插入"→"曲线"→"圆"命令或单击"主页"功能区"曲线"组中的"圆"按钮○，弹出"圆"对话框。绘制圆心坐标为（150，0）、直径为120毫米和80毫米的同心圆，如图5-200所示。

（3）选择"菜单"→"插入"→"曲线"→"直线"命令或单击"主页"功能区"曲线"组中的"直线"按钮，绘制一条起点坐标为（75，0）、长度为250毫米、角度为0°的水平直线。

(4）选择"菜单"→"编辑"→"曲线"→"快速修剪"命令或单击"主页"功能区"曲线"组中的"快速修剪"按钮，弹出"快速修剪"对话框，修剪圆环，如图 5-201 所示。

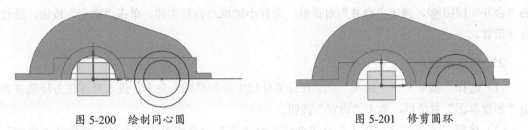

图 5-200　绘制同心圆　　　　　　　图 5-201　修剪圆环

（5）选择"菜单"→"任务"→"完成草图"命令或单击"主页"功能区"草图"组中的"完成"按钮，返回建模环境。

18. 创建拉伸 5

选择"菜单"→"插入"→"设计特征"→"拉伸"命令或单击"主页"功能区"特征"组中的"拉伸"按钮，弹出"拉伸"对话框。选择刚刚创建的草图圆环为拉伸曲线，在"指定矢量"下拉列表中选择"ZC 轴"选项，将开始距离值和结束距离值分别设置为 51 和 98，如图 5-202 所示，单击"确定"按钮，得到如图 5-203 所示的实体。

19. 变换实体 3

选择"菜单"→"编辑"→"变换"命令，弹出"变换"对话框。按系统提示选择拉伸得到的轴承面为镜像对象，在弹出的"变换"对话框中单击"通过一平面镜像"按钮，弹出"平面"对话框。在"类型"下拉列表中选择"XC-YC 平面"选项，单击"确定"按钮。在弹出的"变换"对话框中单击"复制"按钮，再单击"确定"按钮，得到如图 5-204 所示的实体。

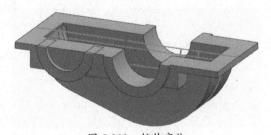

图 5-203　拉伸实体

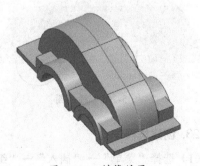

图 5-202　"拉伸"对话框　　　　　图 5-204　镜像结果

20. 合并实体3

选择"菜单"→"插入"→"组合"→"合并"命令或单击"主页"功能区"特征"组中的"合并"按钮，弹出"合并"对话框。选择小轴承凸台与实体，单击"确定"按钮，进行合并运算。

21. 创建草图6

（1）选择"菜单"→"插入"→"在任务环境中绘制草图"命令，进入草图任务环境并弹出"创建草图"对话框，单击"确定"按钮。

（2）选择"菜单"→"插入"→"曲线"→"圆"命令或单击"主页"功能区"曲线"组中的"圆"按钮，弹出"圆"对话框。绘制圆心坐标为（150，0）、直径为80毫米的圆，如图5-205所示。

（3）选择"菜单"→"任务"→"完成草图"命令或单击"主页"功能区"草图"组中的"完成"按钮，返回建模环境。

22. 创建拉伸6

选择"菜单"→"插入"→"设计特征"→"拉伸"命令或单击"主页"功能区"特征"组中的"拉伸"按钮，弹出"拉伸"对话框。选择刚刚创建的草图圆环为拉伸曲线，在"指定矢量"下拉列表中选择"ZC轴"选项，将开始距离值和结束距离值分别设置为100和-100，如图5-206所示，单击"确定"按钮，得到如图5-207所示的实体。

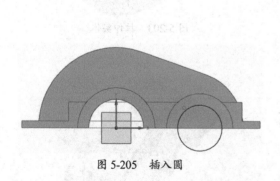

图5-205 插入圆

图5-206 "拉伸"对话框

23. 创建拔模

（1）选择"菜单"→"插入"→"细节特征"→"拔模"命令或单击"主页"功能区"特征"组中的"拔模"按钮，弹出"拔模"对话框。在"类型"下拉列表中选择"面"选项，在"指定矢量"下拉列表中选择"ZC 轴"选项,选择轴承的外端面为固定平面,选择如图 5-208 所示的轴承孔的拔模面,在"角度"文本框中输入 6,如图 5-209 所示,单击"确定"按钮。

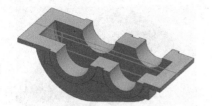

图 5-207 拉伸实体

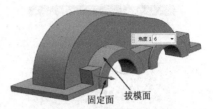

图 5-208 选择拔模面

(2)用上述方法做另一个方向的轴承面,在"角度"文本框中输入-6,得到如图 5-210 所示的实体。

图 5-209 "拔模"对话框

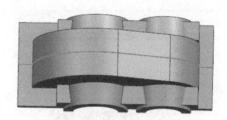

图 5-210 拔模结果

24. 创建垫块

(1)选择"菜单"→"插入"→"设计特征"→"垫块(原有)"命令,弹出如图 5-211 所示的"垫块"对话框。单击"矩形"按钮,弹出如图 5-212 所示的"矩形垫块"对话框。

图 5-211 "垫块"对话框

图 5-212 "矩形垫块"对话框

(2)单击"实体面"按钮,弹出如图 5-213 所示的"选择对象"对话框。选择如图 5-214 所示的平面,弹出如图 5-215 所示的"水平参考"对话框。

图 5-213 "选择对象"对话框

图 5-214 选择平面

(3) 单击"端点"按钮,选择所选平面的一边,如图 5-216 光标所在位置,单击"确定"按钮,弹出如图 5-217 所示的"矩形垫块"对话框。

图 5-215 "水平参考"对话框

图 5-216 选择端点

(4) 在"长度""宽度"和"高度"文本框中分别输入 100、65 和 5,在其他文本框中输入 0,单击"确定"按钮,得到如图 5-218 所示的垫块,并弹出"定位"对话框。

图 5-217 "矩形垫块"对话框

图 5-218 创建垫块

(5) 单击"垂直"按钮,选择垫块的一条边,再选择与该边相邻的一条边,如图 5-219 所示的黑线部分,弹出"创建表达式"对话框。

(6) 在文本框中输入 18.5,如图 5-220 所示,单击"确定"按钮。

(7) 选择垫块的另一条边,再选择与该边相邻的另一条边,弹出"创建表达式"对话框。在文本框中输入 10,单击"确定"按钮,得到的实体模型如图 5-221 所示。

图 5-219 选择定位边

图 5-220 "创建表达式"对话框

图 5-221 定位垫块

25. 创建腔

(1) 选择"菜单"→"插入"→"设计特征"→"腔(原有)"命令,弹出如图 5-222 所示的"腔"对话框。单击"矩形"按钮,弹出"矩形腔"对话框。选择如图 5-223 所示的平面为放置面,弹出如图 5-224 所示的"水平参考"对话框。

图 5-222 "腔"对话框

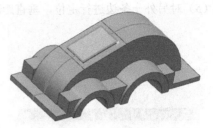

图 5-223 选择平面

（2）选择凸台的一个侧面为参考平面，如图 5-225 中的光标位置，弹出如图 5-226 所示的"矩形腔"对话框。

图 5-224 "水平参考"对话框

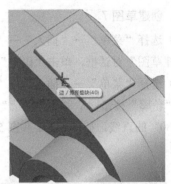

图 5-225 选择侧面

（3）在"长度""宽度"和"深度"文本框中分别输入 70、35 和 50，单击"确定"按钮，弹出如图 5-227 所示的"定位"对话框。单击"垂直"按钮。

图 5-226 "矩形腔"对话框

图 5-227 "定位"对话框

（4）选择凸台侧面的一条边，如图 5-228 所示的位置，选择孔的另一条边，如图 5-229 所示的位置，弹出如图 5-230 所示的"创建表达式"对话框。在文本框中输入 15。

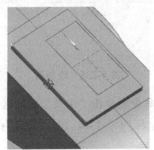

图 5-228 选择一条边

图 5-229 选择另一条边

（5）对另外一条边进行定位，垂直距离为 15 毫米，结果如图 5-231 所示。

图 5-230 "创建表达式"对话框

图 5-231 创建腔

26. 创建草图 7

（1）选择"菜单"→"插入"→"在任务环境中绘制草图"命令，进入草图任务环境并弹出"创建草图"对话框，单击"确定"按钮。

（2）选择"菜单"→"插入"→"曲线"→"轮廓"命令或单击"主页"功能区"曲线"组中的"轮廓"按钮，弹出"轮廓"对话框。绘制初始坐标为（-170，12）、长度为 55 毫米、角度为 80°的直线，如图 5-232 和图 5-233 所示。

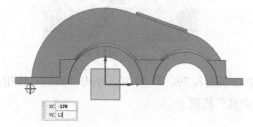

图 5-232 设置初始点

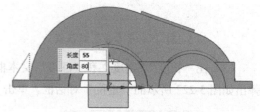

图 5-233 设置长度和角度

（3）按长度为 120 毫米、角度为 20°绘制一条与大圆相交的直线，如图 5-234 所示。

（4）选择"菜单"→"插入"→"曲线"→"圆"命令或单击"主页"功能区"曲线"组中的"圆"按钮，弹出"圆"对话框。绘制圆心坐标为（0，0）、直径为 280 毫米的圆，如图 5-235 所示。

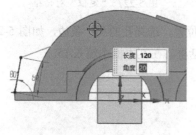

图 5-234 绘制直线

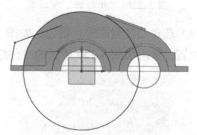

图 5-235 绘制圆

（5）选择"菜单"→"插入"→"曲线"→"直线"命令或单击"主页"功能区"曲线"组中的"直线"按钮，弹出"直线"对话框。绘制初始坐标为（-170，12）、长度为 80 毫米、角度为 0°的直线。

(6)选择"菜单"→"编辑"→"曲线"→"快速修剪"命令或单击"主页"功能区"曲线"组中的"快速修剪"按钮，弹出"快速修剪"对话框，修剪图形，如图 5-236 所示。

(7)选择"菜单"→"插入"→"曲线"→"圆"命令或单击"主页"功能区"曲线"组中的"圆"按钮○，弹出"圆"对话框。绘制圆心坐标为（-145，55）、直径为 15 毫米的圆，结果如图 5-237 所示。

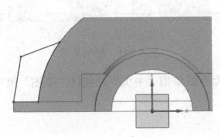

图 5-236　修剪图形

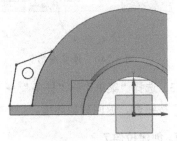

图 5-237　绘制圆

(8)选择"菜单"→"插入"→"曲线"→"轮廓"命令或单击"主页"功能区"曲线"组中的"轮廓"按钮，弹出"轮廓"对话框。绘制初始坐标为（258，12）、长度为 50 毫米、角度为 108°的线段；继续绘制长度为 70 毫米、角度为 160°的轮廓。绘制结果如图 5-238 所示。

(9)选择"菜单"→"插入"→"曲线"→"直线"命令或单击"主页"功能区"曲线"组中的"直线"按钮，弹出"直线"对话框。绘制初始坐标为（258，12）、长度为 120 毫米、角度为 180°的直线。

(10)选择"菜单"→"插入"→"曲线"→"圆"命令或单击"主页"功能区"曲线"组中的"圆"按钮○，弹出"圆"对话框。绘制圆心坐标为（130，0）、直径为 196 毫米的圆，如图 5-239 所示。

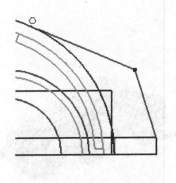

图 5-238　绘制直线

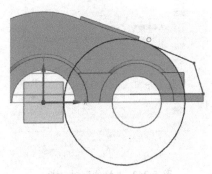

图 5-239　绘制圆

(11)选择"菜单"→"编辑"→"曲线"→"快速修剪"命令或单击"主页"功能区"曲线"组中的"快速修剪"按钮，弹出"快速修剪"对话框，修剪图形，如图 5-240 所示。

(12)选择"菜单"→"插入"→"曲线"→"圆"命令或单击"主页"功能区"曲线"组中的"圆"按钮○，弹出"圆"对话框。绘制圆心坐标为（230，50）、直径为 15 毫米的圆，得到如图 5-241 所示的草图。

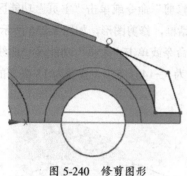

图 5-240　修剪图形　　　　　　　图 5-241　绘制草图

（13）选择"菜单"→"任务"→"完成草图"命令或单击"主页"功能区"草图"组中的"完成"按钮，返回建模环境。

27. 创建拉伸 7

选择"菜单"→"插入"→"设计特征"→"拉伸"命令或单击"主页"功能区"特征"组中的"拉伸"按钮，弹出"拉伸"对话框。选择刚刚创建的草图曲线为拉伸曲线，在"指定矢量"下拉列表中选择"ZC 轴"选项，将开始距离值和结束距离值分别设置为–10 和 10，如图 5-242 所示，单击"确定"按钮，得到如图 5-243 所示的实体。

图 5-242　"拉伸"对话框　　　　　图 5-243　创建实体

28. 合并实体 4

选择"菜单"→"插入"→"组合"→"合并"命令或单击"主页"功能区"特征"组中的"合并"按钮，弹出"合并"对话框。选择布尔合并的实体，如图 5-244 所示，单击"确定"按钮，得到如图 5-245 所示的运算结果。

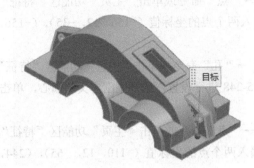
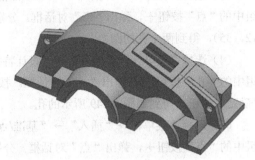

图 5-244　选择实体　　　　　　　　　图 5-245　合并结果

29. 创建孔 1

（1）选择"菜单"→"插入"→"基准/点"→"点"命令或单击"主页"功能区"特征"组中的"点"按钮 +，弹出"点"对话框。分别输入 6 个点的坐标值（-68，45，-73），（-68，45，73），（80，45，73），（80，45，-73），（208，45，73），（208，45，-73），得到台阶上 6 个孔的圆心。

（2）选择"菜单"→"插入"→"设计特征"→"孔"命令或单击"主页"功能区"特征"组中的"孔"按钮，弹出"孔"对话框。按图 5-246 进行设置，选择刚刚定义的圆心，单击"确定"按钮，得到如图 5-247 所示的孔。

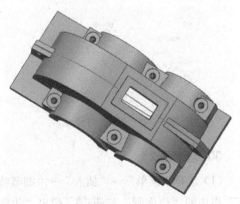

图 5-246　"孔"对话框　　　　　　　　图 5-247　创建 6 个孔

(3)选择"菜单"→"插入"→"基准/点"→"点"命令或单击"主页"功能区"特征"组中的"点"按钮 +,弹出"点"对话框。分别输入两个点的坐标值(-156,12,-35),(-156,12,35),得到两个孔的圆心。

(4)选择"菜单"→"插入"→"设计特征"→"孔"命令或单击"主页"功能区"特征"组中的"孔"按钮,弹出"孔"对话框。按图 5-248 进行设置,选择刚刚定义的圆心,单击"确定"按钮,得到如图 5-249 所示的孔。

(5)选择"菜单"→"插入"→"基准/点"→"点"命令或单击"主页"功能区"特征"组中的"点"按钮 +,弹出"点"对话框。分别输入两个点的坐标值(-110,12,-65),(244,12,35),得到两个孔的圆心。

(6)选择"菜单"→"插入"→"设计特征"→"孔"命令或单击"主页"功能区"特征"组中的"孔"按钮,弹出"孔"对话框。在"成形"下拉列表中选择"简单孔"选项,在"直径""深度""顶锥角"文本框中分别输入 8、50 和 118。选择刚刚定义的圆心,得到如图 5-250 所示的孔。

图 5-248 "孔"对话框

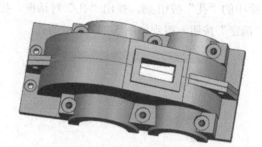

图 5-249 创建两个孔

图 5-250 再创建两个孔

30. 边倒圆 2

(1)选择"菜单"→"插入"→"细节特征"→"边倒圆"命令或单击"主页"功能区"特征"组中的"边倒圆"按钮,弹出"边倒圆"对话框。在"半径 1"文本框中输入 44,如图 5-251 所示。选择底座的 4 条边进行倒圆角操作,如图 5-252 所示。

图 5-251 "边倒圆"对话框

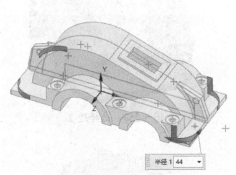

图 5-252 选择 4 条边

（2）单击"确定"按钮，得到如图 5-253 所示的圆角。

（3）再选择凸台的边进行倒圆角。圆角半径为 5 毫米，如图 5-254 所示，单击"确定"按钮，得到如图 5-255 所示的模型。

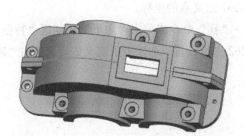

图 5-253 边倒圆结果 1

图 5-254 "边倒圆"对话框

（4）在图 5-256 和图 5-257 光标处进行倒圆角。圆角半径为 18 毫米，单击"确定"按钮，得到如图 5-258 所示的模型。

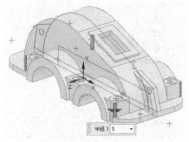

图 5-255 边倒圆结果 2

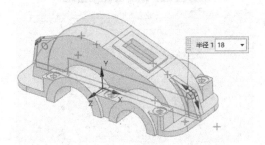

图 5-256 选择边 1

（5）选择凸台的边进行倒圆角。圆角半径为 15 毫米，单击"确定"按钮，得到如图 5-259 所示的模型。

（6）选择腔的边进行倒圆角。圆角半径为 5 毫米，单击"确定"按钮，得到如图 5-260 所示的模型。

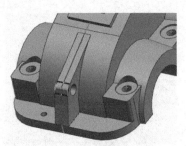
图 5-257　选择边 2

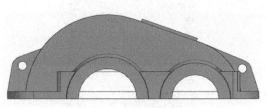
图 5-258　倒圆角结果 3

图 5-259　倒圆角结果 4

图 5-260　腔圆角结果

31. 创建孔 2

（1）选择"菜单"→"插入"→"基准/点"→"点"命令或单击"主页"功能区"特征"组中的"点"按钮 ＋，弹出"点"对话框。按图 5-261 定义点的坐标。

（2）选择"菜单"→"插入"→"设计特征"→"孔"命令或单击"主页"功能区"特征"组中的"孔"按钮，弹出"孔"对话框。按图 5-262 进行设置，选择刚刚定义的点，单击"确定"按钮，结果如图 5-263 所示。

图 5-261　"点"对话框

图 5-262　"孔"对话框

(3) 选择"菜单"→"插入"→"关联复制"→"阵列特征"命令或单击"主页"功能区"特征"组中的"阵列特征"按钮，弹出"阵列特征"对话框。选择刚刚创建的孔的特征为要形成阵列的特征，在"布局"下拉列表中选择"圆形"选项，按图 5-264 进行设置，单击"应用"按钮。操作方法同上，选择刚刚创建的孔，在"节距角"文本框中输入-60，单击"确定"按钮，结果如图 5-265 所示。

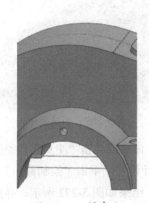

图 5-263 创建孔

图 5-264 "阵列特征"对话框

(4) 选择"菜单"→"插入"→"基准/点"→"点"命令或单击"主页"功能区"特征"组中的"点"按钮＋，弹出"点"对话框，按图 5-266 定义点的坐标。

图 5-265 阵列孔

图 5-266 "点"对话框

（5）选择"菜单"→"插入"→"设计特征"→"孔"命令或单击"主页"功能区"特征"组中的"孔"按钮，弹出"孔"对话框。按图 5-267 进行设置，选择刚刚创建的点，单击"确定"按钮，结果如图 5-268 所示。

（6）用上述方法在"点"对话框中输入坐标值（150，0，0），其他参数相同，得到如图 5-269 所示的外形。

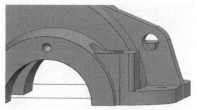

图 5-268 创建孔

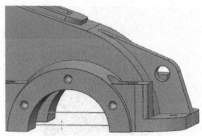

图 5-269 创建实体

图 5-267 "孔"对话框

（7）选择"菜单"→"插入"→"设计特征"→"孔"命令或单击"主页"功能区"特征"组中的"孔"按钮，弹出"孔"对话框。按图 5-270 进行设置，单击"绘制截面"按钮，选择如图 5-271 所示的平面为放置面，单击"确定"按钮，结果如图 5-272 所示，并返回"孔"对话框。单击"确定"按钮，创建孔，如图 5-273 所示。

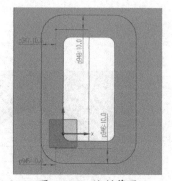

图 5-270 "孔"对话框　　　　图 5-271 选择平面　　　　图 5-272 绘制草图

32. 创建镜像特征

选择"菜单"→"插入"→"关联复制"→"镜像特征"命令或单击"主页"功能区"特征"组中的"镜像特征"按钮 ，弹出如图 5-274 所示的"镜像特征"对话框。在"要镜像的特征"选项中选择前面创建的 8 个孔。单击"平面"按钮 ，选择"XC-YC 平面"为镜像面，单击"确定"按钮，创建如图 5-275 所示的孔。

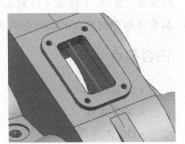

图 5-273　创建孔　　　　　图 5-274　"镜像特征"对话框　　　　图 5-275　镜像孔

33. 创建螺纹

（1）选择"菜单"→"插入"→"设计特征"→"螺纹"命令或单击"主页"功能区"特征"组中的"螺纹"按钮 ，弹出如图 5-276 所示的"螺纹切削"对话框。选择图 5-277 所示的孔的内表面，单击"确定"按钮得到螺纹模型。

（2）选择所有孔的内表面，得到如图 5-278 所示的最终效果。

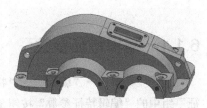

图 5-276　"螺纹切削"对话框　　　图 5-277　选择内表面　　　图 5-278　减速器机盖模型

第 6 章 编 辑 特 征

本章导读

初步完成三维实体建模之后，往往还需要做一些特征的更改编辑工作，需要使用更为高级的命令，另外，UG 还可以对来自其他 CAD 系统的模型或非参数化模型使用"直接建模"功能。本章详细介绍特征的编辑和同步建模功能。

内容要点

- 特征编辑
- 同步建模
- GC 工具箱

6.1 特征编辑

特征编辑主要是完成特征创建以后，对特征不满意的地方进行编辑的过程。用户可以重新调整尺寸、位置、先后顺序等，在多数情况下，会保留与其他对象建立起来的关联性，以满足新的设计要求。"编辑特征"组如图 6-1 所示，其中命令分布在"特征"子菜单下。

图 6-1 "编辑特征"组

6.1.1 编辑特征参数

选择"菜单"→"编辑"→"特征"→"编辑参数"命令或单击"主页"功能区"编辑特征"组中的"编辑特征参数"按钮 ，弹出如图 6-2 所示的"编辑参数"对话框。该选项用于在生成特征或自由形式特征的方式和参数值的基础上，编辑特征或曲面特征。用户的交互作用由所选择的特征或自由形式特征类型决定。

然后，选择一个要编辑的特征，根据所选特征，弹出如图 6-3 所示的"编辑参数"对话框。显示的选项可能会改变，以下就几种常用对话框选项进行介绍。

（1）特征对话框：列出选中特征的参数名和参数值，并可在其中输入新值。所有特征都出现在此选项中。例如一个带槽的长方体，想编辑槽的宽度。选择槽后，它的尺寸就显示在图形区域中。选择宽度尺寸，在对话框中输入一个新值即可。

(2) 重新附着：重新定义特征的特征参考，可以改变特征的位置和方向。可以重新附着的特征才出现此选项。如图 6-4 所示的"重新附着"对话框，部分选项功能如下。

图 6-2 "编辑参数"对话框 1　　图 6-3 "编辑参数"对话框 2　　图 6-4 "重新附着"对话框

①指定目标放置面：给被编辑的特征选择一个新的附着面。

②指定水平参考：给被编辑的特征选择新的水平参考。

③重新定义定位尺寸：选择定位尺寸并能重新定义它的位置。

④指定第一个通过面：重新定义被编辑的特征的第 1 个通过面/裁剪面。

⑤指定第二个通过面：重新定义被编辑的特征的第 2 个通过面/裁剪面。

⑥指定工具放置面：重新定义用户定义特征（UDF）的工具面。

⑦方向参考：选择想定义一个新的水平特征参考还是竖直特征参考（默认值始终是为已有参考设置的）。

⑧反向：将特征的参考方向反向。

⑨反侧：将特征重新附着于基准平面时，用它可以将特征的法向反向。

⑩指定原点：将重新附着的特征移动到指定原点，可以快速重新定位它。

⑪删除定位尺寸：删除选择的定位尺寸。如果特征没有任何定位尺寸，该选项就变成灰色。

6.1.2 编辑位置

选择"菜单"→"编辑"→"特征"→"编辑位置"命令或单击"主页"功能区"编辑特征"组中的"编辑位置"按钮，或者在部件导航器的相应对象上右击，在弹出的如图 6-5 所示的快捷菜单中选择"编辑位置"命令，弹出如图 6-6 所示的"编辑位置"对话框。

该选项允许通过编辑特征的定位尺寸来移动特征。可以添加尺寸、编辑尺寸值或删除尺寸。

（1）添加尺寸：给特征增加定位尺寸。

（2）编辑尺寸值：允许通过改变选中的定位尺寸的特征值来移动特征。

（3）删除尺寸：通过特征删除选中的定位尺寸。

需要注意的是，增加定位尺寸时，当前编辑对象的尺寸不能依赖于创建时间晚于它的特征体。

图 6-5 快捷菜单中的"编辑位置"命令

图 6-6 "编辑位置"对话框

6.1.3 移动特征

选择"菜单"→"编辑"→"特征"→"移动"命令或单击"主页"功能区"编辑特征"组中的"移动特征"按钮，弹出如图 6-7 所示的"移动特征"对话框。

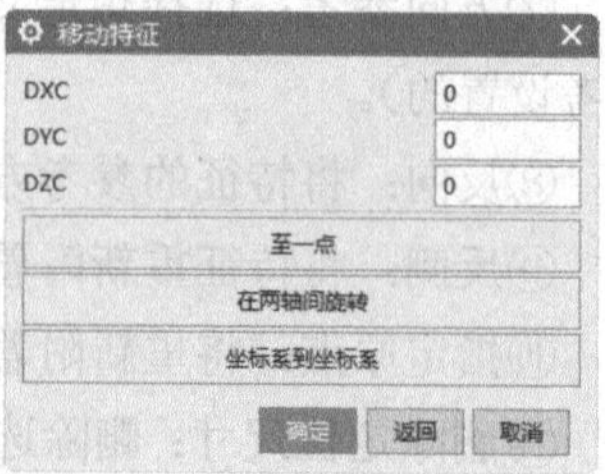

该选项可以把无关联的特征移到需要的位置，但不能移动位置已经用定位尺寸约束的特征。如果想移动这样的特征，需要使用"编辑定位尺寸"选项。

（1）DXC/DYC/DZC：用矩形坐标值（XC 增量、YC 增量、ZC 增量）指定距离和方向，可以移动一个特征。该特征相对于工作坐标系移动。

图 6-7 "移动特征"对话框

（2）至一点：可以将特征从参考点移动到目标点。

（3）在两轴间旋转：通过在参考轴和目标轴之间旋转特征来移动特征。

（4）坐标系到坐标系：将特征从参考坐标系中的位置重定位到目标坐标系中。

6.1.4 特征重排序

选择"菜单"→"编辑"→"特征"→"重排序"命令或单击"主页"功能区"编辑特征"组中的"重排序"按钮，弹出如图 6-8 所示的"特征重排序"对话框。

该选项允许改变将特征应用于体的次序。在选定参考特征之前或之后可对所需要的特征重排序。

6.1.5 替换特征

选择"菜单"→"编辑"→"特征"→"替换"命令或单击"主页"功能区"编辑特征"组中的"替换特征"按钮，弹出如图6-9所示的"替换特征"对话框。

图6-8 "特征重排序"对话框

图6-9 "替换特征"对话框

（1）要替换的特征：选择要替换的原始特征。原始特征可以是相同体上的一组特征、一个基准平面特征或一个基准轴特征。

（2）替换特征：选择一些特征作为替换特征，来替换在"原始特征"选择步骤中选中的那些特征。

（3）原始父级：允许为替换子特征选择新的父特征。

替换特征可改变设计的基本几何体，而无须从头开始重构所有依附特征；允许替换体和基准，并允许将依附特征应用到新特征上，从而保持与后段流程特征的关联。

6.1.6 抑制和取消抑制特征

（1）选择"菜单"→"编辑"→"特征"→"抑制"命令或单击"主页"功能区"编辑特征"组中的"抑制"按钮，弹出如图6-10所示的"抑制特征"对话框。

该选项允许临时从目标体及显示中删除一个或多个特征，当抑制有关联的特征时，关联的特征也被抑制。

实际上，抑制的特征依然存在于数据库里，只是将其从模型中删除了。因为特征依然存在，所以可以用"取消抑制"功能调用它们。如果不想让对话框中"选中的特征"列表里包括任何依附，可以关闭"列出依附的"（如果选中的特征有许多依附，该操作可显著减少执行时间）。

（2）选择"菜单"→"编辑"→"特征"→"取消抑制"命令或单击"主页"功能区"编辑特征"组中的"取消抑制"按钮，弹出"取消抑制特征"对话框，可调用先前抑制的特征。如果"编辑时延迟更新"处于激活状态，则不可用。

6.1.7 由表达式抑制

选择"菜单"→"编辑"→"特征"→"由表达式抑制"命令或单击"主页"功能区"编辑特征"组中的"由表达式抑制"按钮，弹出如图 6-11 所示的"由表达式抑制"对话框。

该选项可利用表达式编辑器用表达式来抑制特征。此表达式编辑器提供一个可用于编辑的抑制表达式列表。如果"编辑时延迟更新"处于激活状态，则不可用。

图 6-10 "抑制特征"对话框

图 6-11 "由表达式抑制"对话框

（1）为每个创建：允许为每个选中的特征生成单个抑制表达式。对话框显示所有特征，可以是被抑制的或被释放的及无抑制表达式的特征。如果选中的特征被抑制，则其新的抑制表达式的值为 0，否则为 1。按升序自动生成抑制表达式（如 p22、p23、p24……）。

（2）创建共享的：允许生成被所有选中特征公用的单个抑制表达式。对话框显示所有特征，可以是被抑制的或被释放的及无抑制表达式的特征。所有选中的特征必须具有相同的状态，或者是被抑制的，或者是被释放的。如果它们是被抑制的，则其抑制表达式的值为 0，否则为 1。当编辑表达式时，如果任何特征被抑制或被释放，则其他有相同表达式的特征也被抑制或被释放。

（3）为每个删除：允许删除选中特征的抑制表达式。对话框显示具有抑制表达式的所有特征。

（4）删除共享的：允许删除选中特征公用的抑制表达式。对话框显示包含公用的抑制表达式的所有特征。如果选择特征，则对话框高亮显示公用该相同表达式的其他特征。

6.1.8 移除参数

选择"菜单"→"编辑"→"特征"→"移除参数"命令或单击"主页"功能区"编辑特征"组中的"移除参数"按钮，弹出如图 6-12 所示的"移除参数"对话框。

该选项允许从一个或多个实体和片体中删除所有参数。还可以从与特征相关联的曲线和点删除参数，使其非相关联。如果"编辑时延迟更新"处于激活状态，则不可用。

6.1.9 编辑实体密度

选择"菜单"→"编辑"→"特征"→"实体密度"命令或单击"主页"功能区"编辑特征"组中的"实体密度"按钮，弹出如图6-13所示的"指派实体密度"对话框。

图6-12 "移除参数"对话框

图6-13 "指派实体密度"对话框

该选项可以改变一个或多个已有实体的密度和/或密度单位。改变密度单位后，系统可重新计算新单位的当前密度值，如果需要也可以改变密度值。

6.1.10 特征重播

选择"菜单"→"编辑"→"特征"→"重播"命令或单击"主页"功能区"编辑特征"组中的"重播"按钮，弹出如图6-14所示的"特征重播"对话框。

该选项可以逐特征地查看模型是如何生成的。

当模型更新时，也可以编辑模型。可以向前或向后移动任何特征，然后编辑它，最后移向另一个特征；随时都可以启动模型的更新，从当前特征开始，一直持续到模型完成或特征更新失败。

如果在模型更新过程中出现失败或警告信息，就会运行"更新时编辑"（EDU）程序。在一系列操作过程中，模型可以更新，这些操作包括特征更新、抑制和删除。重播也启动EDU，从第一个特征开始更新。

图6-14 "特征重播"对话框

（1）重播控制：可用于模型的查看和编辑。

① 开始：转至起始特征。

② 上一个：在模型中一次移回一个特征。

③ 播放：从当前选定特征开始重播。

④ 下一个：在模型中一次前进一个特征。

⑤ 下一个布尔：转至下一个布尔特征。

⑥ 结束：直接转至终点或第一个错误条件，无须重播每个步骤。

（2）时间戳记数：用于指定要开始重播的特征的时间戳记（计）数。可以在文本框中输入数字或移动滑块来改变该值。

（3）步骤之间的秒数：指定在特征重播的每个步骤之间暂停的秒数。

6.2 同步建模

同步建模技术扩展了 Unigraphics 软件的某些较基本的功能。其中包括面向面的操作、基于约束的方法、圆角的重新生成和特征历史的独立。可以对来自其他 CAD 系统的模型或非参数化的模型使用同步建模功能。

"同步建模"组如图 6-15 所示,其中部分命令分布在"同步建模"子菜单下,如图 6-16 所示。

图 6-15 "同步建模"组

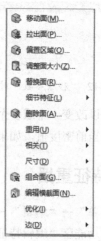

图 6-16 "同步建模"子菜单

6.2.1 调整面大小

调整面大小

选择"菜单"→"插入"→"同步建模"→"调整面大小"命令或单击"主页"功能区"同步建模"组中的"调整面大小"按钮,弹出如图 6-17 所示的"调整面大小"对话框。

该选项可以改变圆柱面或球面的直径,以及锥面的半角,还能重新生成相邻圆角面。

调整面大小忽略模型的特征历史,是一种修改模型的快速而直接的方法。它的另一个好处是能重新生成圆角面。

(1)选择面:选择需要重设大小的圆柱面、球面或锥面。当选择了第一个面后,直径或角度的值显示在"直径"或"角度"文本框中。

(2)面查找器:用于根据面的几何形状与选定面的比较结果来选择面。

(3)直径:为所有选中的圆柱面或球面的直径指定新值。

6.2.2 偏置区域

偏置区域

选择"菜单"→"插入"→"同步建模"→"偏置区域"命令或单击"主页"功能区"同步建模"组中的"偏置区域"按钮,弹出如图 6-18 所示的"偏置区域"对话框。

(1)选择面:选择用来偏置的面。

(2)面查找器:用于根据面的几个形状与选定面的比较结果来选择面。

(3)溢出行为:用于控制移动的面的溢出特性,以及与其他面的交互方式。

图 6-17 "调整面大小"对话框

图 6-18 "偏置区域"对话框

该选项可以在单个步骤中偏置一组面或一个整体。相邻的圆角面可以有选择地重新生成。可以使用与"抽取几何体"选项下的"抽取区域"相同的种子和边界方法抽取区域来指定面，或是把面指定为目标面。

6.2.3 替换面

选择"菜单"→"插入"→"同步建模"→"替换面"命令或单击"主页"功能区"同步建模"组中的"替换面"按钮，弹出如图 6-19 所示的"替换面"对话框。

该选项能够用另一个面替换一组面，同时还能重新生成相邻的圆角面。当需要改变面的几何体时，比如需要简化它或用一个复杂的曲面替换它时，就可以使用该选项。甚至可以在非参数化的模型上使用"替换面"命令。

（1）原始面：选择一个或多个要替换的面。

（2）替换面：选择一个面来替换目标面。只可以选择一个面，在某些情况下对一个替换面操作会出现多种可能的结果，可以用"反向"按钮在这些可能之间进行切换。

（3）溢出行为：用于控制移动的面的溢出特性，以及与其他面的交互方式。

移动面

6.2.4 移动面

选择"菜单"→"插入"→"同步建模"→"移动面"命令或单击"主页"功能区"同步建模"组中的"移动面"按钮，弹出如图 6-20 所示的"移动面"对话框。

该选项提供了在体上局部地移动面的简单方式，甚至可以移动体上所有的面。对于一个需要调整的原型模型来说，此选项很有用，而且快速，使用方便。该选项提供了圆角的识别和重新生成功能，而且不依附于建模历史。

图 6-19 "替换面"对话框　　　　图 6-20 "移动面"对话框

（1）选择面：选择要调整大小的圆柱面、球面或圆锥面。
（2）面查找器：前已述及，不再详述。
（3）变换：为要移动的面提供线性和角度变换方法。
①距离-角度：按方向矢量，将选中的面区域移动一定的距离和角度。
②距离：按方向矢量和位移距离，移动选中的面区域。
③角度：按方向矢量和角度值，移动选中的面区域。
④点之间的距离：按方向矢量，将选中的面区域从指定点移动到测量点。
⑤径向距离：按方向矢量，将选中的面区域从轴点移动到测量点。
⑥点到点：把选中的面区域从一个点移动到另一个点。
⑦根据三点旋转：在三点中旋转选中的面区域。
⑧将轴与矢量对齐：在两轴间旋转选中的面区域。
⑨坐标系到坐标系：把选中的面区域从一个坐标系移动到另一个坐标系。
⑩增量 XYZ：选中的面区域根据输入的 X、Y、Z 值移动。
（4）溢出行为：用于控制移动的面的溢出特性，以及与其他面的交互方式。
①自动：拖动选中的面，使其从选中的面或固定面开始延伸，具体取决于哪种结果对体积和面积造成的更改最小。
②延伸更改面：将移动面延伸到它所遇到的其他面中，或是将它移到其他面之后。
③延伸固定面：延伸移动面，直到遇到固定面。
④延伸端盖面：延伸已修改的面并在其越过某边时加端盖。

6.3　GC 工具箱

通过本节的学习，可以快速创建齿轮、弹簧等符合中国国标的一些标准零件。

6.3.1 齿轮建模

齿轮建模

选择"菜单"→"GC 工具箱"→"齿轮建模"命令,如图 6-21 所示,打开"齿轮建模"子菜单。选择"柱齿轮"命令,弹出"渐开线圆柱齿轮建模"对话框,如图 6-22 所示。

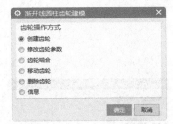

图 6-21 "齿轮建模"子菜单　　　　图 6-22 "渐开线圆柱齿轮建模"对话框

（1）创建齿轮:创建新的齿轮。选择该选项,单击"确定"按钮,弹出如图 6-23 所示的"渐开线圆柱齿轮类型"对话框。

①直齿轮:平行于齿轮轴线的齿轮。

②斜齿轮:与轴线成一角度的齿轮。

③外啮合齿轮:齿顶圆直径大于齿根圆直径的齿轮。

④内啮合齿轮:齿顶圆直径小于齿根圆直径的齿轮。

⑤滚齿:用滚刀按展成法加工齿轮的齿面。

⑥插齿:用插齿刀按展成法或成形法加工内、外齿轮或齿条等的齿面。

选择适当参数后,单击"确定"按钮,弹出如图 6-24 所示的"渐开线圆柱齿轮参数"对话框。

图 6-23 "渐开线圆柱齿轮类型"对话框　　图 6-24 "渐开线圆柱齿轮参数"对话框

⑦标准齿轮:根据标准的模数、齿宽及压力角创建的齿轮。

⑧变位齿轮:通过改变刀具和轮坯的相对位置来切制的齿轮。"变位齿轮"选项卡如图 6-25 所示。

（2）修改齿轮参数:选择该选项,单击"确定"按钮,弹出"选择齿轮进行操作"对话框。

选择要修改的齿轮，单击"确定"按钮，在弹出的"渐开线圆柱齿轮参数"对话框中修改齿轮参数。

（3）齿轮啮合：选择该选项，单击"确定"按钮，弹出如图6-26所示的"选择齿轮啮合"对话框。选择要啮合的齿轮，分别设置为主动齿轮和从动齿轮。

图6-25 "渐开线圆柱齿轮参数—变位齿轮"对话框　　　　图6-26 "选择齿轮啮合"对话框

（4）移动齿轮：选择要移动的齿轮，将其移动到适当位置。

（5）删除齿轮：删除视图中不需要的齿轮。

（6）信息：显示选择的齿轮的信息。

6.3.2 实例——柱齿轮

实例——柱齿轮

首先利用GC工具箱中的"柱齿轮"命令创建柱齿轮的主体，然后绘制轴孔草图，利用"拉伸"命令来创建轴孔，如图6-27所示。

图6-27 柱齿轮

1. 新建文件

选择"文件"→"新建"命令、选择"菜单"→"文件"→"新建"命令或按 Ctrl+N 组合键,弹出"新建"对话框。在"模型"选项卡中选择"模型"模板,在"新文件名"的"名称"文本框中输入 zhuchilun,单击"确定"按钮,进入建模环境。

2. 创建齿轮基体

(1)选择"菜单"→"GC 工具箱"→"齿轮建模"→"柱齿轮"命令,弹出如图 6-22 所示的"渐开线圆柱齿轮建模"对话框。

(2)选择"创建齿轮"选项,单击"确定"按钮,弹出如图 6-23 所示的"渐开线圆柱齿轮类型"对话框。选择"直齿轮""外啮合齿轮"和"滚齿"选项,单击"确定"按钮,弹出如图 6-24 所示的"渐开线圆柱齿轮参数"对话框。在"标准齿轮"选项卡的"模数(毫米)""牙数""齿宽(毫米)"和"压力角(度数)"文本框中分别输入 3、21、24 和 20,如图 6-28 所示,单击"确定"按钮,弹出如图 6-29 所示的"矢量"对话框。在"类型"下拉列表中选择"ZC 轴"选项,单击"确定"按钮,弹出如图 6-30 所示的"点"对话框。输入坐标点(0,0,0),单击"确定"按钮,生成柱齿轮,如图 6-31 所示。

图 6-28 "渐开线圆柱齿轮参数—标准齿轮"对话框　　　图 6-29 "矢量"对话框

图 6-30 "点"对话框　　　图 6-31 创建柱齿轮

3. 创建草图

（1）选择"菜单"→"插入"→"在任务环境中绘制草图"命令，进入草图任务环境并弹出如图 6-32 所示的"创建草图"对话框。在工作区中选择圆柱齿轮的外表面为工作平面，单击"确定"按钮。

（2）单击"主页"功能区"曲线"组中的"圆"按钮○，弹出如图 6-33 所示的"圆"对话框。单击"圆心和直径定圆"按钮⊙，在弹出的数值输入框中输入坐标值（0，0）、直径值 24。

（3）单击"主页"功能区"曲线"组中的"直线"按钮╱，弹出"直线"对话框。单击"坐标模式"按钮 XY，在弹出的数值输入框中输入坐标值（-3，14）、长度值 6 和角度值 0，绘制直线 1；再选择直线 1 的左端点，输入长度值 10 和角度值 270，绘制直线 2；选择直线 1 的右端点，输入长度值 10 和角度值 270，绘制直线 3。

（4）单击"主页"功能区"曲线"组中的"快速修剪"按钮，去除多余边。处理后的草图如图 6-34 所示。选择"菜单"→"任务"→"完成草图"命令或单击"主页"功能区"草图"组中的"完成"按钮，返回建模环境。

图 6-32 "创建草图"对话框

图 6-33 "圆"对话框

图 6-34 创建草图

4. 创建拉伸

选择"菜单"→"插入"→"设计特征"→"拉伸"命令或单击"主页"功能区"特征"组中的"拉伸"按钮，弹出如图 6-35 所示的"拉伸"对话框。选择刚刚绘制的草图为拉伸曲线，在"指定矢量"下拉列表中选择"-ZC 轴"选项，在"结束"下拉列表中选择"贯通"选项，在"布尔"下拉列表中选择"减去"选项，单击"确定"按钮，生成如图 6-27 所示的柱齿轮。

6.3.3 弹簧设计

弹簧设计

选择"菜单"→"GC 工具箱"→"弹簧设计"命令，打开"弹簧设计"子菜单，如图 6-36 所示。选择一种创建方式后，弹出弹簧的创建步骤对话框。例如，选择"圆柱压缩弹簧"命令，弹出"圆柱压缩弹簧—类型"对话框，如图 6-37 所示。

（1）类型：选择类型、创建方式和轴的位置。

图 6-35 "拉伸"对话框

图 6-36 "弹簧设计"子菜单

（2）输入参数：输入弹簧的各个参数，如图 6-38 所示。

图 6-37 "圆柱压缩弹簧—类型"对话框

图 6-38 "圆柱压缩弹簧—输入参数"对话框

（3）显示结果：显示设计好的弹簧的各个参数。

6.3.4 实例——圆柱拉伸弹簧

实例——
圆柱拉伸
弹簧

利用"圆柱拉伸弹簧"命令，在相应的对话框中输入弹簧参数，直接创建弹簧，如图 6-39 所示。

（1）启动 UG NX 12.0 软件。

（2）选择"文件"→"新建"命令、选择"菜单"→"文件"→"新建"命令或按 Ctrl+N 组合键，弹出"新建"对话框。在"模型"选项卡中选择"模型"模板，在"新文件名"的"名称"文本框中输入 tanhuang，单击"确定"按钮，进入建模环境。

（3）选择"菜单"→"GC 工具箱"→"弹簧设计"→"圆柱拉伸弹簧"命令，弹出如图 6-40 所示的"圆柱拉伸弹簧—类型"对话框。

图 6-39 圆柱拉伸弹簧

图 6-40 "圆柱拉伸弹簧—类型"对话框

（4）选择"选择类型"为"输入参数"，选择"创建方式"为"在工作部件中"，其余保持默认设置，单击"下一步"按钮，弹出"圆柱拉伸弹簧－输入参数"对话框，如图 6-41 所示。

（5）选择"旋向"为"右旋"，选择"端部结构"为"圆钩环"，输入中间直径值 30、材料直径值 4、有效圈数 12.5，单击"下一步"按钮，弹出"圆柱拉伸弹簧－显示结果"对话框，如图 6-42 所示，显示弹簧的各个参数。

图 6-41 "圆柱拉伸弹簧—输入参数"对话框

图 6-42 "圆柱拉伸弹簧—显示结果"对话框

（6）单击"完成"按钮，完成弹簧的创建，如图 6-39 所示。

6.4 综合实例——编辑端盖

综合实例——编辑端盖

（1）打开本书教学资源中的文件 yuanwenjian\chapter6\duangai.prt，如图 6-43 所示。

（2）选择"菜单"→"编辑"→"特征"→"编辑参数"命令或单击"主页"功能区"编辑特征"组中的"编辑特征参数"按钮，弹出如图 6-44 所示的"编辑参数"对话框。选择"实例[0](8)/拉伸(8)"选项，单击"确定"按钮，弹出如图 6-45 所示的"编辑参数"对话框。单击"特征对话框"按钮，弹出如图 6-46 所示的"拉伸"对话框。将结束距离值改为 40，单击"确定"按钮，返回如图 6-45 所示的"编辑参数"对话框。

图 6-43 端盖

图 6-44 "编辑参数"对话框 1

图 6-45 "编辑参数"对话框 2

(3) 单击"实例阵列对话框"按钮,弹出如图 6-47 所示的"编辑参数"对话框。修改数量值为 6,修改角度值为 60,连续单击"确定"按钮,完成特征参数的修改,如图 6-48 所示。

图 6-46 "拉伸"对话框

图 6-47 "编辑参数"对话框 3

图 6-48 修改实例阵列参数后的端盖

(4) 选择"菜单"→"编辑"→"特征"→"编辑参数"命令或单击"主页"功能区"编辑特征"组中的"编辑特征参数"按钮,弹出如图 6-44 所示的"编辑参数"对话框。选择"实例[0](10)/简单孔(10)"选项,如图 6-49 所示。单击"确定"按钮,弹出如图 6-50 所示的"编辑参数"对话框。单击"更改类型"按钮,弹出如图 6-51 所示的"编辑参数"对话框。选择"沉头孔"类型,单击"确定"按钮,弹出如图 6-52 所示的"编辑参数"对话框,输入沉头直径值 16、沉头孔深度值 2、直径值 10、深度值 50 和顶锥角值 0,单击"确定"按钮,返回如图 6-50 所示的"编辑参数"对话框,单击"确定"按钮。

图 6-49 "编辑参数"对话框 1

图 6-50 "编辑参数"对话框 2

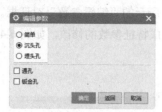
图 6-51 "编辑参数"对话框 3

图 6-52 "编辑参数"对话框 4

（5）选择"菜单"→"编辑"→"特征"→"编辑位置"命令或单击"主页"功能区"编辑特征"组中的"编辑位置"按钮，弹出如图 6-53 所示的"编辑位置"对话框。选择"圆形阵列(11)"选项，单击"确定"按钮，弹出如图 6-54 所示的"编辑位置"对话框。单击"编辑尺寸值"按钮，弹出如图 6-55 所示的"编辑位置"对话框。在文本框中输入 50，弹出如图 6-56 所示的"编辑表达式"对话框。修改尺寸值为 45，连续单击"确定"按钮，完成特征参数的修改，如图 6-57 所示。

图 6-53 "编辑位置"对话框 1

图 6-54 "编辑位置"对话框 2

图 6-55 "编辑位置"对话框 3

图 6-56 "编辑表达式"对话框

图 6-57 修改圆形阵列参数后的端盖

（6）选择"菜单"→"编辑"→"特征"→"抑制"命令或单击"主页"功能区"编辑特征"组中的"抑制"按钮，弹出如图 6-58 所示的"抑制特征"对话框。选择"斜倒角(14)"选项，单击"确定"按钮。抑制倒角特征后的端盖如图 6-59 所示。

（7）选择"菜单"→"编辑"→"特征"→"取消抑制"命令或单击"主页"功能区"编辑特征"组中的"取消抑制"按钮，弹出如图 6-60 所示的"取消抑制特征"对话框。选择刚刚抑制的倒角特征，单击"确定"按钮，抑制的特征重新显示，如图 6-61 所示。

图 6-58 "抑制特征"对话框　　　　　图 6-59 抑制倒角特征后的端盖

图 6-60 "取消抑制特征"对话框　　　图 6-61 取消抑制倒角特征后的端盖

第 7 章 曲面功能

本章导读

UG 中不仅提供了基本的特征建模模块，而且提供了强大的自由曲面特征建模及相应的编辑和操作功能，包括 20 多种自由曲面造型的创建方式，用户可以利用它们完成各种复杂曲面及非规则实体的创建，以及相关的编辑工作。强大的自由曲面功能是 UG 众多模块功能中的亮点之一。

内容要点

- 创建曲面
- 编辑曲面

7.1 创建曲面

本节主要介绍基本的曲面命令，即通过点和曲线构建曲面。然后进一步介绍由曲面创建曲面的命令，使读者掌握基本的曲面造型方法。

7.1.1 通过点或从极点

选择"菜单"→"插入"→"曲面"→"通过点"/"从极点"命令或单击"曲面"功能区"曲面"组中的"通过点"/"从极点"按钮◆/◆，弹出"通过点"/"从极点"对话框。如图 7-1 所示为"通过点"对话框。

"通过点"命令可以定义体将通过的点的矩形阵列。体插补每个指定点。使用这个命令，可以很好地控制体，使它总是通过指定的点。

"从极点"命令可以指定点为定义片体外形的控制网极点（顶点）。使用极点可以更好地控制体的全局外形和字符更好地避免片体中不必要的波动（曲率的反向）。

1. "通过点"/"从极点"对话框

"通过点"对话框和"从极点"对话框中的选项相同。

（1）补片类型：用于指定生成单面片或多面片的体。

①单个：生成仅由一个面片组成的体。

②多个：生成由单面片矩形阵列组成的体。

（2）沿以下方向封闭：可以从下列选项中选择一种方式来封闭一个多面片体。

①两者皆否：片体以指定的点开始和结束。

②行：点/极点的第一列变成最后一列。

③列：点/极点的第一行变成最后一行。

④两者皆是：在两个方向（行和列）上封闭体。如果选择在两个方向上封闭体，或者在一个方向上封闭体且另一个方向的端点是平的，则生成实体。

（3）行次数：U 向，可以为多面片指定行阶次（1～24），其默认值为 3。对于单面片来说，系统决定行阶次从点数最高的行开始。

（4）列次数：V 向，可以为多面片指定列阶次（最多为指定行的阶次减一），其默认值为 3。对于单面片来说，系统将此设置为指定行的阶次减一。

（5）文件中的点：可以通过选择包含点的文件来定义这些点。每个点在单独行上用 XYZ 坐标来描述，用制表符或空格分开。

2."过点"对话框

当用户完成"通过点"或"从极点"对话框设置后，单击"确定"按钮，弹出如图 7-2 所示的"过点"对话框。用户可利用该对话框选择定义点，但该对话框选项仅用于根据点定义的命令。

图 7-1 "通过点"对话框

图 7-2 "过点"对话框

（1）全部成链：用于链接已存在的定义点，但点与点之间需要一定的距离。它用来定义起点与终点，获取起点与终点之间链接的点。

（2）在矩形内的对象成链：用于通过拖动鼠标定义矩形方框来选择定义点，并链接矩形方框内的点。

（3）在多边形内的对象成链：用于通过拖动鼠标定义多边形方框来选择定义点，并链接多边形方框内的点。

（4）点构造器：通过点构造器选择定义点的位置。每指定一行点后，系统都会用对话框提示"是"或"否"确定当前定义点。

7.1.2 拟合曲面

选择"菜单"→"插入"→"曲面"→"拟合曲面"命令或单击"曲面"功能区"曲面"组中的"拟合曲面"按钮，弹出如图 7-3 所示的"拟合曲面"对话框。

图 7-3 "拟合曲面"对话框

首先需要创建一些数据点，接着选择点，再将这些数据点组成一个组才能进行对象的选择（注意组的名称只支持英文），然后调节各个参数，最后生成所需要的曲面或平面。

（1）类型：用户可根据需求选择拟合自由曲面、拟合平面、拟合球、拟合圆柱或拟合圆锥。

（2）目标：用于选择目标对象或颜色编码区域。

（3）拟合方向：指定投影方向与方位。

①最适合：如果目标基本上是矩形，具有可识别的长度、宽度和方向，以及具备或多或少的平面性，则可选择该选项。拟合方向和 U/V 方位会自动确定。

②矢量：如果目标基本上是矩形，具有可识别的长度、宽度和方向，但曲率很大，则可选择该选项。

③方位：如果目标具有复杂的形状或旋转对称，则可选择该选项。使用方位操控器和"矢量"对话框指定拟合方向和大致的 U/V 方位。

④坐标系：如果目标具有复杂的形状或旋转对称，并且需要使方位与现有几何体关联，则可选择该选项。使用"坐标系"选项和"坐标系"对话框指定拟合方向和大致的 U/V 方位。

（4）边界：通过指定 4 个新边界点来延长或限制拟合曲面的边界。

（5）参数化：改变 U 向和 V 向的次数与补片数，从而调节曲面。

①次数：指定拟合曲面在 U 向和 V 向的次数。

②补片数：指定 U 向和 V 向的曲面补片数。

（6）光顺因子：拖动滑块可直接影响曲面的平滑度。曲面越平滑，与目标的偏差越大。

（7）结果：根据用户所生成的曲面计算的最大误差和平均误差。

7.1.3 直纹

直纹

选择"菜单"→"插入"→"网格曲面"→"直纹"命令或单击"曲面"功能区"曲面"组中的"直纹"按钮，弹出如图 7-4 所示的"直纹"对话框。

截面线串可以由单个或多个对象组成，每个对象可以是曲线、实边或实面，也可以选择曲线的点或端点作为两个截面线串中的第 1 个对象。

1. 截面线串 1/截面线串 2

该选项用于选择第 1 组/第 2 组截面曲线。

需要注意的是，在选择截面线串 1 和截面线串 2 时，两组的方向要一致，如图 7-5 所示。如果两组截面线串的方向相反，则生成的曲面是扭曲的。

2. 对齐

通过直纹构建片体需要在两组截面线串上确定对应点后用直线将其连接起来，这样一个曲面就形成了。因此，对齐方式改变了截面线串上对应点的分布情况，从而调整了构建的片体。在选择线串后可以进行对齐方式的设置，包括"参数"和"根据点"两种方式。

（1）参数：在构建曲面特征时，两条截面曲线上所对应的点是根据截面曲线的参数方程进行计算的，所以，两组截面曲线对应的直线部分是根据等距离来划分连接点的，两组截面曲线对应的曲线部分是根据等角度来划分连接点的。

图 7-4 "直纹"对话框

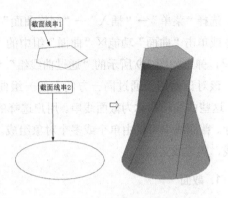

图 7-5 "直纹"示意图

选择"参数"选项后,利用如图 7-6 所示的截面曲线来构建曲面的操作如下:首先设置网格线,网格线又称"等参数曲线",主要用于曲面的显示,选择"菜单"→"首选项"→"建模"命令,弹出"建模首选项"对话框。将网格线中的 U 和 V 均设置为 6,这样构建的曲面将会显示出网格线。选择线串后,将对齐方式设置为"参数",单击"确定"或"应用"按钮,生成的片体如图 7-7 所示;如果选择的截面对象都为封闭曲线,生成的结果是实体,如图 7-8 所示。

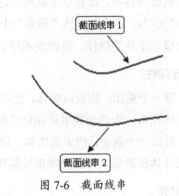

图 7-6 截面线串

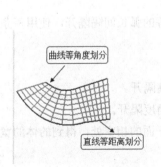

图 7-7 "参数"方式构建曲面(片体)

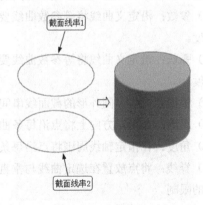

图 7-8 "参数"方式构建曲面(实体)

(2)根据点:在两组截面线串上选择对应的点(同一点允许重复选择)作为强制的对应点,选择的顺序决定片体的路径走向。一般在截面线串中含有角点时选择应用"根据点"方式。

3. G0(位置)

"G0(位置)"表示距离公差,可用来设置选择的截面曲线与生成的片体之间的误差值。设置值为 0 时,将会完全沿着所选择的截面曲线构建片体。

7.1.4 通过曲线组

通过曲线组

选择"菜单"→"插入"→"网格曲面"→"通过曲线组"命令或单击"曲面"功能区"曲面"组中的"通过曲线组"按钮，弹出如图 7-9 所示的"通过曲线组"对话框。

该对话框用于通过同一方向上的一组曲线轮廓生成一个体。这些曲线轮廓称为截面线串。用户选择的截面线串定义体的行。截面线串可以由单个或多个对象组成。每个对象可以是曲线、实边或实面。

1. 截面

选择曲线或点：选择截面线串时，一定要注意顺序，而且每选择一条截面线串，都要单击鼠标中键，直到所选线串出现在"列表"中为止。也可对该"列表"中的所选截面线串进行删除、上移、下移等操作，以改变顺序。

2. 连续性

（1）第一个截面：约束该实体，使得它和一个或多个选定的面或片体在第一个截面线串处相切或曲率连续。

（2）最后一个截面：约束该实体，使得它和一个或多个选定的面或片体在最后一个截面线串处相切或曲率连续。

图 7-9 "通过曲线组"对话框

3. 对齐

该选项用于控制选定的截面线串之间的对齐方式。

（1）参数：沿定义曲线将等参数曲线要通过的点以相等的参数间隔隔开，使用每条曲线的整个长度。

（2）弧长：沿定义曲线将等参数曲线要通过的点以相等的弧长间隔隔开，使用每条曲线的整个长度。

（3）根据点：将不同外形的截面线串间的点对齐。

（4）距离：在指定方向上将点沿每条曲线以相等的距离隔开。

（5）角度：在指定轴线周围将点沿每条曲线以相等的角度隔开。

（6）脊线：将点放置在选定曲线与垂直于输入曲线的平面的相交处，得到的体的宽度受这条脊线的限制。

4. 补片类型

该选项用于生成一个包含单个或多个面片的体。面片是片体的一部分。使用越多的面片来生成片体，用户就可以对片体的曲率进行越多的局部控制。当生成片体时，最好将用于定义片体的面片的数目降到最少。限制面片的数目可改善后续程序的性能并产生一个更光滑的片体。

5. V 向封闭

对于多个片体来说，沿行（U 向）的体封闭状态取决于选定截面线串的封闭状态。如果所选的截面线串全部封闭，则片体将沿 U 向封闭。当勾选了"V 向封闭"复选框时，片体沿列（V 向）封闭。如果截面线串封闭且勾选了该复选框，则生成实体。

6. 公差

该选项用于输入几何体和得到的片体之间的最大距离。其默认值是在"用户默认设置"对话框中设置的。

7.1.5 通过曲线网格

选择"菜单"→"插入"→"网格曲面"→"通过曲线网格"命令或单击"曲面"功能区"曲面"组中的"通过曲线网格"按钮 ，弹出如图 7-10 所示的"通过曲线网格"对话框。

该对话框用于在沿着两个不同方向的一组现有的曲线轮廓（称为线串）上生成体。生成的曲线网格体表达式是双三次多项式。这意味着它在 U 向和 V 向的次数都是 3 次（阶次为 3）。该方式只在主线串和交叉线串不相交时才有意义。如果线串不相交，则生成的体会通过主线串或交叉线串，或两者均分。

（1）第一主线串：约束该实体，使得它和一个或多个选定的面或片体在第一条主线串处相切或曲率连续。

（2）最后主线串：约束该实体，使得它和一个或多个选定的面或片体在最后一条主线串处相切或曲率连续。

（3）第一交叉线串：约束该实体，使得它和一个或多个选定的面或片体在第一条交叉线串处相切或曲率连续。

图 7-10 "通过曲线网格"对话框

（4）最后交叉线串：约束该实体，使得它和一个或多个选定的面或片体在最后一条交叉线串处相切或曲率连续。

（5）着重：让用户决定哪一组控制线串对曲线网格体的形状更有影响力。

①两者皆是：主线串和交叉线串（横向线串）有同样的效果。

②主线串：主线串更有影响力。

③交叉线串：交叉线串更有影响力。

（6）构造。

①法向：使用标准过程建立曲线网格曲面。和其他"构造"选项相比，该选项将使用更多数目的补片来生成体或曲面。

②样条点：通过为输入曲线使用点和这些点处的斜率值来生成体。选择的曲线必须是有相同数目定义点的单根 B 样条。

这些曲线通过它们的定义点临时地重新参数化（保留所有用户定义的斜率值）。然后这些临时的曲线用于生成体。这有助于用更少的补片生成更简单的体。

③简单：建立尽可能简单的曲线网格曲面。

（7）重新构建：通过重新定义主曲线或交叉曲线的次数和公差来帮助用户构建光滑曲面。仅当"构造"选项为"法向"时，该选项可用。

①无：不需要重构主曲线或交叉曲线。

②次数和公差：通过手动选取主曲线或交叉曲线来替换原曲线，并为生成的曲面指定 U 向/V 向次数。节点数会依据 G0、G1、G2 的公差值按需插入。

③自动拟合：通过指定最高次数和最大段数来重构曲面，系统会自动尝试利用最高次数来重构曲面，如果达不到要求，则会再利用最大段数来重构曲面。

（8）G0/G1/G2：用来限制生成的曲面与初始曲线间的公差。G0 的默认值为位置公差，G1 的默认值为相切公差，G2 的默认值为曲率公差。

7.1.6 扫掠

选择"菜单"→"插入"→"扫掠"→"扫掠"命令或单击"曲面"功能区"曲面"组中的"扫掠"按钮，弹出如图 7-11 所示的"扫掠"对话框。

该对话框用于构造扫掠体，用预先描述的方式沿一条空间路径移动的曲线轮廓将扫掠体定义为扫掠外形轮廓。该移动曲线轮廓称为截面线串；该路径称为引导线串，因为它用于引导运动。

引导线串在扫掠方向上控制着扫掠体的方向和比例。引导线串可以由单个或多个分段组成。每个分段可以是曲线、实体边或实体面。每条引导线串的所有对象都必须光顺且连续。必须提供 1～3 条引导线串。截面线串不必光顺，而且每条截面线串内对象的数量可以不同。可以输入 1～150 范围内任何数量的截面线串。

如果所有选定的引导线串形成封闭循环，则第一条截面线串可以作为最后一条截面线串重新选定。

图 7-11 "扫掠"对话框

1. 截面

（1）选择曲线：用于选择截面线串，可以多达 150 条。

（2）指定原始曲线：用于更改闭环中的原始曲线。

2. 引导线

该选项允许用户选择多达 3 条线串来引导扫掠操作。

3. 脊线

该选项用于控制截面线串的方位，并避免在引导线串上因不均匀分布参数而导致的变形。

4. 方向

（1）固定：在截面线串沿着引导线串移动时保持固定的方向，并且结果是简单的、平行的或平移的扫掠。

(2)面的法向:局部坐标系的第 2 个轴与沿引导线串的各个点处的某基面的法向矢量一致。这样来约束截面线串和基面的联系。

(3)矢量方向:局部坐标系的第 2 个轴与用户在整个引导线串上指定的矢量一致。

(4)另一曲线:通过连接引导线串上的相应点和另一条曲线来获得局部坐标系的第 2 个轴(就好像在它们之间建立了一个直纹的片体)。

(5)一个点:与"另一曲线"选项相似,不同之处在于第 2 个轴通过引导线串和点之间的三面直纹片体的等价物获得。

(6)角度规律:使用规律子功能定义一个规律来控制方向。

(7)强制方向:在沿着引导线串扫掠截面线串时,把截面的方向固定在一个矢量上。

5. 缩放

(1)恒定:让用户输入一个比例因子,它沿着整个引导线串保持不变。

(2)倒圆功能:在指定的起始比例因子和终止比例因子之间允许"线性"或"三次"比例,那些起始比例因子和终止比例因子对应于引导线串的起点和终点。

(3)另一曲线:类似于"方向"中的"另一曲线"选项,但此处在任意给定点的比例以引导线串和其他曲线或实边之间的曲线长度为基础。

(4)一个点:和"另一曲线"选项相同,但是,是使用点而不是使用曲线。此外,选择比例控制的同时还可以使用同一个点进行方向控制(在构造三面扫掠时)。

(5)面积规律:使用规律子功能控制扫掠体的交叉截面面积。

(6)周长规律:类似于"面积规律"选项,不同的是,用户控制的是扫掠体的交叉截面的周长,而不是它的面积。

7.1.7 截面

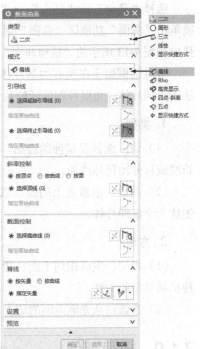

图 7-12 "截面曲面"对话框

选择"菜单"→"插入"→"扫掠"→"截面"命令或单击"曲面"功能区"曲面"组中的"截面曲面"按钮,弹出如图 7-12 所示的"截面曲面"对话框。

该对话框通过使用二次构造技巧定义的截面来构造体。截面自由形式特征作为位于预先描述平面内的截面曲线的无限族,开始和终止并通过某些选定控制曲线。另外,系统从控制曲线处直接获取二次端点切矢,并且使用连续的二维二次外形参数沿体改变截面的整个外形。

为符合工业标准且便于数据传递,"截面"选项生成带有 B 曲面的体作为输出文件。

(1)类型:可选择"二次""圆形""三次"和"线性"4 个选项。

(2)模式:根据选择的类型列出各个模态。若类型为"二次",其模式包括"肩线""Rho""高亮显示""四点-斜率"和"五点";若类型为"圆形",其模式包括"三点""两点-半径""两点-斜率""半径-角度-圆弧""中心半径"等；若类型为"三次"，其模式包括"两个斜率"和"圆角-桥接"；若类型为"线性"，其模式包括"点-角度"和"相切-相切"。

（3）引导线：指定起始和结束位置，在某些情况下，指定截面曲面的内部形状。

（4）斜率控制：控制来自起始边或终止边的任一者或两者、单一顶线、起始面或终止面的截面曲面的形状。

（5）截面控制：控制在截面曲面中定义截面的方式。

（6）脊线：控制已计算剖切平面的方位。

（7）设置：控制 U 向的截面形状，包括"重建"和"公差"选项，以及"创建顶线"复选框。

（8）U 向次数：用于控制 U 向（垂直于脊线线串的方向）截面的外形。

①二次：因为有理的 B 样条可以精确地表示二次曲线，所以这个选项产生的是真正的、精确的二次外形而且曲率没有反向。它接受 0.0001 与 0.9999 之间的 Rho 值。参数可能是高度非均匀的。

②三次：具有与其有理的副本（在"二次"选项中使用的）大致相同的外形，但是产生带有更好参数的曲面沿整条曲线分布流动直线，并不产生精确的二次外形。

③五次：曲面次数为 5，并且在面片之间为曲率连续。

7.1.8 延伸

选择"菜单"→"插入"→"弯边曲面"→"延伸"命令或单击"曲面"功能区"曲面"组中的"延伸曲面"按钮，弹出如图 7-13 所示的"延伸曲面"对话框。

该对话框用于在现有的基片体上生成切向延伸片体、曲面法向延伸片体、角度控制的延伸片体或圆弧控制的延伸片体。

1. 类型

（1）边：选择要延伸的边后，选择延伸方法并输入延伸的长度或百分比延伸曲面。

（2）拐角：沿着面上的曲线以指定的相对于现有面的角度生成一个延伸片体。

图 7-13 "延伸曲面"对话框

2. 方法

（1）相切：生成相切于面、边或拐角的体，通常由相邻于现有基面的边或拐角生成，是一种扩展基面的方法。

（2）圆弧：从光顺曲面的边上生成一个圆弧的延伸。

7.1.9 规律延伸

选择"菜单"→"插入"→"弯边曲面"→"规律延伸"命令或单击"曲面"功能区"曲

面"组中的"规律延伸"按钮，弹出如图 7-14 所示的"规律延伸"对话框。

1. 类型

（1）面：指定使用一个或多个面来为延伸曲组成一个参考坐标系。参考坐标系建立在基本曲线串的中点上。

（2）矢量：指定在基本曲线串的每个点处计算和使用一个坐标系来定义延伸曲面。

2. 曲线

该选项用于选择一条基本曲线或边界线串，系统用它在其基边上定义曲面轮廓。

3. 面

该选项用于选择一个或多个面来定义用于构造延伸曲面的参考方向。

4. 参考矢量

该选项在类型为"矢量"时可用，通过使用标准的"矢量"方式或矢量构造器指定一个矢量，用它来定义构造延伸曲面时所用的参考方向。

5. 长度规律

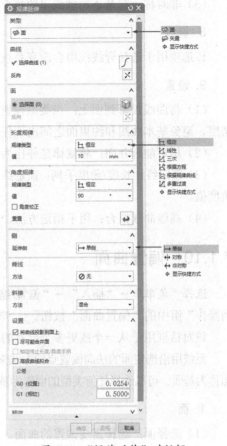

图 7-14 "规律延伸"对话框

该选项用于指定延伸长度的规律方式及使用该方式的适当值。

（1）恒定：延伸曲面沿着基本曲线串移动，截面曲线的长度保持恒定的值。

（2）线性：延伸曲面沿着基本曲线串移动，截面曲线的长度从基本曲线串起始点的起始值到基本曲线串终点的终止值呈线性变化。

（3）三次：延伸曲面沿着基本曲线串移动，截面曲线的长度从基本曲线串起始点的起始值到基本曲线串终点的终止值呈非线性变化。

（4）根据方程：使用表达式及参数表达式变量来定义延伸长度的规律。

（5）根据规律曲线：用于选择一串光顺连接曲线来定义规律函数。

（6）多重过渡：用于通过所选基本轮廓的多个节点或点来定义规律。

6. 角度规律

该选项用于指定延伸角度的规律方式及使用该方式的适当值。

7. 延伸侧

该选项用于指定是否在基本曲线串的相反侧生成规律延伸。

（1）单侧：不创建相反侧延伸。

（2）对称：使用相同的长度参数在基本轮廓的两侧延伸曲面。

（3）非对称：在基本轮廓线串的每个点处使用不同的长度以在基本轮廓的两侧延伸曲面。

8. 脊线

该选项用于选择脊线线串会改变系统确定局部坐标系方向的方法。

9. 设置

（1）将曲线投影到面上：当类型设置为"面"时可用。将曲线投影到面上可提高拟合的紧密度，避免基本曲线和约束面之间出现任何超出公差的问题。

（2）尽可能合并面：将规律延伸作为单个片体进行创建。

（3）锁定终止长度/角度手柄：锁定终止长度/角度手柄，以便锁定所有端点和基点的长度和角度值。

（4）高级曲线拟合：用于指定方法、次数和段数。

7.1.10 偏置曲面

选择"菜单"→"插入"→"偏置/缩放"→"偏置曲面"命令或单击"曲面"功能区"曲面操作"组中的"偏置曲面"按钮，弹出如图 7-15 所示的"偏置曲面"对话框。

该对话框用于从一个或更多个已有的面生成偏置曲面。

系统用沿选定面的法向偏置点的方法来生成正确的偏置曲面。指定的距离称为偏置距离，已有面称为基面。可以选择任何类型的面作为基面。如果选择多个面进行偏置，则可产生多个偏置体。

1. 面

（1）选择面：选择需要偏置的曲面。

（2）偏置 1：设置一组偏置曲面的偏置距离。

（3）添加新集：选择好一组偏置曲面后单击该按钮，将进行新一组偏置曲面的选取。

（4）列表：显示已选的偏置曲面组。

2. 特征

（1）为所有面创建一个特征：将所有偏置的曲面作为一个特征。

（2）为每个面创建一个特征：每个偏置的曲面均创建一个特征。

7.1.11 大致偏置

选择"菜单"→"插入"→"偏置/缩放"→"大致偏置（原有）"命令，弹出如图 7-16 所示的"大致偏置"对话框。

该对话框用于使用一个大的粗略偏置距离从一系列面或片体生成一个没有自相交、尖锐边界或拐角的偏置片体，用于"偏置面"和"偏置曲面"功能不能实现的情况。

1. 选择步骤

（1）偏置面/片体：选择要偏置的面或片体。如果选择多个面，则不会使它们相互重叠。相邻面之间的缝隙应该在指定的建模距离公差范围内。但是，此功能不检查重叠或缝隙，如果有缝隙，则会忽略缝隙；如果有重叠，则会偏置顶面。

图 7-15 "偏置曲面"对话框

图 7-16 "大致偏置"对话框

（2）偏置坐标系：为偏置选择或建立一个坐标系。其中 Z 方向指明偏置方向，X 方向指明步进或截取方向，Y 方向指明步距方向。默认的坐标系为当前的工作坐标系。

2. 偏置距离

该选项用于指定偏置的距离，与"偏置偏差"值一同起作用。如果希望偏置背离指定的偏置方向，则可以输入一个负值。

3. 偏置偏差

该选项用于指定偏置的偏差。用户输入的值表示允许的偏置距离范围，与"偏置距离"值一同起作用。例如，如果偏置距离是 10 毫米，偏置偏差是 1 毫米，则允许的偏置距离在 9～11 毫米范围内。通常偏差值应该远大于建模距离公差。

4. 步距

该选项用于指定步进距离。

5. 曲面生成方法

该选项用于指定系统建立粗略偏置曲面时使用的方法。

（1）云点：启用"曲面控制"选项，用于让用户指定曲面的片数。

（2）通过曲线组：通过曲线组建立曲面。

（3）粗略拟合：当用其他方法生成曲面无效时（如有自相交面或质量差），系统将利用该选项自动创建一个低精度曲面。

6. 曲面控制

该选项用于让用户决定使用多少个补片建立片体，只适用于"云点"曲面生成方法。

（1）系统定义：在建立新的片体时系统自动添加计算数目的 U 向补片来给出最佳结果。

（2）用户定义：启用"U 向补片数"文本框，用于指定在建立片体时允许使用多少个 U 向补片。该值必须大于或等于 1。

7. 修剪边界

（1）不修剪：片体以近似矩形图案生成，且不修剪。

（2）修剪：片体根据偏置中使用的曲面边界修剪。

（3）边界曲线：片体不被修剪，但片体上会生成一条曲线。

7.1.12 修剪片体

选择"菜单"→"插入"→"修剪"→"修剪片体"命令或单击"曲面"功能区"曲面操作"组中的"修剪片体"按钮，弹出如图 7-17 所示的"修剪片体"对话框。该对话框用于生成相关的修剪片体。

（1）目标：选择目标曲面体。

（2）边界：选择修剪的工具对象，该对象可以是面、边、曲线和基准平面。

允许目标体边作为工具对象：将目标片体的边作为修剪对象过滤掉。

（3）投影方向：可以定义要作标记的曲面/边的投影方向，有"垂直于面""垂直于曲线平面"和"沿矢量"3 个选项。

（4）区域：定义在修剪曲面时选定的区域是保留还是舍弃。在选定目标曲面体、投影方向和修剪对象后，可以选择目前选择的区域是"保持"还是"放弃"。

每个选项用来定义保留或放弃区域的点在空间中固定。如果移动目标曲面体，则点不移动。

7.1.13 加厚

选择"菜单"→"插入"→"偏置/缩放"→"加厚"命令或单击"主页"功能区"特征"组中的"加厚"按钮，弹出如图 7-18 所示的"加厚"对话框。

图 7-17 "修剪片体"对话框

图 7-18 "加厚"对话框

该对话框用于偏置或加厚片体来生成实体，在片体的面的法向应用偏置。

（1）面：用于选择要加厚的片体。选择片体后，法向与片体的箭头矢量可指明法向方向。

（2）偏置1/偏置2：指定一个或两个偏置。

（3）Check-Mate（模型验证机制）：如果出现加厚片体错误，则该按钮可用。单击该按钮会识别导致加厚片体操作失败的可能面。

7.1.14 片体到实体助理

选择"菜单"→"插入"→"偏置/缩放"→"片体到实体助理（原有）"命令，弹出如图7-19所示的"片体到实体助理"对话框。

该对话框用于从几组未缝合的片体生成实体，方法是将缝合一组片体的过程自动化"缝合"，然后结果"加厚"。如果指定的片体造成这个过程失败，那么将自动完成对它们的分析，以找出问题的根源。有时此过程将得出简单推导出的补救措施，但是有时必须重建曲面。

图7-19 "片体到实体助理"对话框

1. 选择步骤

（1）目标片体：选择需要被操作的目标片体。

（2）工具片体：选择一个或多个要缝合到目标中的工具片体。如果用户未选择任何工具片体，那么就不会执行缝合操作，而只执行加厚操作。

2. 第一偏置/第二偏置

该选项用于指定一个或两个偏置。

3. 缝合公差

该选项用于设置为了使缝合操作成功，被缝合到一起的边之间的最大距离。

4. 分析结果显示

该选项最初不可用。当尝试生成一个实体，但产生故障时，该选项将变得敏感，其中每个分析结果项只有在显示相应的数据时才可用。打开其中的可用选项，工作区中将高亮显示相应的拓扑。

（1）显示坏的几何体：如果系统在目标片体或任何工具片体上发现无效的几何体，则该选项处于可用状态。勾选该复选框将高亮显示坏的几何体。

（2）显示片体边界：如果出现"无法执行加厚操作"提示信息，且该复选框处于可用状态时，可以查看当前在工作区中定义的边界。加厚操作失败的原因之一是输入的几何体不满足指定的精度，从而造成片体的边界不符合系统的需要。

（3）显示失败的片体：阻止曲面偏置的常见问题是它面向偏置的方向具有一个小面积的意外封闭区域。系统将尝试一次加厚一个片体，并将高亮显示任何偏置失败的片体。另外，如果可以加厚缝合的片体，但结果是一个无效实体，那么将高亮显示引起无效几何体的片体。

（4）显示坏的退化：用退化构建的曲面经常会发生偏置失败（在任何方向上）情况。

5. 补救选项

（1）重新修剪边界：由于 CAD/CAM 系统之间的拓扑表示存在差异，因此通常采用以 Parasolid 软件不便于查找模型的形式修剪数据来转换数据。

（2）光顺退化：在通过"显示坏的退化"选项找到的退化上执行这种补救操作，并使它们变得光顺。

（3）整修曲面：减少用于代表曲面的数据量，而不会影响位置上的数据，从而生成更小、更快及更可靠的模型。

（4）允许拉伸边界：尝试从拉伸的实体复制工作方法，并使用"抽壳"而不是"片体加厚"作为生成薄壁实体的方法。

7.2 编辑曲面

用户创建一个自由曲面特征之后，还需要对其进行相关的编辑工作。以下主要讲述部分常用的自由曲面的编辑操作，这些功能是曲面造型后期修整的常用技术。

7.2.1 X 型

X 型

选择"菜单"→"编辑"→"曲面"→"X 型"命令或单击"曲面"功能区"编辑曲面"组中的"X 型"按钮 ，弹出如图 7-20 所示的"X 型"对话框。

1. 曲线或曲面

（1）选择对象：选择单个或多个要编辑的面，或者使用面查找器进行选择，可以打开或绘制任意一个曲面，如图 7-21 所示。

（2）操控：包括"任意""极点"和"行"3 个选项。

①任意：移动单个极点、同一行上的所有点或同一列上的所有点。

②极点：指定要移动的单个点。

③行：移动同一行上的所有点。

（3）自动取消选择极点：勾选该复选框，选择其他极点，前一次所选择的极点将被取消选择。

图 7-20 "X 型"对话框

2. 参数化

该选项用于更改面的过程中调节面的次数与补片数量。

3. 方法

该选项用于控制极点的运动。

（1）移动：通过 WCS、视图、矢量、平面、法向、多边形等方法来移动极点。

（2）旋转：通过 WCS、视图、矢量、平面等方法来旋转极点。

(3) 比例：通过 WCS、均匀、曲线所在平面、矢量、平面等方法来缩放极点。

(4) 平面化：当极点不在一个平面内时，可以通过此方法将极点控制到一个平面内。

4. 边界约束

该选项表示允许在保持边缘处曲率或相切的情况下沿切矢方向对成行或成列的极点进行交换。

5. 特征保存方法

(1) 相对：在编辑父特征时保持极点相对于父特征的位置。

(2) 静态：在编辑父特征时保持极点的绝对位置。

6. 微定位

该选项用于指定使用"微调"选项时动作的精细度。取消勾选"比率"复选框，输入步长值 100，单击 - 按钮，曲面发生变化，如图 7-22 所示。

其他选项均为默认值，单击"确定"按钮，完成曲面的编辑，如图 7-23 所示。

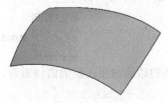  

图 7-21 曲面　　　　　　图 7-22 变化的曲面　　　　图 7-23 编辑完成的曲面

7.2.2　I 型

I 型是指通过控制内部的 U 向和 V 向参数线来修改面。它可以对 B 曲面和非 B 曲面进行操作，也可以对已修剪的面进行操作；可以对片体进行操作，也可对实体进行操作。

下面具体说明如何采用 I 型功能来编辑曲面。

1. 绘制曲面

选择"菜单"→"插入"→"扫掠"→"扫掠"命令或单击"曲面"功能区"曲面"组中的"扫掠"按钮 ，利用弹出的"扫掠"对话框绘制曲面，如图 7-24 所示。

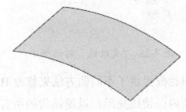

图 7-24 曲面

2. I 型

(1) 选择"菜单"→"编辑"→"曲面"→"I 型"命令或单击"曲面"功能区"编辑曲面"组中的"I 型"按钮，弹出如图 7-25 所示的"I 型"对话框。

(2) 选中原始曲面，在"方向"下拉列表中选择"U"选项，单击"确定"按钮，生成 U 向等参数曲线，如图 7-26 所示。

(3) 选择 U 向等参数曲线，拖动等参数曲线控制点，编辑曲面，如图 7-27 所示。

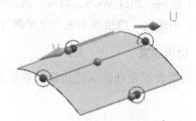

图7-26 U向等参数曲线

图7-25 "I型"对话框

图7-27 编辑后的曲线

7.2.3 更改边

更改边

该功能主要用来修改曲面边缘、匹配曲线或匹配体等，令曲面的边缘与要匹配的曲线重合，或者使曲面的边缘延伸至一个实体上进行匹配等。

选择"菜单"→"编辑"→"曲面"→"更改边"命令或单击"曲面"功能区"编辑曲面"组中的"更改边"按钮，弹出如图7-28所示的"更改边"对话框。选中"编辑原片体"选项，选择要更改边的曲面。在弹出的确认对话框中单击"确定"按钮，弹出如图7-29所示的"更改边"对话框。选择要更改的边，弹出如图7-30所示的"更改边"对话框。

图7-28 "更改边"对话框1

图7-29 "更改边"对话框2

该对话框提供了不同的方法来修改B曲面的边，使它与一条曲线或另一个体的边相匹配，或在平面内；使边变形，以便该边的所有横向切矢通过同一个点、与指定的矢量对齐、与另一个体上选中的边的横向切矢相匹配，或在指定的平面内。

（1）仅边：单击"仅边"按钮，弹出如图7-31所示的"更改边"对话框。

图7-30 "更改边"对话框3

图7-31 "更改边"对话框4

①匹配到曲线：使边变形，以使其与选中曲线的形状和位置相匹配。

②匹配到边：使边变形，以使其与另一个体上选中的边的形状和位置相匹配。

③匹配到体：使体变形，以使选中的边与另一个体（主体）相匹配，但不是在适当位置。

④匹配到平面：使体变形，以使选中的边位于指定的平面内。

（2）边和法向：将选中的边和/或法向与不同的对象相匹配，包含"匹配到边""匹配到体"和"匹配到平面" 3 个选项。

（3）边和交叉切线：使选中的边和/或它的横向切矢与不同的对象相匹配。边的横向切矢是等参数曲线在端点处的切矢，等参数曲线与边在端点处相遇。

①瞄准一个点：使体变形，以使选中边上每个点处的横向切矢通过指定点。

②匹配到矢量：使体变形，以使选中边上每个点处的横向切矢与指定的矢量平行。

③匹配到边：使体变形，以使选中边与另一个体（主体）上选中的边在适当的位置和横向切矢处相匹配。

（4）边和曲率：为曲面提供比"边和交叉切线"阶次更高的匹配能力。如果要求曲面间的曲率连续，可使用该选项。

（5）检查偏差–否：当匹配两个用于定位和相切的自由形式体时，可提供曲面变形程度的反馈信息。

下面具体说明如何使用"更改边"功能来编辑曲面。

1. 打开文件

选择"文件"→"打开"命令，弹出"打开"对话框。在其中选择 genggaibian 零件，单击 OK 按钮，打开文件，如图 7-32 所示。

2. 更改边

（1）选择"菜单"→"编辑"→"曲面"→"更改边"命令或单击"曲面"功能区"编辑曲面"组中的"更改边"按钮，弹出如图 7-28 所示的"更改边"对话框。

（2）选中"编辑原片体"选项，单击曲面，将其选择为要修改的片体。

（3）此时弹出确认对话框，单击"确定"按钮，弹出如图 7-29 所示的"更改边"对话框。

（4）选择要编辑的 B 曲面边，如图 7-33 所示，弹出如图 7-30 所示的"更改边"对话框。

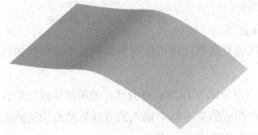

图 7-32　曲面

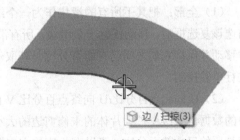

图 7-33　要编辑的 B 曲面边

（5）单击"仅边"按钮，弹出如图 7-31 所示的"更改边"对话框。

（6）单击"匹配到平面"按钮，弹出如图 7-34 所示的"平面"对话框。

(7) 在 "类型" 下拉列表中选择 "XC-YC 平面" 选项，在 "距离" 文本框中输入 80，单击 "确定" 按钮。更改边后的曲面如图 7-35 所示。

图 7-34 "平面" 对话框

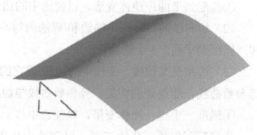

图 7-35 更改边后的曲面

7.2.4 扩大

扩大

选择 "菜单" → "编辑" → "曲面" → "扩大" 命令或单击 "曲面" 功能区 "编辑曲面" 组中的 "扩大" 按钮，弹出如图 7-36 所示的 "扩大" 对话框。该对话框用于改变未修剪片体的大小，方法是生成一个新的特征，该特征和原始的、覆盖的未修剪面相关。

用户可以根据给定的百分比改变 "扩大" 特征的每条未修剪边。

当使用片体生成模型时，将片体生成得大一些可消除后续实体建模的问题。如果用户没有把这些原始片体建造得足够大，则用户若不使用 "等参数修剪/分割" 功能就不能增大它们。然而，"等参数修剪" 功能是不相关的，并且在使用时会打断片体的参数化。"扩大" 功能用于生成一个新片体，它既和原始的未修剪面相关，又允许用户改变各个未修剪边的尺寸。

(1) 全部：把其下所有的滑块作为一个组来控制。勾选该复选框后，移动任意一个滑块，所有滑块都会同

图 7-36 "扩大" 对话框

时移动并保持它们之间已有的百分比。若取消勾选该复选框，则可以对滑块和各个未修剪的边进行单独控制。

(2) U 向起点百分比/U 向终点百分比/V 向起点百分比/V 向终点百分比：使用滑块或它们各自的数据值来改变扩大片体的未修剪边的大小。在相应的文本框中输入的值或拖动滑块达到的值是原始尺寸的百分比，可以在相应的文本框中输入数值或表达式。

(3) 重置调整大小参数：将所有的滑块重设回它们的初始位置。

(4) 模式：包括以下两个选项。

①线性：在一个方向上线性地延伸扩大片体的边，但只能增大 "扩大" 特征，不能减小它。

②自然：沿着边的自然曲线延伸扩大片体的边既可以增大也可以减小。

7.2.5 光顺极点

选择"菜单"→"编辑"→"曲面"→"光顺极点"命令或单击"曲面"功能区"编辑曲面"组"更多库"中的"光顺极点"按钮,弹出如图 7-37 所示的"光顺极点"对话框。该对话框用于通过计算选定极点相对于周围曲面的合适分布来修改极点分布。

(1) 要光顺的面：选择面来光顺极点。

(2) 仅移动选定的：显示并指定用于曲面光顺的极点。

(3) 指定方向：指定极点移动方向。

(4) 边界约束：优先于光顺。

①全部应用：将指定边界约束分配给要修改曲面的 4 条边界边。

②最小-U/最大-U/最小-V/最大-V：对要修改曲面的 4 条边界边指定 U 向和 V 向边界约束。

(5) 光顺因子：拖动滑块来指定连续光顺步骤的数目。

(6) 修改百分比：拖动滑块来控制应用于曲面或选定极点的光顺百分比。

图 7-37 "光顺极点"对话框

7.2.6 更改次数

选择"菜单"→"编辑"→"曲面"→"次数"命令或单击"曲面"功能区"编辑曲面"组中的"更改次数"按钮,弹出如图 7-38 所示的"更改次数"对话框。该对话框中选项的含义和前面相同选项的含义一样，不再详述。

在工作区中选择要进行操作的曲面后，弹出确认对话框，提示用户该操作将会移除特征参数，是否继续执行，单击"确定"按钮，在弹出的如图 7-39 所示的"更改次数"对话框中输入参数，单击"确定"按钮即可。

图 7-38 "更改次数"对话框 1

图 7-39 "更改次数"对话框 2

使用"更改次数"功能可增加曲面阶次，增加曲面的极点，使曲面形状的自由度增加。多补片曲面和封闭曲面的阶次只能增加，不能减少。

7.2.7 更改刚度

改变刚度

选择"菜单"→"编辑"→"曲面"→"刚度"命令或单击"曲面"功能区"编辑曲面"组中的"更改刚度"按钮，弹出如图 7-40 所示的"更改刚度"对话框。该对话框中选项的含义和前面相同选项的含义一样，不再详述。

在工作区中选择要进行操作的曲面后，弹出确认对话框，提示用户该操作将会移除特征参数，是否继续执行，单击"确定"按钮，在弹出的"更改刚度"对话框中输入参数，单击"确定"按钮即可。

使用"更改刚度"功能可增加曲面阶次，如果曲面的极点不变，补片减少，则曲面更接近它的控制多边形，反之则相反。封闭曲面不能改变刚度。

7.2.8 法向反向

法向反向

选择"菜单"→"编辑"→"曲面"→"法向反向"命令或单击"曲面"功能区"编辑曲面"组中的"法向反向"按钮，弹出如图 7-41 所示的"法向反向"对话框。

图 7-40 "更改刚度"对话框

图 7-41 "法向反向"对话框

"法向反向"功能可创建曲面的反法向特征，改变曲面的法向，解决因表面法向不一致造成的表面着色问题和进行曲面修剪操作时因表面法向不一致而引起的更新故障。

7.3 综合实例——鞋模型

综合实例——鞋模型

1. 打开鞋子曲线文件

选择"文件"→"打开"命令，在弹出的"打开"对话框中选择 xieziquxian.prt 文件，单击 OK 按钮，打开文件，进入建模环境，如图 7-42 所示。

2. 创建鞋子的前部曲面

（1）选择"菜单"→"插入"→"网格曲面"→"通过曲线网格"命令或单击"曲面"功能区"曲面"组中的"通过曲线网格"按钮，弹出如图 7-43 所示的"通过曲线网格"对话框。选择主线串 1，如图 7-44 所示。选择主线串 2~4，如图 7-45 所示。

第 7 章 曲面功能

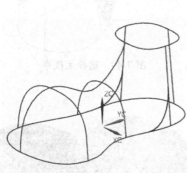

图 7-42 鞋子曲线

图 7-43 "通过曲线网格"对话框

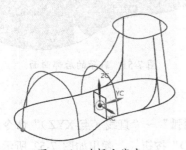

图 7-44 选择主线串 1

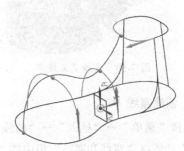

图 7-45 选择主线串 2～4

（2）选择交叉线串，如图 7-46 所示，进行连续性设置，如图 7-47 所示，其余选项均保持默认值。单击"确定"按钮，生成鞋子的前部曲面，如图 7-48 所示。

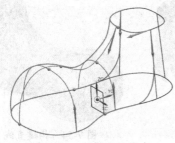

图 7-46 选择交叉线串

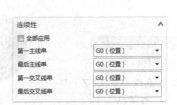

图 7-47 连续性设置

3. 创建鞋子的后部曲面

选择"菜单"→"插入"→"网格曲面"→"通过曲线网格"命令或单击"曲面"功能区"曲面"组中的"通过曲线网格"按钮，弹出"通过曲线网格"对话框。选择如图 7-119 所示

201

的主线串，单击鼠标中键选择如图7-50所示的交叉线串，其余选项保持默认值。单击"确定"按钮，生成鞋子的后部曲面，如图7-51所示。

图7-48 鞋子的前部曲面

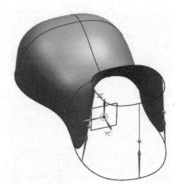

图7-49 选择主线串

图7-50 选择交叉线串

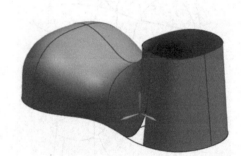

图7-51 鞋子的后部曲面

4. 创建直线

选择"菜单"→"插入"→"曲线"→"直线和圆弧"→"直线（点-XYZ）"命令或单击"曲线"功能区"直线和圆弧"组中的"直线（点-XYZ）"按钮，弹出如图7-52所示的"直线（点-XYZ）"对话框。单击"点在曲线上"按钮，构建直线1，如图7-53所示。单击"端点"按钮，构建直线2，如图7-54所示。

图7-52 "直线（点-XYZ）"对话框

图7-53 构建直线1

图7-54 构建直线2

5. 创建桥接曲线

选择"菜单"→"插入"→"派生曲线"→"桥接"命令或单击"曲线"功能区"派生曲线"组中的"桥接曲线"按钮，弹出如图7-55所示的"桥接曲线"对话框。选择起始对象和终止对象，如图7-56所示。单击"确定"按钮，生成桥接曲线，如图7-57所示。

图 7-55 "桥接曲线"对话框

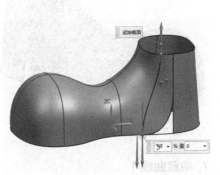

图 7-56 选择起始对象和终止对象

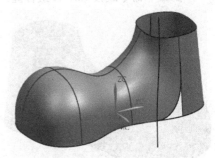

图 7-57 创建桥接曲线

6. 修剪片体

选择"菜单"→"插入"→"修剪"→"修剪片体"命令或单击"曲面"功能区"曲面操作"组中的"修剪片体"按钮,弹出如图 7-58 所示的"修剪片体"对话框。选择目标片体,如图 7-59 所示。单击鼠标中键进行对象选择,选择刚刚创建的桥接曲线作为修剪片体的曲线,如图 7-60 所示。单击"确定"按钮,完成片体的修剪,如图 7-61 所示。

图 7-58 "修剪片体"对话框

图 7-59 选择目标片体

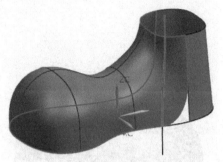

图 7-60　选择修剪片体的曲线

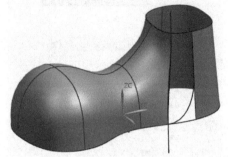

图 7-61　完成片体修剪

7. 隐藏曲线 1

选择如图 7-62 所示的要被隐藏的曲线，然后选择"菜单"→"编辑"→"显示和隐藏"→"隐藏"命令或按 Ctrl+B 组合键，选中曲线被隐藏，如图 7-63 所示。

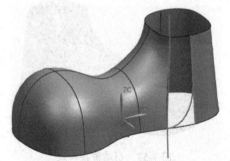

图 7-62　选择要被隐藏的曲线

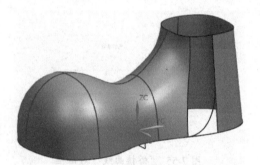

图 7-63　隐藏曲线 1

8. 通过曲线网格构建曲面

（1）选择"菜单"→"插入"→"网格曲面"→"通过曲线网格"命令或单击"曲面"功能区"曲面"组中的"通过曲线网格"按钮，弹出"通过曲线网格"对话框。选择主线串，如图 7-64 所示。选择交叉线串，如图 7-65 所示。

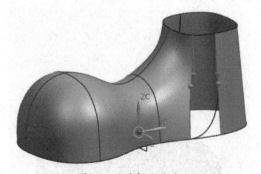

图 7-64　选择主线串

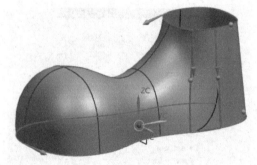

图 7-65　选择交叉线串

（2）将第一主线串连续性设置为 G1（相切），如图 7-66 所示。选择相切面 1，如图 7-67 所示。将第二主线串连续性也设置为 G1（相切），如图 7-68 所示。选择相切面 2，如图 7-69 所示。

图 7-66 第一主线串连续性设置

图 7-67 选择相切面 1

图 7-68 第二主线串连续性设置

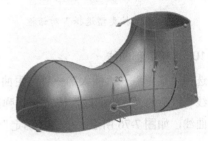

图 7-69 选择相切面 2

（3）其余选项保持默认值，单击"确定"按钮，生成网格曲面，如图 7-70 所示。另一面生成中间部位曲面的方法同上。最后完成鞋子的中部曲面，如图 7-71 所示。

9. 隐藏曲线 2

选择"菜单"→"编辑"→"显示和隐藏"→"隐藏"命令，弹出"类选择"对话框，如图 7-72 所示。单击"类型过滤器"按钮，弹出"按类型选择"对话框，如图 7-73 所示。选择"曲线"选项，单击"确定"按钮，返回"类选择"对话框。单击"全选"按钮，再单击"确定"按钮，则工作区中的所有曲线都被隐藏起来，如图 7-74 所示。

图 7-70 网格曲面

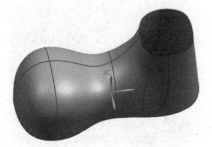

图 7-71 鞋子的中部曲面

图 7-72 "类选择"对话框

图 7-73 "按类型选择"对话框

图 7-74 隐藏曲线 2

10. 连接底部曲线

选择"菜单"→"插入"→"派生曲线"→"复合曲线"命令或单击"曲线"功能区"派生曲线"组中的"复合曲线"按钮，弹出如图 7-75 所示的"复合曲线"对话框。选择鞋子的底部曲线，如图 7-76 所示。单击"确定"按钮，生成连接曲线。

图 7-75 "复合曲线"对话框

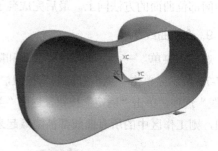

图 7-76 选择鞋子的底部曲线

11. 创建底部的 N 边曲面

选择"菜单"→"插入"→"网格曲面"→"N 边曲面"命令或单击"曲面"功能区"曲面"组中的"N 边曲面"按钮，弹出如图 7-77 所示的"N 边曲面"对话框。"类型"选择"已修剪"，单击如图 7-78 所示的底面曲线，"UV 方向"选择"区域"，勾选"修剪到边界"复选框，单击"应用"按钮，生成鞋子的底部曲面，如图 7-79 所示。

图 7-77 "N 边曲面"对话框

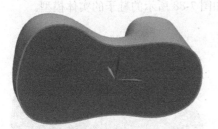
图 7-78 选择底面曲线

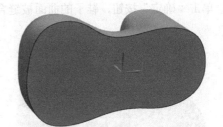
图 7-79 鞋子的底部曲面

12. 连接上部曲线

选择"菜单"→"插入"→"派生曲线"→"复合曲线"命令或单击"曲线"功能区"派生曲线"组中的"复合曲线"按钮，弹出"复合曲线"对话框。选择鞋子的上部曲线，如图 7-80 所示。单击"确定"按钮，生成连接曲线。

图 7-80 选择鞋子的上部曲线

13. 创建上部的 N 边曲面

选择"菜单"→"插入"→"网格曲面"→"N 边曲面"命令或单击"曲面"功能区"曲面"组中的"N 边曲面"按钮，弹出"N 边曲面"对话框。"类型"选择"已修剪"，单击如图 7-81 所示的上部曲线，"UV 方向"选择"区域"，勾选"修剪到边界"复选框，单击"应用"按钮，生成鞋子的上部曲面，如图 7-82 所示。

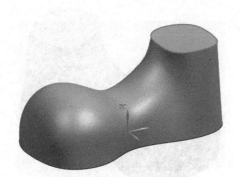
图 7-81 选择上部曲线

图 7-82 鞋子的上部曲面

14. 隐藏曲线 3

选择如图 7-83 所示的要被隐藏的曲线，然后选择"菜单"→"编辑"→"显示和隐藏"→"隐藏"命令或按 Ctrl+B 组合键，选中曲线被隐藏，如图 7-84 所示。

15. 缝合曲面

选择"菜单"→"插入"→"组合"→"缝合"命令或单击"曲面"功能区"曲面操作"组中的"缝合"按钮，弹出如图 7-85 所示的"缝合"对话框。在"类型"下拉列表中选择"片体"选项，目标选择鞋子的上部曲面，如图 7-86 所示，工具选择其余的片体，如图 7-87 所示。单击"确定"按钮,鞋子的曲面被缝合,生成如图7-88所示的鞋子的实体模型。

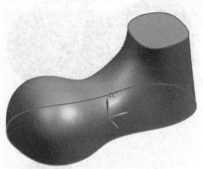

图7-83 选择要被隐藏的曲线

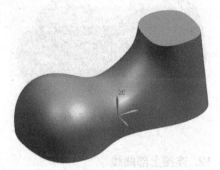

图7-84 隐藏曲线3

图7-85 "缝合"对话框

图7-86 选择目标

图7-87 选择工具

图7-88 鞋子的实体模型

第 8 章　查询与分析

本章导读

在 UG 建模过程中，点和线的质量会直接影响构建的实体的质量，从而影响产品的质量。所以在建模结束后，需要分析实体的质量来确定曲线是否符合设计要求。本章将简要讲述如何对特征点和曲线的分布进行查询与分析。

内容要点

- 信息查询
- 对象与模型分析

8.1　信息查询

在设计过程中或对已完成的设计模型，经常需要从文件中提取各种几何对象和特征的信息。UG NX 12.0 针对操作的不同需求，提供了大量信息命令，用户可以通过这些命令来详细地查找需要的几何、物理和数学信息。"信息"子菜单中显示了所有的信息查询命令，如图 8-1 所示。该子菜单仅具备显示功能，不具备编辑功能。

8.1.1　对象信息

选择"菜单"→"信息"→"对象"命令或其他子菜单命令后，弹出对应对话框。选取对象后，系统会列出所有相关信息。对象一般具有一些共同的信息，如创建时间、作者、当前部件名、图层、线宽、单位信息等。

图 8-1　"信息"子菜单

1. 点

当获取点时，系统除了会列出一些共同信息，还会列出点的坐标值。

2. 直线

当获取直线时，系统除了会列出一些共同信息，还会列出直线的长度、角度、起点坐标、终点坐标等信息。

3. 样条

当获取样条时，系统除了会列出一些共同信息，还会列出样条的关闭状态、次数、段数、有理状态、定义数据、逼近 Rho 等信息，如图 8-2 所示。获取完信息后，可选择"菜单"→"视图"→"操作"→"刷新"命令或按 F5 键来刷新工作区中的图像。

图 8-2　样条"信息"窗口

8.1.2　点信息

点信息

选择"菜单"→"信息"→"点"命令，弹出"点"对话框。选中点，即弹出"信息"窗口，其中包含了指定点的信息。信息栏中会列出该点的坐标值及单位，其中的坐标值包括点在绝对坐标系和工作坐标系中的坐标值，如图 8-3 所示。

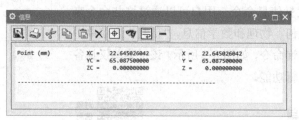

图 8-3　点"信息"窗口

8.1.3　样条信息

样条信息

选择"菜单"→"信息"→"样条"命令，弹出如图 8-4 所示的"样条分析"对话框。设置需要显示的信息，选中样条，即打开样条"信息"窗口，其中包含了样条的相关信息。

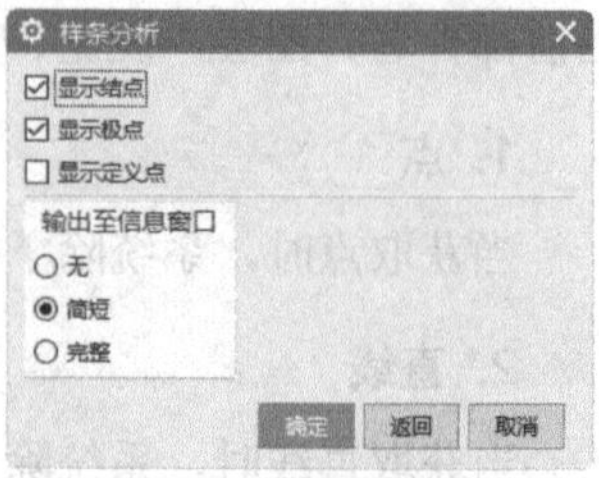

"样条分析"对话框上方包括"显示结点""显示极点""显示定义点"3 个复选框。勾选复选框后，相应的信息就会在样条"信息"窗口中显示出来。

"样条分析"对话框下方包括用来控制输出至信息窗口如何显示的选项，含义说明如下。

图 8-4　"样条分析"对话框

（1）无：窗口不输出任何信息。

（2）简短：窗口输出样条的次数、段数、有理状态、定义数据、逼近 Rho 等简短信息。

（3）完整：窗口输出样条的除简短信息外每个结点的坐标及其连续性（G0、G1、G2），每个极点的坐标及其权重，每个定义点的坐标、最小二乘权重等全部信息。

8.1.4　B 曲面信息

选择"菜单"→"信息"→"B 曲面"命令，弹出如图 8-5 所示的"B 曲面分析"对话框。设置需要显示的 B 曲面的相关信息，包括曲面 U 向和 V 向的次数、补片数、法面数、连续性等。

（1）显示补片边界：用于控制是否显示 B 曲面的面片信息。

图 8-5　"B 曲面分析"对话框

（2）显示极点：用于控制是否显示 B 曲面的极点信息。

（3）输出至列表窗口：用于控制是否将信息输出到窗口显示。

8.1.5　表达式信息

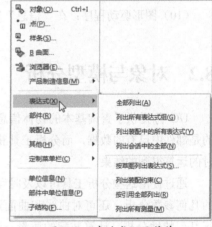

选择"菜单"→"信息"→"表达式"命令，打开如图 8-6 所示的"表达式"子菜单。其相关命令的功能如下。

（1）全部列出：在"信息"窗口中列出当前工作部件中的所有表达式信息。

（2）列出所有表达式组：在"信息"窗口中列出当前部件的所有表达式组。

（3）列出装配中的所有表达式：在"信息"窗口中列出当前显示装配的各部件的所有表达式信息。

（4）列出会话中的全部：在"信息"窗口中列出当前会话中加载的各部件的所有表达式信息。

图 8-6　"表达式"子菜单

（5）按草图列出表达式：在"信息"窗口中列出所选草图的所有表达式信息。

（6）列出装配约束：如果当前部件为装配件，则在"信息"窗口中列出与其匹配的约束条件信息。

（7）按引用全部列出：在"信息"窗口中列出当前工作部件包括"特征""草图""匹配约束条件""用户定义"在内的表达式信息等。

（8）列出所有测量：在"信息"窗口中列出工作部件的所有测量表达式。

8.1.6　其他信息

除了以上几种可供查询的信息，还可查询如图 8-7 所示的"其他"子菜单中涉及的各类信息。

(1)图层:在"信息"窗口中列出当前每个图层的状态。

(2)电子表格:在"信息"窗口中列出相关电子表格信息。

(3)视图:在"信息"窗口中列出一个或多个工程图或模型视图的信息。

(4)布局:在"信息"窗口中列出当前文件视图布局的数据信息。

(5)图纸:在"信息"窗口中列出当前文件工程图的相关信息。

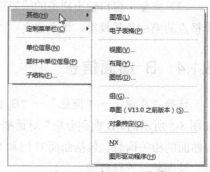

图 8-7 "其他"子菜单

(6)组:在"信息"窗口中列出当前文件群组的相关信息。

(7)草图(V13.0 之前版本):在"信息"窗口中列出 UG NX 13.0 版本之前所作的草图几何约束和相关约束是否通过检测的信息。

(8)对象特定:在"信息"窗口中列出当前文件内特定对象的信息。

(9)NX:在"信息"窗口中列出用户当前所用的 Parasolid 软件版本、计划文件目录、其他文件目录和日志信息。

(10)图形驱动程序:在"信息"窗口中列出关于图形驱动的特定信息。

8.2 对象与模型分析

UG 除提供了查询基本的物体信息的方式,还提供了大量的分析工具。信息查询工具获取的是部件中已有的数据,而分析工具获取的则是根据用户的要求,针对被分析几何对象通过临时的运算得到的结果。

通过使用这些分析工具可以及时发现和处理设计工作中的问题。这些工具除了可进行常规的几何参数分析,还可对曲线和曲面进行光顺性分析,对几何对象进行误差和拓扑分析,进行几何特性分析,计算装配的质量,计算质量特性,对装配进行干涉分析等,还可以将结果输出为各种数据格式。

对象与模型分析的所有命令均在"分析"功能区中,如图 8-8 所示。

图 8-8 "分析"功能区

8.2.1 几何分析

几何分析

在使用 UG NX 12.0 进行设计时,需要经常性地获取当前对象的几何信息。该功能可对距离、角度、偏差、弧长等多种情况进行分析,详细指导用户的设计工作。

1. 距离

选择"菜单"→"分析"→"测量距离"命令或单击"分析"功能区"测量"组中的"测量距离"按钮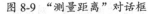，弹出如图 8-9 所示的"测量距离"对话框，能计算出用户选择的两个对象间的最小距离。"类型"包含"距离""投影距离""屏幕距离""长度""半径""直径""点在曲线上"等。

用户可以选择的对象有点、线、面、体、边等。需要注意的是，如果在曲线获取曲面上有多个点与另一个对象存在最短距离，那应该定义一个起始点加以区分。

勾选"显示信息窗口"复选框，选择起点和终点，单击"确定"按钮，弹出如图 8-10 所示的距离"信息"窗口。其中显示的信息包括两个对象间的三维距离和两个对象上相近点的绝对坐标和相对坐标，以及在绝对坐标和相对坐标中两点之间的轴向坐标增量。

图 8-9 "测量距离"对话框

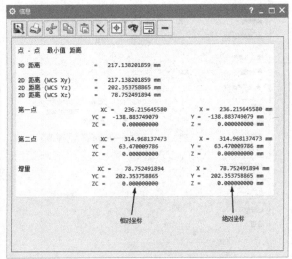

图 8-10 距离"信息"窗口

2. 角度

选择"菜单"→"分析"→"测量角度"命令或单击"分析"功能区"测量"组中的"测量角度"按钮，弹出如图 8-11 所示的"测量角度"对话框。用户可在工作区中选择几何对象，系统会计算两个对象之间（如曲线间、两平面间、直线和平面间）的角度，包括两个选择对象的相应矢量在工作平面上的投影矢量间的夹角和在三维空间中两个矢量的实际角度。

当两个选择对象均为曲线时，若两者相交，则系统会确定两者的交点并计算在交点处两条曲线的切向矢量的夹角；否则，系统会确定两者相距最近的点，并计算这两点在各自所处曲线上的切向矢量间的夹角。切向矢量的方向取决于曲线的选择点与两条曲线相距最近点的相对方位，其方向为由曲线相距最近点指向选择点的一方。

当两个选择对象均为平面时，计算结果是两个平面的法向矢量间的最小夹角。

（1）类型：用于选择测量方法，包括"按对象""按 3 点"和"按屏幕点"。

（2）参考类型：用于设置选择对象的方法，包括"对象""特征"和"矢量"。

（3）评估平面：用于选择测量角度，包括"3D 角""WCS X-Y 平面中的角度"和"真实角度"。

（4）方向：用于选择测量类型，包括"内角"和"外角"。

3. 偏差

选择"菜单"→"分析"→"偏差"→"检查"命令，弹出如图 8-12 所示的"偏差检查"对话框。该对话框用于根据过某点斜率连续的原则，即将第 1 条曲线、边缘或表面上的检查点与第 2 条曲线上的对应点进行比较，检查选择对象是否相接、相切，以及边界是否对齐等，并得到所选对象的距离偏移值和角度偏移值。

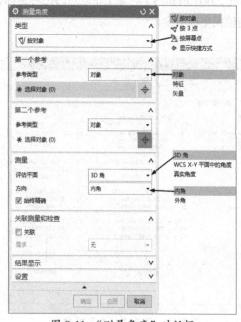

图 8-11 "测量角度"对话框

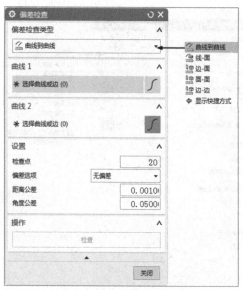

图 8-12 "偏差检查"对话框

（1）曲线到曲线：用于测量两条曲线之间的距离偏差，以及曲线上一系列检查点的切向角度偏差。

（2）线-面：依据过点斜率的连续性，检查曲线是否真位于表面上。

（3）边-面：检查一个面上的边和另一个面之间的偏差。

（4）面-面：依据过某点法向对齐原则，检查两个面的偏差。

（5）边-边：检查两条实体边或片体边的偏差。

4. 邻边偏差

选择"菜单"→"分析"→"偏差"→"邻边"命令，弹出如图 8-13 所示的"相邻边"对话框。在该对话框中，"检查点"有"等参数"和"弦差"两种检查方式。在工作区中选择具有公共边的多个面后，单击"确定"按钮，弹出如图 8-14 所示的"报告"对话框。在该对话框中可指定要在"信息"窗口中列出的信息。

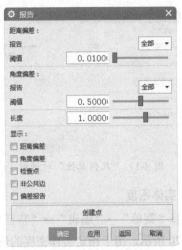

图8-13 "相邻边"对话框　　　　　图8-14 "报告"对话框

5. 弧长

选择"菜单"→"分析"→"最小半径"命令,弹出如图8-15所示的"最小半径"对话框,并提示用户在工作区中选择一个或多个表面或曲面作为几何对象。选择几何对象后,单击"确定"按钮,弹出"信息"窗口。其中列出所选几何对象的最小曲率半径,如图8-16所示。若勾选"在最小半径处创建点"复选框,则在所选几何对象的最小曲率半径处产生一个标记点。

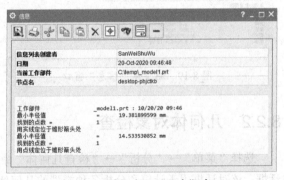

图8-15 "最小半径"对话框　　　　　图8-16 最小半径"信息"窗口

6. 几何属性

选择"菜单"→"分析"→"几何属性"命令,弹出如图8-17所示的"几何属性"对话框。选取指定的表面或曲面对象后,自动弹出"信息"窗口,显示U向和V向百分比、U向和V向一阶导数、单位面法向、主曲率的最大/最小半径值等信息。

7. 测量体

选择"菜单"→"分析"→"测量体"命令,弹出如图8-18所示的"测量体"对话框。选择实体后,单击"确定"按钮,弹出测量体"信息"窗口,显示所选实体的质量属性和工程相关信息,如图8-19所示。

图 8-17 "几何属性"对话框

图 8-18 "测量体"对话框

8. 实体密度

选择"菜单"→"编辑"→"特征"→"实体密度"命令,弹出"指派实体密度"对话框,如图 8-20 所示,用于指定实体密度的值、单位等。

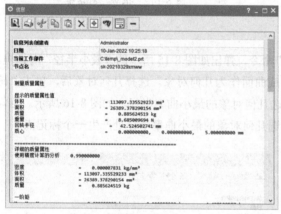
图 8-19 测量体"信息"窗口

图 8-20 "指派实体密度"对话框

8.2.2 几何体对象检查

选择"菜单"→"分析"→"检查几何体"命令,弹出如图 8-21 所示的"检查几何体"对话框。该对话框用于计算和分析各种类型的几何体对象,找出错误的或无效的几何体对象;也可以分析面、边等几何体对象,找出其中无用的几何体对象和错误的数据结构。

1. 对象检查/检查后状态

该选项组用于设置对象的检查功能。

(1) 微小:用于在所选几何体对象中查找所有微小的实体、面、曲线和边。

(2) 未对齐:用于检查所有几何体对象和坐标轴的对齐情况。

2. 体检查/检查后状态

该选项组用于设置实体的检查功能。

(1) 数据结构:用于检查每个所选实体中的数据结构有无问题。

(2) 一致性:用于检查每个所选实体的内部是否有冲突。

(3) 面相交:用于检查每个所选实体的表面是否相互交叉。

(4) 片体边界：用于查找所选片体的所有边界。

3. 面检查/检查后状态

该选项组用于设置表面的检查功能。

(1) 光顺性：用于检查 B 表面的平滑过渡情况。

(2) 自相交：用于检查所有表面是否有自相交情况。

(3) 锐刺/切口：用于检查表面是否有被分割情况。

4. 边检查/检查后状态

该选项组用于设置边缘的检查功能。

(1) 光顺性：用于检查所有与表面连接但不光滑的边。

(2) 公差：用于在所选择的边组中查找超出距离误差的边。

5. 检查准则

该选项组用于设置临界公差值的大小，包括"距离"和"角度"两个选项，分别用来设置距离和角度的最大公差值。

依据几何对象的类型和要检查的项目，在该对话框中选择相应的选项并选择对象后，自动弹出"信息"窗口，列出相应的检查结果，并弹出"高亮显示对象"对话框。在对话框中选择需要高亮显示的对象后，即可在工作区中看到存在问题的几何对象。

图 8-21 "检查几何体"对话框

几何对象检查功能只能找出存在问题的几何对象，而不能自动纠正这些问题，但可以通过高亮显示找到有问题的几何对象。应利用相关命令对该模型进行修改，否则会影响后续操作。

8.2.3 对象干涉检查

对象干涉检查

选择"菜单"→"分析"→"简单干涉"命令，弹出如图 8-22 所示的"简单干涉"对话框。该对话框提供了两种干涉检查结果对象的方法。

(1) 高亮显示的面对：用于以加亮表面的方式显示干涉的表面。选择要检查干涉的第一体和第二体，单击"确定"按钮，则高亮显示发生干涉的面。

(2) 干涉体：以产生干涉体的方式显示发生干涉的对象。在选择了要检查的实体后，便会在工作区中产生一个干涉实体，以便用户快速地找到发生干涉的对象。

图 8-22 "简单干涉"对话框

8.2.4 曲线特性分析

曲线特性分析

1. 显示曲率梳

选择"菜单"→"分析"→"曲线"→"显示曲率梳"命令或单击"分析"功能区"曲线形状"组中的"显示曲率梳"按钮，系统显示已选中曲线、样条或边的曲率梳，如图 8-23 所示。

当显示已选中曲线或样条的曲率梳，更容易检测曲率的不连续性、突变和拐点，在多数情况下，用户是不希望这些问题存在的。显示曲率梳后，就可以编辑该曲线了，直到让曲率梳显示出满意的效果为止。

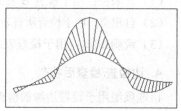

图 8-23 "曲率梳"示意图

2. 曲线分析

选择"菜单"→"分析"→"曲线"→"曲线分析"命令或单击"分析"功能区"曲线形状"组中的"曲线分析"按钮，弹出如图 8-24 所示的"曲线分析"对话框，用于指定显示曲率梳的选项。

（1）建议比例因子：将比例因子自动设置为最合适的大小。

（2）针比例：允许通过拖动比例滑块控制曲率梳的长度或比例。"针比例"的数值表示曲率梳上齿的长度（该值与曲率值的乘积为曲率梳的长度）。

（3）针数：允许控制曲率梳中显示的总齿数。齿数对应于需要在曲线上采样的检查点的数量（在 U 向起点和 U 向最大值指定的范围内）。此数字不能小于 2，默认值为 50。

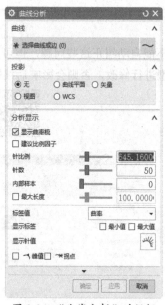

图 8-24 "曲线分析"对话框

（4）最大长度：允许指定曲率梳元素的最大允许长度。如果为曲率梳绘制的线比此处指定的临界值大，则将其修剪至最大允许长度。在线的末端绘制星号表明这些线已被修剪。

（5）峰值：用于显示选中曲线、样条或边的峰值点，即局部曲率半径（或曲率的绝对值）达到局部最大值的地方。勾选"峰值"复选框，可在每个峰值点处显示一个小三角形，如图 8-25 所示。

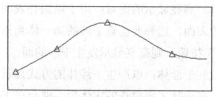

图 8-25 "峰值"示意图

（6）拐点：用于显示选中曲线、样条或边上的拐点，即曲率矢量从曲线一侧翻转到另一侧的位置，清楚地显示曲率符号发生改变的任何点。勾选"拐点"复选框，可在每个选中对象的拐点处显示一个小叉号，如图 8-26 所示。

3. 图

选择"菜单"→"分析"→"曲线"→"图"命令，弹出一个特殊的"图表"窗口（使用电子表格），可在编辑曲线的同时分析曲线，如图 8-27 所示。当编辑这些曲线中的任意一条时，弹出"曲率图表"窗口，并重新显示该曲线的曲率。当编辑曲线时，"曲率图表"窗口中的信息会动态更新。

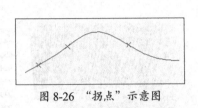

图 8-26 "拐点"示意图

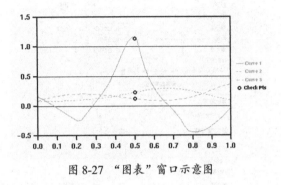

图 8-27 "图表"窗口示意图

4. 图选项

选择"菜单"→"分析"→"曲线"→"图选项"命令，弹出如图 8-28 所示的"曲线分析-图"对话框，用于指定"图表"显示选项。

（1）高度：允许指定"图表"窗口的高度，使用滑块设置所需的值。

（2）宽度：允许指定"图表"窗口的宽度，使用滑块设置所需的值。

（3）显示相关点：可以显示存在于选中曲线和它们的曲率之间的共同相关点。在选中的曲线之间共同相关的点同时显示在"电子表格曲率图表"窗口和"图形"窗口中，并以小圆圈的形式显示共同相关点，如图 8-29 所示。

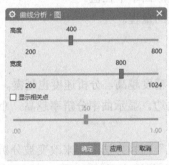

图 8-28 "曲线分析-图"对话框

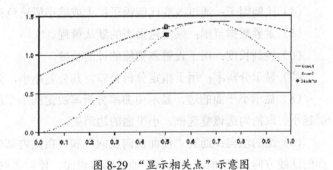

图 8-29 "显示相关点"示意图

8.2.5 曲面特性分析

1. 半径

选择"菜单"→"分析"→"形状"→"半径"命令，弹出如图 8-30 所示的"半径分析"对话框，用于分析曲面的曲率半径变化情况，并且可用各种方法显示和生成。

（1）类型：用于指定欲分析的曲率半径类型，包括 8 个选项。

（2）分析显示：用于指定分析结果的显示类型，包括 3 个选项。图形的右侧将显示一个色谱表，可通过色谱表上的半径数值了解表面的曲率半径，如图 8-31 所示。

图 8-30 "半径分析"对话框　　　　图 8-31 刺猬梳分析结果及色谱表

（3）编辑限制：勾选该复选框，可以输入最大值、最小值来扩大或缩小色谱表的量程；也可以通过拖动滑块来改变中间值，使量程上移或下移。取消勾选该复选框，色谱表的量程恢复默认值，此时只能通过拖动滑块来改变中间值，使量程上移或下移，最大值、最小值不能通过输入改变。需要注意的是，因为色谱表的量程可以改变，所以一种颜色并不固定地表达一种半径值，但是色谱表的数值始终反映的是表面上对应颜色区的实际曲率半径值。

（4）比例因子：通过改变比例因子扩大或缩小所选色谱表的量程。

（5）重置数据范围：恢复色谱表的默认量程。

（6）锐刺长度：用于设置刺猬梳的针的长度。

（7）显示分辨率：用于指定分析公差。其公差越小，分析精度越高，分析速度也越慢。

（8）显示小平面的边：显示由曲率分辨率决定的小平面的边。显示曲率分辨率越高，小平面越小。取消勾选该复选框，小平面的边消失。

（9）面的法向：通过"使面法向反向"和"指定内部位置"两种方法之一来改变被分析表面的法线方向。"使面法向反向"通过选取表面，使被选取的表面的法线方向反转；"指定内部位置"通过在表面的一侧指定一个点来指示表面的内侧，从而决定法线方向。

（10）颜色图例："圆角"表示表面的色谱逐渐过渡；"尖锐"表示表面的色谱无过渡色。

2. 反射

选择"菜单"→"分析"→"形状"→"反射"命令或单击"分析"功能区"面形状"组中的"反射"按钮，弹出如图 8-32 所示的"反射分析"对话框。可利用该对话框分析曲面的连续性。这是在飞机、汽车设计中常用的曲面分析命令，可以很好地表现一些严格曲面的表面质量。

图 8-32 "反射分析"对话框

（1）类型：用于选择使用哪种方式的图像来表现图片的质量。可以选择软件推荐的图片，也可以使用自己的图片。UG 将使用这些图片体在目标表面上对曲面进行分析。

（2）图像：对应每种类型，可以选用不同的图片。常使用的是"黑白线"≡。可以详细设置其中的条纹数目等。

①线的数量：指定黑色条纹或彩色条纹的数量。

②线的方向：指定条纹的方向。

③线的宽度：指定黑色条纹的粗细。

（3）面反射率：用于调整面的反光效果，以便更好地观察。

（4）移动图像：通过移动滑块，可以移动图片在曲面上的反光位置。

（5）图像大小：指定用来反射的图片的大小。

（6）显示分辨率：指定分辨率的大小。

（7）面的法向：改变曲面的法向。

通过使用反射分析方法可以分析曲面的连续性。

3．斜率

选择"菜单"→"分析"→"形状"→"斜率"命令或单击"分析"功能区"更多库"中的"斜率"按钮，弹出如图 8-33 所示的"斜率分析"对话框，用于分析曲面的斜率变化。在模具设计中，正的斜率代表可以直接拔模的地方，因此是模具设计中常用的分析功能。

4. 距离

选择"菜单"→"分析"→"形状"→"距离"命令，弹出如图 8-34 所示的"距离分析"对话框，用于分析当前曲面和其他曲面之间的距离。

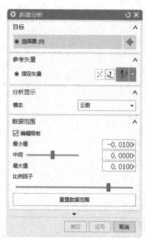

图 8-33 "斜率分析"对话框

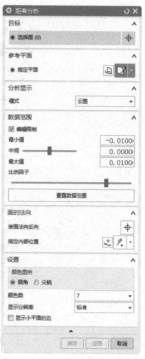

图 8-34 "距离分析"对话框

8.2.6 模型比较

选择"菜单"→"分析"→"模型比较"命令或单击"分析"选项卡"更多库"中的"模型比较"按钮 ，弹出如图 8-35 所示的"模型比较"对话框。该对话框用于两个关联或非关联部件实体的比较。

（1）显示：用于设置比较窗口部件的"面"和"边缘"及其颜色如何显示。

（2）面分类规则：在如图 8-35 所示的对话框中单击"面分类规则"按钮 ，弹出如图 8-36 所示的"模型比较规则"对话框，在此可进行相关设置。

图 8-35 "模型比较"对话框

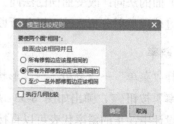

图 8-36 "模型比较规则"对话框

8.3 综合实例——分析鞋子

1. 打开文件

打开文件 xiezimoxing.prt，进入建模环境，如图 8-37 所示。

2. 分析半径

（1）选择"菜单"→"分析"→"形状"→"半径"命令或单击"分析"功能区"更多库"中的"半径"按钮👍，弹出如图 8-38 所示的"半径分析"对话框。在"类型"下拉列表中选择"高斯"，在"模态"下拉列表中选择"云图"，其余选项保持默认值。选择鞋子的表面作为分析曲面，单击"应用"按钮完成曲面半径分析，如图 8-39 所示。

图 8-37　鞋子模型

图 8-38　"半径分析"对话框

（2）此时的半径分析云图不易判断曲面的质量。因此，在"半径分析"对话框的"最小值"文本框中输入-20，在"最大值"文本框中输入 20，单击"应用"按钮，完成曲面半径分析，如图 8-40 所示。由半径分析云图的变化可知，鞋子的曲面存在 1 个收敛点。为了改善曲面质量，需要移除该收敛点。

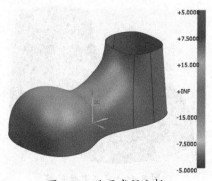

图 8-39　曲面半径分析

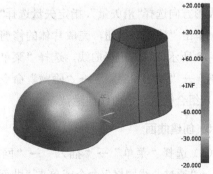

图 8-40　更改数据范围后的半径分析

3. 创建矩形

选择"菜单"→"插入"→"曲线"→"直线"命令或单击"曲线"功能区"曲线"组中的"直线"按钮╱，弹出如图 8-41 所示的"直线"对话框。创建坐标点分别为（-30，0，-30）、（-30，

0，30）；（-30，0，30）、（30，0，30）；（30，0，30）、（30，0，-30）和（30，0，-30）、（-30，0，-30）的4条直线，如图8-42所示。

图8-41 "直线"对话框

图8-42 生成的矩形

4. 修剪片体

（1）选择"菜单"→"插入"→"修剪"→"修剪片体"命令或单击"曲面"功能区"曲面操作"组中的"修剪片体"按钮，弹出如图8-43所示的"修剪片体"对话框。选择目标片体，如图8-44所示。

图8-43 "修剪片体"对话框

图8-44 选择目标片体

（2）选择生成的矩形曲线作为修剪曲面的曲线。投影方向选择"沿矢量"，指定矢量选择"-YC轴"，单击"确定"按钮，完成片体的修剪，如图8-45所示。单击矩形曲线，选择"菜单"→"编辑"→"显示和隐藏"→"隐藏"命令或按Ctrl+B组合键，选中曲线被隐藏。

5. 创建曲面

（1）选择"菜单"→"插入"→"网格曲面"→"通过曲线网格"命令或单击"曲面"功能区"曲面"组中的"通过曲线网格"按钮，弹出如图8-46所示的"通过曲线网格"对话框。选择主线串，如图8-47所示。选择交叉线串，如图8-48所示。

图8-45 完成片体修剪

（2）将第一主线串连续性设置为G1（相切），如图8-49所示。选择相切面，如图8-50所示示。将第二主线串连续性也设置为 G1（相切），如图 8-51 所示。选择相切面，如图 8-50 所示。将第一交叉线串连续性设置为 G1（相切），如图 8-52 所示。

图 8-46 "通过曲线网格"对话框

图 8-47 选择主线串

图 8-48 选择交叉线串

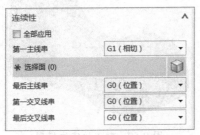

图 8-49 第一主线串连续性设置

图 8-50 选择相切面

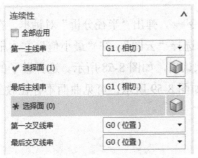

图 8-51 第二主线串连续性设置

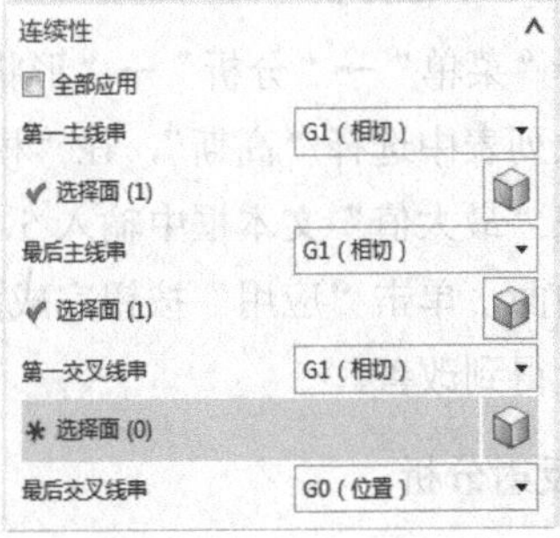

图 8-52 第一交叉线串连续性设置

(3) 其余选项保持默认值，单击"确定"按钮，生成网格曲面，如图 8-53 所示。

6. 缝合曲面

选择"菜单"→"插入"→"组合"→"缝合"命令或单击"曲面"功能区"曲面操作"组中的"缝合"按钮，弹出如图 8-54 所示的"缝合"对话框。在"类型"下拉列表中选择"片体"选项，目标选择鞋子的上部曲面，如图 8-55 所示，工具选择其余的片体，如图 8-56 所示。单击"确定"按钮，鞋子的曲面被缝合，生成如图 8-57 所示的鞋子的实体模型。

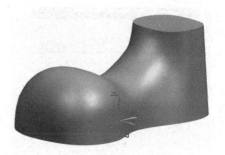

图 8-53　网格曲面

图 8-54　"缝合"对话框

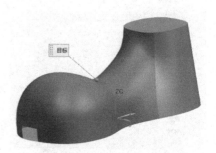

图 8-55　选择目标

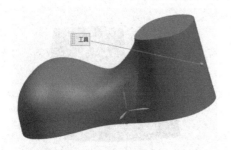

图 8-56　选择工具

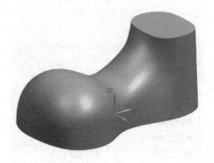

图 8-57　鞋子的实体模型

7. 曲率半径分析

选择"菜单"→"分析"→"形状"→"半径"命令，弹出"半径分析"对话框。在"类型"下拉列表中选择"高斯"，在"模态"下拉列表中选择"云图"，在"最小值"文本框中输入-5，在"最大值"文本框中输入 5，其余选项保持默认值，如图 8-58 所示。选择鞋子的表面为分析曲面，单击"应用"按钮完成曲率半径分析，如图 8-59 所示，可见曲面不存在收敛点，曲面质量得到改善。

8. 反射分析

选择"菜单"→"分析"→"形状"→"反射"命令或单击"分析"功能区"面形状"

组中的"反射"按钮 ，弹出如图 8-60 所示的"反射分析"对话框。对话框中的选项保持默认值,选择鞋子的表面作为分析曲面,单击"应用"按钮完成反射分析,如图 8-61 所示,通过旋转观察反射纹的变化情况来确认修改后的曲面是否达到设计要求。

图 8-58 "半径分析"对话框

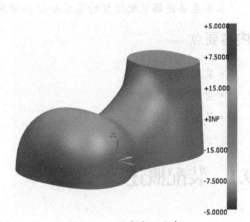

图 8-59 曲率半径分析

图 8-60 "反射分析"对话框

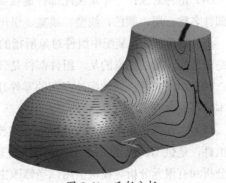

图 8-61 反射分析

第 9 章 装配建模

本章导读

UG 的装配模块不仅能快速组合零部件成为产品，而且在装配中，可以参考其他部件进行部件关联设计，并可以对装配模型进行间隙分析等相关操作。在完成装配模型后，还可以建立爆炸图。

本章主要讲解装配过程的基础知识和常用模块及方法，让用户对装配建模有进一步的认识。

内容要点

- 装配概述
- 自底向上装配
- 装配爆炸图

9.1 装配概述

9.1.1 相关术语和概念

相关术语和概念

（1）装配：在装配过程中建立部件之间的连接功能，由装配部件和子装配组成。

（2）装配部件：由零件和子装配构成的部件。UG 允许任何一个 prt 文件中添加部件构成装配，因此，任何一个 prt 文件都可以作为装配部件。在 UG 中，零件和部件不必严格区分。需要注意的是，当存储一个装配时，各部件的实际几何数据并不储存在装配部件文件中，而是存储在相应的部件（零件文件）中。

（3）子装配：在高一级装配中被用作组件的装配。子装配也拥有自己的组件。子装配是一个相对概念，任何一个装配都可在更高级的装配中作为子装配。

（4）组件对象：一个从装配部件链接到部件主模型的指针实体。一个组件对象记录的信息有部件名称、层、颜色、线型、线宽、引用集、配对条件等。

（5）组件部件：装配中组件对象所指的部件文件。组件部件可以是单个部件（零件），也可以是子装配。需要注意的是，组件部件是装配体引用而不是复制到装配体中的。

（6）单个零件：在装配外存在的零件几何模型。可以将单个零件添加到一个装配中去，但它本身不能含有下级组件。

（7）主模型：利用 Master Model（主模型）功能创建的装配模型，是由单个零件组成的装配组件，是供 UG 模块共同引用的部件模型。同一个主模型可同时被工程图、装配、加工、机构分析和有限元分析等模块引用，当修改主模型时，相关引用自动更新。

（8）自顶向下装配：在装配级中创建与其他部件相关的部件模型，是在装配部件的顶级向下生成子装配和部件（零件）的装配方法。

（9）自底向上装配：先创建部件几何模型，再组合成子装配，最后生成装配部件的装配方法。

（10）混合装配：将自顶向下装配和自底向上装配结合在一起的装配方法。例如，先创建几个主要部件模型，再将其装配到一起，然后在装配中设计其他部件。

9.1.2 引用集

引用集

在装配中，由于各部件含有草图、基准平面及其他辅助图形对象，如果在装配中显示所有对象，不但容易混淆图形，而且会占用大量内存，不利于装配工作的进行。通过引用集功能能够限制加载于装配图中的装配部件的不必要信息。

引用集是用户在零部件中定义的部分几何对象，它代表相应的零部件参与装配。引用集可以包含下列数据对象：零部件名称、原点、方向、几何体、坐标系、基准轴、基准平面、属性等。创建完引用集后，就可以单独装配到部件中了。一个零部件可以有多个引用集。

选择"菜单"→"格式"→"引用集"命令，弹出如图 9-1 所示的"引用集"对话框。

图 9-1 "引用集"对话框

（1）添加新的引用集：创建新的引用集。单击该按钮，输入使用于引用集的名称，并选择对象。

（2）移除：可以有选择性地移除已创建的引用集中的项目。移除引用集只不过是在目录中删除而已。

（3）设为当前的：把所选引用集设定为当前的引用集。

（4）属性：编辑引用集的名称和属性。

（5）信息：显示工作部件的全部引用集的名称、属性、个数等信息。

9.1.3 装配导航器

装配导航器又称"装配导航工具"。它提供了一个装配结构的图形显示界面，也被称为"树形表"，单击左侧的"装配导航器"按钮即可打开，如图 9-2 所示。只有掌握了装配导航器，才能灵活地运用装配功能。

图 9-2 "树形表"示意图

1. 节点显示

装配导航器以树形结构显示，非常清楚地表达了各个组件之间的装配关系。

2. 装配导航器图标

装配导航器用不同的图标表示装配中的不同子装配和组件。同时，各零部件不同的装载状态也用不同的图标表示。

（1）：装配或子装配。

①如果图标呈黄色，则此装配在工作部件内。

②如果图标是黑色实线，则此装配不在工作部件内。

③如果图标是灰色虚线，则此装配已被关闭。

（2）：装配结构组件。

①如果图标呈黄色，则此组件在工作部件内。

②如果图标是黑色实线，则此组件不在工作部件内。

③如果图标是灰色虚线，则此组件已被关闭。

3. 检查盒

检查盒提供了快速确定部件工作状态的方法，允许用户用一个非常简单的方法装载并显示部件。部件工作状态用检查盒指示器表示。

（1）☐：当前组件或子装配处于关闭状态。

（2）☑：当前组件或子装配处于隐藏状态，此时检查框为灰色。

（3）☑：当前组件或子装配处于显示状态，此时检查框为红色。

4. 快捷菜单

如果将光标移动到一个节点或选择若干个节点，右击，则弹出快捷菜单，其中提供了很多便捷命令，以方便用户操作，如图 9-3 所示。

（1）设为工作部件：将所选组件设为工作部件。

（2）打开：打开所选组件。

（3）关闭：关闭所选组件或装配。

图 9-3 快捷菜单

（4）替换引用集：替换所选组件的引用集。

（5）替换组件：选择该命令后，弹出如图 9-4 所示的"替换组件"对话框，用于替换所选组件。

（6）装配约束：选择该命令后，弹出"装配约束"对话框，用于对组件进行装配或编辑装配。

（7）移动：选择该命令后，弹出"移动组件"对话框，用于对组件进行移动定位。

5. "预览"面板

"预览"面板是装配导航器的一个扩展区域，显示装载或未装载的组件，在处理大装配时，有助于用户根据需要打开组件，更好地掌握其装配性能。

图 9-4 "替换组件"对话框

6. "依附性"面板

"依附性"面板是装配导航器和部件导航器的一个特殊扩展。装配导航器的"依附性"面板允许查看部件或装配内所选对象的依附性,包括配对约束和 WAVE 依附性,可以用它来分析和修改计划对部件或装配的潜在影响。

9.2 自底向上装配

自底向上装配是常用的装配方法,即先设计装配中的部件,再将部件添加到装配中,由底向上逐级进行装配。

9.2.1 添加已经存在的组件

选择"菜单"→"装配"→"组件"命令,打开"组件"子菜单,如图 9-5 所示。装配组件相关命令均在该子菜单中。

采用自底向上的装配方法时,选择添加已存在组件的方式有绝对坐标定位方式和配对定位方式两种。一般来说,第 1 个部件采用绝对坐标定位方式添加,其余部件采用配对定位方式添加。

选择"菜单"→"装配"→"组件"→"添加组件"命令或单击"装配"功能区"组件"组中的"添加"按钮,弹出如图 9-6 所示的"添加组件"对话框。如果要进行装配的组件还没有打开,可以单击"打开"按钮,在弹出的"打开"对话框中从磁盘目录选择;如果组件已经打开,组件名称会出现在"已加载的部件"列表中,可以从中直接选择。单击"确定"按钮,返回如图 9-6 所示的"添加组件"对话框。进行相关设置后,单击"确定"按钮,完成添加操作。

图 9-5 "组件"子菜单

图 9-6 "添加组件"对话框

(1) 名称：可以为组件重新命名。

(2) 引用集：设置已添加组件的引用集，有"模型""整个部件""空的"3种类型。

(3) 保持选定：勾选该复选框，维持部件的选择，这样就可以在下一个添加操作中快速添加相同的部分。

(4) 图层选项：用于指定部件放置的目标层。

①工作：用于将部件放置到装配图的工作层中。

②原始的：用于将部件放置到部件原来的层中。

③按指定的：用于将部件放置到指定的层中。选择该选项，在其下方的"层"文本框中输入需要的层号即可。

(5) 装配位置：装配中组件的目标坐标系，提供了"对齐""绝对坐标系-工作部件""绝对坐标系-显示部件"和"工作坐标系"4种装配位置。

①对齐：通过选择位置来定义坐标系。

②绝对坐标系-工作部件：将组件放置于当前工作部件的绝对原点。

③绝对坐标系-显示部件：将组件放置于当前显示部件的绝对原点。

④工作坐标系：将组件放置于工作坐标系。

9.2.2 组件的装配

组件的装配

1. 移动组件

选择"菜单"→"装配"→"组件位置"→"移动组件"命令或单击"装配"功能区"组件位置"组中的"移动组件"按钮，弹出如图9-7所示的"移动组件"对话框。

(1) 角度：用于设置绕轴和点旋转组件的角度。选择该选项，"移动组件"对话框如图9-8所示。选择旋转轴，然后选择旋转点，在"角度"文本框中输入要旋转的角度值，单击"确定"按钮即可。

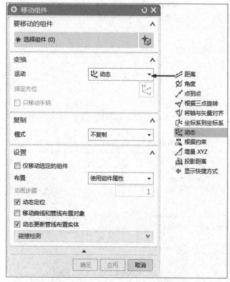

图9-7 "移动组件"对话框

图9-8 选择"角度"选项时的"移动组件"对话框

(2）点到点：用于采用点到点的方式移动组件。选择该选项，打开"点"对话框，提示先后选择两个点，系统根据这两个点构成的矢量和两点间的距离，沿着其矢量方向移动组件。

(3）根据三点旋转：用于在 3 个点之间旋转所选的组件。选择该选项，弹出"点"对话框，要求先后指定 3 个点，WCS 将原点落到第 1 个点，同时计算第 1 个点与第 2 个点构成的矢量和第 1 个点与第 3 个点构成的矢量之间的夹角，按照这个夹角旋转组件。

(4）将轴与矢量对齐：用于在选择的两个轴之间旋转所选的组件。选择该选项，选择要定位的组件，然后指定起始矢量、终止矢量和枢轴点，如图 9-9 所示，单击"确定"按钮即可。

(5）坐标系到坐标系：用于采用移动坐标方式重新定位所选组件。选择该选项，选择要定位的组件，然后指定起始坐标系和目标坐标系，如图 9-10 所示。选择一种坐标定义方式定义起始坐标系和目标坐标系后，单击"确定"按钮，则组件从起始坐标系的相对位置移动到目标坐标系的对应位置。

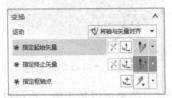

图 9-9 "将轴与矢量对齐"参数设置

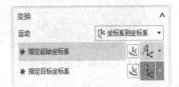

图 9-10 "坐标系到坐标系"参数设置

(6）动态：用于通过拖动、文本框或"点"对话框来重新定位组件。

(7）根据约束：用于通过创建移动组件的约束来移动组件。

(8）增量 XYZ：用于沿 X 轴、Y 轴和 Z 轴方向平移所选组件。选择该选项，"移动组件"对话框如图 9-11 所示。如果输入的值为正，则沿坐标轴正向移动；反之，则沿坐标轴负向移动。

2. 装配约束

选择"菜单"→"装配"→"组件"→"装配约束"命令或单击"装配"功能区"组件位置"组中的"装配约束"按钮，弹出如图 9-12 所示的"装配约束"对话框。该对话框用于通过配对约束确定组件在装配中的相对位置。

图 9-11 选择"增量 XYZ"选项时的
"移动组件"对话框

图 9-12 "装配约束"对话框

(1) ᵐ⃗ 接触对齐：用于约束两个对象，使其彼此接触或对齐，如图9-13所示。

①接触：定义两个同类对象相一致。

②对齐：对齐匹配对象。

③自动判断中心/轴：使圆锥、圆柱和圆环面的轴线重合。

(2) ◎同心：用于将相配组件中的一个对象定位到基础组件中的一个对象的中心上，其中一个对象必须是圆柱或轴对称实体，如图9-14所示。

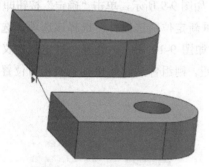 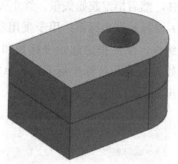

图9-13 "接触对齐"示意图　　　　　图9-14 "同心"示意图

(3) ⃔距离：用于指定两个相配对象间的最小三维距离。距离可以是正值，也可以是负值，正负号确定相配对象在目标对象的哪一边，如图9-15所示。

(4) ⊥固定：用于将对象固定在其当前位置。

(5) ∥平行：用于约束两个对象的方向矢量彼此平行，如图9-16所示。

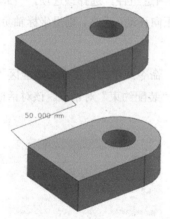 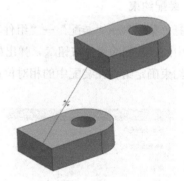

图9-15 "距离"示意图　　　　　图9-16 "平行"示意图

(6) ⊥垂直：用于约束两个对象的方向矢量彼此垂直，如图9-17所示。

(7) 对齐/锁定：用于对齐不同对象中的两个轴，同时防止绕公共轴旋转。通常，当需要将螺栓完全约束在孔中时，这将作为约束条件之一。

(8) =适合窗口：用于约束半径相同的两个对象，如圆边或椭圆边、圆柱面或球面。如果半径变为不相等，则该约束无效。

(9) 胶合：用于将对象约束到一起，以使它们作为刚体移动。

(10) 中心：用于约束两个对象的中心对齐。

①1对2：用于将相配组件中的一个对象定位到基础组件中的两个对象的对称中心上。

② 2 对 1：用于将相配组件中的两个对象定位到基础组件中的一个对象上，并与其对称。

③ 2 对 2：用于将相配组件中的两个对象与基础组件中的两个对象对称布置。

> **提示**
> 相配组件是指需要添加约束进行定位的组件，基础组件是指位置固定的组件。

（11）角度：用于在两个对象之间定义角度尺寸，将相配组件约束到正确的方位上，如图 9-18 所示。角度约束可以在两个具有方向矢量的对象间产生，角度是两个方向矢量间的夹角。这种约束允许配对不同类型的对象。

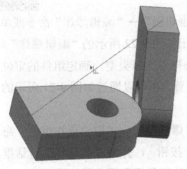
图 9-17 "垂直"示意图

图 9-18 "角度"示意图

9.3 装配爆炸图

爆炸图是在装配环境下把组成装配的组件拆分开来，更好地表达整个装配的组成状况，便于用户观察每个组件的一种方法。爆炸图是一个已经命名的视图，一个模型中可以有多个爆炸图。UG 默认的爆炸图名为 Explosion，后加数字后缀。用户也可根据需要指定爆炸图名称。选择"菜单"→"装配"→"爆炸图"命令，弹出如图 9-19 所示的"爆炸图"子菜单。选择"菜单"→"信息"→"装配"→"爆炸"命令，按系统提示操作，可以查询爆炸信息。

图 9-19 "爆炸图"子菜单

9.3.1 爆炸图的建立

爆炸图的建立

选择"菜单"→"装配"→"爆炸图"→"新建爆炸"命令或单击"装配"功能区"爆炸图"组中的"新建爆炸"按钮，弹出如图 9-20 所示的"新建爆炸"对话框。在该对话框中输入爆炸视图的名称，或者接受默认名，单击"确定"按钮，建立一个新的爆炸视图。

9.3.2 自动爆炸视图

自动爆炸视图

选择"菜单"→"装配"→"爆炸图"→"自动爆炸组件"命令或单击"装配"功能区"爆炸图"组中的"自动爆炸组件"按钮，弹出"类选择"对话框。选择需要爆炸的组件，弹出如图 9-21 所示的"自动爆炸组件"对话框。"距离"选项用于设置自动爆炸组件之间的距离。

图 9-20 "新建爆炸"对话框

图 9-21 "自动爆炸组件"对话框

9.3.3 编辑爆炸视图

（1）移动爆炸对象：选择"菜单"→"装配"→"爆炸图"→"编辑爆炸"命令或单击"装配"功能区"爆炸图"组中的"编辑爆炸"按钮，弹出如图 9-22 所示的"编辑爆炸"对话框。选择需要编辑的组件，然后选择需要的编辑方式，再选择点选择类型，确定组件的定位方式，然后可以直接用光标选取工作区中的组件，移动组件位置，也可以通过如图 9-21 所示的对话框输入距离值实现组件移动。

（2）取消爆炸组件：选择"菜单"→"装配"→"爆炸图"→"取消爆炸组件"命令或单击"装配"功能区"爆炸图"组中的"取消爆炸组件"按钮，弹出"类选择"对话框。选择需要复位的组件后，单击"确定"按钮，即可使已爆炸的组件回到原来的位置。

（3）删除爆炸组件：选择"菜单"→"装配"→"爆炸图"→"删除爆炸"命令或单击"装配"功能区"爆炸图"组中的"删除爆炸"按钮，弹出如图 9-23 所示的"爆炸图"对话框。选择要删除的爆炸图的名称，单击"确定"按钮，即可完成删除操作。

图 9-22 "编辑爆炸"对话框

图 9-23 "爆炸图"对话框

（4）隐藏爆炸图：选择"菜单"→"装配"→"爆炸图"→"隐藏爆炸"命令，将当前爆炸图隐藏起来，使工作区中的组件恢复到爆炸前的状态。

（5）显示爆炸图：选择"菜单"→"装配"→"爆炸图"→"显示爆炸"命令，将已建立的爆炸图显示在工作区中。

9.4 综合实例——虎钳装配

1. 新建文件

（1）启动 UG NX 12.0 软件。

（2）选择"文件"→"新建"命令、选择"菜单"→"文件"→"新建"命令或按 Ctrl+N

组合键，弹出如图 9-24 所示的"新建"对话框。在"模型"选项卡中选择"装配"模板，在"新文件名"的"名称"文本框中输入 huqianzhuangpei，单击"确定"按钮，进入建模环境。

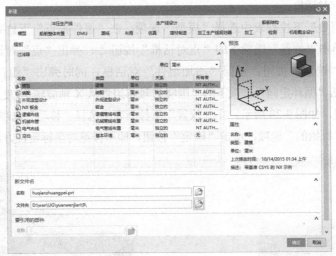

图 9-24 "新建"对话框

2. 添加钳座零件

（1）选择"菜单"→"装配"→"组件"→"添加组件"命令或单击"装配"功能区"组件"组中的"添加"按钮，弹出如图 9-25 所示的"添加组件"对话框。

（2）单击"打开"按钮，弹出如图 9-26 所示的"部件名"对话框。

图 9-25 "添加组件"对话框

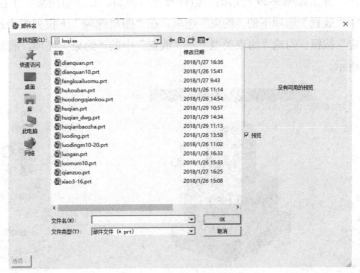

图 9-26 "部件名"对话框

(3) 选择已存在的零部件文件，勾选右侧的"预览"复选框，可以预览已存在的零部件。选择 qianzuo.prt 文件，右侧"预览"窗口中显示出该文件中保存的钳座实体。单击 OK 按钮，返回"添加组件"对话框。

(4) 在"引用集"下拉列表中选择"模型"选项，在"组件锚点"下拉列表中选择"绝对坐标系"选项，单击"位置"选项下的"点对话框"按钮，弹出"点"对话框。设置放置位置为原点，单击"确定"按钮，返回"添加组件"对话框，同时弹出"组件预览"窗口，如图 9-27 所示。单击"循环定向"选项下的"围绕 Z 轴将组件从 X 轴旋转 90 度到 Y 轴"按钮，调整钳座放置位置，如图 9-28 所示。在"放置"下拉列表中选择"移动"选项，在"图层选项"下拉列表中选择"原始的"选项，单击"确定"按钮，即可按绝对坐标定位方法添加钳座零件。

图 9-27　钳座预览图

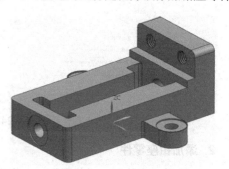

图 9-28　添加钳座

3. 添加方块螺母零件

(1) 选择"菜单"→"装配"→"组件"→"添加组件"命令或单击"装配"功能区"组件"组中的"添加"按钮，弹出"添加组件"对话框。单击"打开"按钮，弹出"部件名"对话框。选择 fangkuailuomu.prt 文件，右侧"预览"窗口中显示出方块螺母的预览图。单击 OK 按钮，返回"添加组件"对话框。

(2) 单击"选择对象"选项下的"放置组件的位置"按钮，在工作区中放置方块螺母零件，弹出如图 9-29 所示的"组件预览"窗口。在"引用集"下拉列表中选择"模型"选项，选中"放置"选项下的"约束"选项，在"图层选项"下拉列表中选择"原始的"选项，单击"确定"按钮。勾选"约束类型"→"放置"中的"约束"选项，展开"约束类型"选项，如图 9-30 所示。

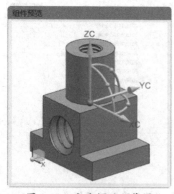

图 9-29　方块螺母预览图

图 9-30　"约束类型"选项

(3) 单击"接触对齐"按钮，在"方位"下拉列表中选择"接触"选项，在"组件预览"窗口中选择方块螺母底部上端面，接下来在工作区中选择钳座底面，单击"应用"按钮，如图 9-31 所示。然后选择如图 9-32 所示的方块螺母侧面与钳座内槽侧面，单击"应用"按钮。

图 9-31　接触对齐装配 1

图 9-32　接触对齐装配 2

(4) 单击"距离"按钮，选择如图 9-33 所示的方块螺母侧面，接下来在工作区中选择钳座侧面，在"距离"文本框中输入 33。

(5) 单击"确定"按钮，完成钳座与方块螺母装配，结果如图 9-34 所示。

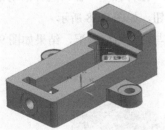

图 9-33　距离装配

图 9-34　钳座与方块螺母装配

4. 添加活动钳口零件

(1) 选择"菜单"→"装配"→"组件"→"添加组件"命令或单击"装配"功能区"组件"组中的"添加"按钮，弹出"添加组件"对话框。单击"打开"按钮，弹出"部件名"对话框。选择 huodongqiankou.prt 文件，右侧"预览"窗口中显示出活动钳口的预览图。单击 OK 按钮，返回"添加组件"对话框。

(2) 单击"放置组件的位置"按钮，在工作区中放置活动钳口零件，弹出如图 9-35 所示的"组件预览"窗口。勾选"约束类型"→"放置"中的"约束"选项，展开"约束类型"选项。单击"接触对齐"按钮，在"方位"下拉列表中选择"接触"选项，在"组件预览"窗口中选择活动钳口下端面，接下来在工作区中选择钳座上端面，单击"应用"按钮，如图 9-36 所示。

(3) 单击"接触对齐"按钮，在"方位"下拉列表中选择"自动判断中心/轴"选项，在"组件预览"窗口选择活动钳口内圆环面，接下来在工作区中选择方口螺母外圆环面，单击"应用"按钮，如图 9-37 所示。

图 9-35 活动钳口预览图

图 9-36 接触对齐装配 1

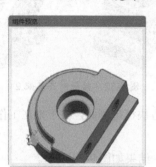

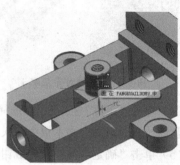
图 9-37 接触对齐装配 2

（4）单击"平行"按钮，首先在"组件预览"窗口选择活动钳口前端面，接下来在工作区中选择钳座左端面，单击"应用"按钮，如图 9-38 所示。

（5）单击"确定"按钮，完成钳座与活动钳口装配，结果如图 9-39 所示。

图 9-38 平行装配

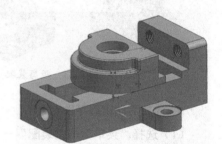
图 9-39 钳座与活动钳口装配

5. 添加螺钉零件

（1）选择"菜单"→"装配"→"组件"→"添加组件"命令或单击"装配"功能区"组件"组中的"添加"按钮，弹出"添加组件"对话框。单击"打开"按钮，弹出"部件名"对话框。选择 luoding.prt 文件，右侧"预览"窗口中显示出螺钉的预览图。单击 OK 按钮，返回"添加组件"对话框。

（2）在"引用集"下拉列表中选择"模型"选项，选中"放置"选项下的"约束"选项，在"图层选项"下拉列表中选择"原始的"选项，单击"放置组件的位置"按钮，在工作区中放置螺钉零件，弹出如图 9-40 所示的"组件预览"窗口。单击"接触对齐"按钮，在"方位"下拉列表中选择"接触"选项，在"组件预览"窗口中选择螺钉上端面，接下来在工作区中选择活动钳口的内上端面，单击"应用"按钮，如图 9-41 所示。

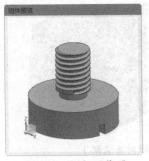

图 9-40　螺钉预览图　　　　　图 9-41　接触对齐装配 1

（3）单击"接触对齐"按钮，在"方位"下拉列表中选择"自动判断中心/轴"选项，在"组件预览"窗口中选择螺钉外环面，接下来在工作区中选择活动钳口内圆环面，单击"应用"按钮，如图 9-42 所示。

（4）单击"确定"按钮，完成螺钉与活动钳口装配，结果如图 9-43 所示。

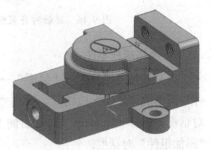

图 9-42　接触对齐装配 2　　　　　图 9-43　螺钉与活动钳口装配

6. 添加垫圈零件

（1）选择"菜单"→"装配"→"组件"→"添加组件"命令或单击"装配"功能区"组件"组中的"添加"按钮，弹出"添加组件"对话框。单击"打开"按钮，弹出"部件名"对话框。选择 dianquan.prt 文件，右侧"预览"窗口中显示出垫圈的预览图。单击 OK 按钮，返回"添加组件"对话框。

（2）在"引用集"下拉列表中选择"模型"选项，选中"放置"选项下的"约束"选项，在"图层选项"下拉列表中选择"原始的"选项，单击"放置组件的位置"按钮，在工作区中放置垫圈零件，弹出如图 9-44 所示的"组件预览"窗口。勾选"约束类型"→"放置"中的"约束"选项，展开"约束类型"选项。单击"接触对齐"按钮，在"方位"下拉列表中选择"接触"选项，在"组件预览"窗口中选择垫圈端面，接下来在工作区中选择钳座右端孔的端面，单击"应用"按钮，如图 9-45 所示。

（3）单击"接触对齐"按钮，在"方位"下拉列表中选择"自动判断中心/轴"选项，在"组件预览"窗口中选择垫圈内环面，接下来在工作区中选择钳座孔内圆环面，单击"应用"按钮，如图 9-46 所示。

（4）单击"确定"按钮，完成垫圈与钳座装配，结果如图 9-47 所示。

图 9-44　垫圈预览图　　　　　　图 9-45　接触对齐装配 1

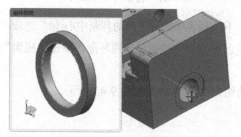 

图 9-46　接触对齐装配 2　　　　　图 9-47　垫圈与钳座装配

7. 添加螺杆零件

（1）选择"菜单"→"装配"→"组件"→"添加组件"命令或单击"装配"功能区"组件"组中的"添加"按钮，弹出"添加组件"对话框。单击"打开"按钮，弹出"部件名"对话框。选择 luogan.prt 文件，右侧"预览"窗口中显示出螺杆的预览图。单击 OK 按钮，返回"添加组件"对话框。

（2）单击"放置组件的位置"按钮，在工作区中放置螺杆零件，弹出如图 9-48 所示的"组件预览"窗口。勾选"约束类型"→"放置"中的"约束"选项，展开"约束类型"选项。单击"接触对齐"按钮，在"方位"下拉列表中选择"接触"选项，在"组件预览"窗口中选择螺杆第二段圆柱的左端面，接下来在工作区中选择垫圈的右端面，单击"应用"按钮，如图 9-49 所示。

 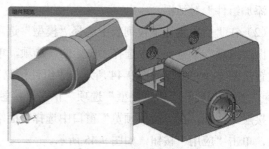

图 9-48　螺杆预览图　　　　　　图 9-49　接触对齐装配 1

（3）单击"接触对齐"按钮，在"方位"下拉列表中选择"自动判断中心/轴"选项，在"组件预览"窗口中选择螺杆外环面，接下来在工作区中选择钳座孔内圆环面，单击"应用"按钮，如图 9-50 所示。

（4）单击"确定"按钮，完成螺杆与钳座装配，结果如图 9-51 所示。

图 9-50　接触对齐装配 2

图 9-51　螺杆与钳座装配

8. 添加垫圈 10 零件

（1）选择"菜单"→"装配"→"组件"→"添加组件"命令或单击"装配"功能区"组件"组中的"添加"按钮，弹出"添加组件"对话框。单击"打开"按钮，弹出"部件名"对话框。选择 dianquan10.prt 文件，右侧"预览"窗口中显示出垫圈 10 的预览图。单击 OK 按钮，返回"添加组件"对话框。

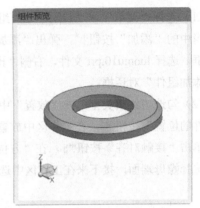

图 9-52　垫圈 10 预览图

（2）单击"放置组件的位置"按钮，在工作区中放置垫圈 10 零件，弹出如图 9-52 所示的"组件预览"窗口。勾选"约束类型"→"放置"中的"约束"选项，展开"约束类型"选项。单击"接触对齐"按钮，在"方位"下拉列表中选择"接触"选项，在"组件预览"窗口中选择垫圈 10 的下端面，接下来在工作区中选择钳座左边孔的端面，如图 9-53 所示。

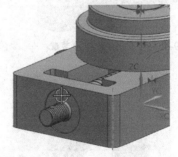

图 9-53　接触对齐装配 1

（3）单击"接触对齐"按钮，在"方位"下拉列表中选择"自动判断中心/轴"选项，在"组件预览"窗口中选择垫圈外环面，接下来在工作区中选择钳座左边孔内圆环面，单击"应用"按钮，如图 9-54 所示。

图 9-54　接触对齐装配 2

（4）单击"确定"按钮，完成垫圈 10 与钳座装配，结果如图 9-55 所示。

9. 添加螺母 10 零件

（1）选择"菜单"→"装配"→"组件"→"添加组件"命令或单击"装配"功能区"组件"组中的"添加"按钮，弹出"添加组件"对话框。单击"打开"按钮，弹出"部件名"对话框。选择 luomu10.prt 文件，右侧"预览"窗口中显示出螺母的预览图。单击 OK 按钮，返回"添加组件"对话框。

（2）勾选"约束类型"→"放置"中的"约束"选项，展开"约束类型"选项。单击"放置组件的位置"按钮，在工作区中放置螺母 10 零件，弹出如图 9-56 所示的"组件预览"窗口。单击"接触对齐"按钮，在"方位"下拉列表中选择"接触"选项，在"组件预览"窗口中选择螺母端面，接下来在工作区中选择垫圈左端面，单击"应用"按钮，如图 9-57 所示。

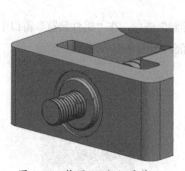

图 9-55　垫圈 10 与钳座装配

图 9-56　螺母 10 预览图

图 9-57　接触对齐装配 1

(3)单击"接触对齐"按钮,在"方位"下拉列表中选择"自动判断中心/轴"选项,在"组件预览"窗口中选择螺母 10 的内螺纹面,接下来在工作区中选择螺杆的螺纹面,单击"应用"按钮,如图 9-58 所示。

(4)单击"确定"按钮,完成螺母 10 与螺杆装配,结果如图 9-59 所示。

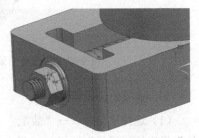

图 9-58 接触对齐装配 2　　　　　　图 9-59 螺母 10 与螺杆装配

10. 添加销零件

(1)选择"菜单"→"装配"→"组件"→"添加组件"命令或单击"装配"功能区"组件"组中的"添加"按钮,弹出"添加组件"对话框。单击"打开"按钮,弹出"部件名"对话框。选择 xiao.prt 文件,右侧"预览"窗口中显示出销的预览图。单击 OK 按钮,返回"添加组件"对话框。

(2)单击"放置组件的位置"按钮,在工作区中放置销零件,弹出如图 9-60 所示的"组件预览"窗口。勾选"约束类型"→"放置"中的"约束"选项,展开"约束类型"选项。单击"接触对齐"按钮,在"方位"下拉列表中选择"对齐"选项,在"组件预览"窗口中选择销的大端面,接下来在工作区中选择螺母的侧面,单击"应用"按钮,如图 9-61 所示。

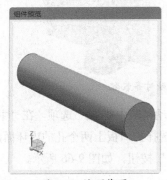

图 9-60 销预览图　　　　　　图 9-61 接触对齐装配 1

(3)单击"接触对齐"按钮,在"方位"下拉列表中选择"自动判断中心/轴"选项,在"组件预览"窗口中选择销外环面,接下来在工作区中选择螺杆上孔内圆环面,单击"应用"按钮,如图 9-62 所示。

(4)单击"确定"按钮,完成销与螺杆装配,结果如图 9-63 所示。

图 9-62　接触对齐装配 2　　　　　图 9-63　销与螺杆装配

11. 添加护口板零件

（1）选择"菜单"→"装配"→"组件"→"添加组件"命令或单击"装配"功能区"组件"组中的"添加"按钮，弹出"添加组件"对话框。单击"打开"按钮，弹出"部件名"对话框。选择 hukouban.prt 文件，右侧"预览"窗口中显示出护口板的预览图。单击 OK 按钮，返回"添加组件"对话框。

（2）单击"放置组件的位置"按钮，在工作区中放置护口板零件，弹出如图 9-64 所示的"组件预览"窗口。勾选"约束类型"→"放置"中的"约束"选项，展开"约束类型"选项。单击"接触对齐"按钮，在"方位"下拉列表中选择"接触"选项，在"组件预览"窗口中选择护口板下端面，接下来在工作区中选择钳座的左端面，单击"应用"按钮，如图 9-65 所示。

图 9-64　护口板预览图　　　　　图 9-65　接触对齐装配

（3）单击"中心"按钮，在"方位"下拉列表中选择"自动判断中心/轴"选项，在"中心对象"下拉列表中选择"2 对 2"选项，在"组件预览"窗口中选择护口板上两个孔的内环面，接下来在工作区中选择钳座上两螺纹孔的内螺纹面，单击"应用"按钮，如图 9-66 所示。

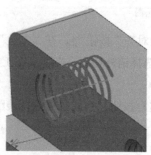

图 9-66　中心装配

(4) 单击"确定"按钮，完成护口板与钳座装配，结果如图 9-67 所示。

(5) 操作方法同上，完成另一个护口板与钳座装配，结果如图 9-68 所示。

图 9-67 护口板与钳座装配

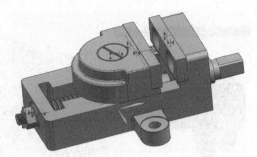
图 9-68 另一个护口板与钳座装配

12. 添加螺钉零件

(1) 选择"菜单"→"装配"→"组件"→"添加组件"命令或单击"装配"功能区"组件"组中的"添加"按钮，弹出"添加组件"对话框。单击"打开"按钮，弹出"部件名"对话框。选择 luodingM10-20.prt 文件，右侧"预览"窗口中显示出螺钉的预览图。单击 OK 按钮，返回"添加组件"对话框。

(2) 单击"放置组件的位置"按钮，在工作区中放置护口板零件，弹出如图 9-69 所示的"组件预览"窗口。

(3) 勾选"约束类型"→"放置"中的"约束"选项，展开"约束类型"选项。单击"接触对齐"按钮，在"方位"下拉列表中选择"接触"选项，在"组件预览"窗口中选择螺钉的外端面，接下来在工作区中选择钳座螺钉孔的外端面，单击"应用"按钮，如图 9-70 所示。

图 9-69 护口板预览图

图 9-70 接触对齐装配 1

(4) 单击"接触对齐"按钮，在"方位"下拉列表中选择"自动判断中心/轴"选项，在"组件预览"窗口中选择螺钉的螺纹面，接下来在工作区中选择护口板上孔的内圆环面，单击"应用"按钮，如图 9-71 所示。单击"确定"按钮，完成螺钉的装配。

(5) 选择"菜单"→"装配"→"组件"→"阵列组件"命令或单击"装配"功能区"组件"组中的"阵列组件"按钮，弹出"阵列组件"对话框，如图 9-72 所示。

(6) 选择已装配的螺钉，在"布局"下拉列表中选择"线性"选项，在"指定矢量"下拉列表中选择 XC 选项，在"数量"和"节距"文本框中分别输入 2 和 40，单击"应用"按钮，阵列完成，结果如图 9-73 所示。

图 9-71　接触对齐装配 2　　　　　　　图 9-72　"阵列组件"对话框

（7）操作方法同上，完成螺钉与另一个护口板的装配，结果如图 9-74 所示。

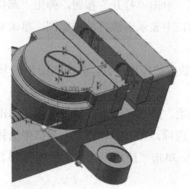 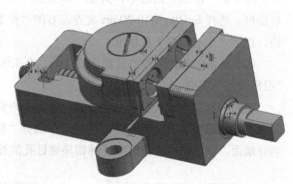

图 9-73　阵列结果　　　　　　　图 9-74　螺钉与另一个护口板的装配

第 10 章 工 程 图

本章导读

UG NX 12.0 的工程图可满足用户的二维出图功能。尤其是对传统的二维设计用户来说，很多工作还需要二维工程图。利用 UG 建模功能创建的零件和装配模型，可以被引用到 UG 制图功能模块中，快速生成二维工程图。UG 制图功能模块建立的工程图是由投影三维模型得到的，因此，二维工程图与三维模型完全关联。模型的任何修改都会引起工程图的相应变化。本章简要介绍 UG 工程制图中的常用操作。

内容要点

- 工程图概述
- 工程图参数设置
- 图纸管理
- 视图创建
- 视图编辑
- 图纸标注

10.1 工程图概述

选择"文件"→"新建"命令、选择"菜单"→"文件"→"新建"命令或按 Ctrl+N 组合键，弹出"新建"对话框。在"图纸"选项卡中选择适当模板，单击"确定"按钮，即可启动 UG 工程制图模块，进入工程制图界面，如图 10-1 所示。

UG 工程制图模块提供了自动视图、剖视图、各向视图、局部放大图、局部剖视图、自动/手工尺寸标注、形位公差、表面粗糙度符号标注、支持国标、标准汉字输入、视图手工编辑、装配图剖视、爆炸图、明细表自动生成等工具。

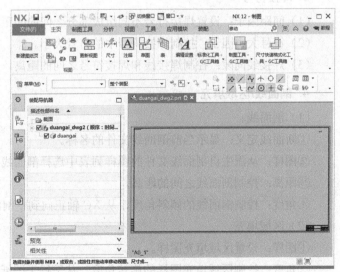

图 10-1 工程制图界面

10.2 工程图参数设置

在添加视图时,应预先设置工程图的有关参数。设置符合国标的工程图尺寸,掌控工程图的风格。

10.2.1 设置注释参数

选择"菜单"→"首选项"→"制图"命令,弹出"制图首选项"对话框。选择"注释"选项,如图 10-2 所示。

对话框中的部分选项说明如下。

1. GDT(全局描述符表)

(1)格式:设置所有形位公差符号的颜色、线型和宽度。

(2)应用于所有注释:将颜色、线型和线宽应用于所有制图注释。该操作不影响制图尺寸的颜色、线型和线宽。

2. 符号标注

(1)格式:设置标注符号的颜色、线型和宽度。

图 10-2 "制图首选项—注释"对话框

(2)直径:以毫米或英寸为单位设置标注符号的大小。

3. 焊接符号

(1)间距因子:设置焊接符号不同组成部分之间的间距默认值。

(2)符号大小因子:控制焊接符号中的符号大小。

(3)焊接线间隙:控制焊接线和焊接符号之间的距离。

4. 剖面线/区域填充

(1)剖面线。

①断面线定义:显示当前剖面线文件的名称。

②图样:从派生自剖面线文件的图样列表中选择剖面线图样。

③距离:控制剖面线之间的距离。

④角度:控制剖面线的倾斜角度,从 XC 轴正向到主剖面线沿逆时针方向测量角度。

(2)区域填充。

①图样:设置区域填充图样。

②角度:控制区域填充图样的旋转角度,从平行于图纸底部的一条直线开始沿逆时针方向测量角度。

③比例：控制区域填充图样的比例。
(3) 格式。
①颜色：设置剖面线颜色和区域填充图样。
②宽度：设置剖面线和区域填充中曲线的线宽。
(4) 边界曲线。
①公差：设置沿着曲线逼近剖面线或区域填充边界的紧密程度。
②查找表观相交：表观相交和表观成链是基于视图方位看似存在的相交曲线和链，但实际上不存在于几何体中。
(5) 岛。
①边距：设置剖面线或区域填充图样中排除文本周围的边距。
②自动排除注释：设置"剖面线"对话框和"区域填充"对话框中的"自动排除注释"选项。

5. 中心线
(1) 颜色：设置所有中心线符号的颜色。
(2) 宽度：设置所有中心线符号的线宽。

10.2.2 设置视图参数

选择"菜单"→"首选项"→"制图"命令，弹出"制图首选项"对话框。选择"视图"选项，如图10-3所示。

图10-3 "制图首选项—选项"对话框

对话框中的部分选项说明如下。

1. 公共
(1) 常规：用于设置视图的最大轮廓线、参考、UV栅格等细节选项。
(2) 可见线：用于设置可见线的颜色、线型和粗细。
(3) 隐藏线：用于设置隐藏线在视图中的显示方法。其中有详细的选项可以控制隐藏线的显示类别、线型、粗细等。

（4）虚拟交线：用于设置虚拟交线是否显示，以及虚拟交线显示的颜色、线型和粗细，还可以设置虚拟交线与边缘的距离。

（5）螺纹：用于设置螺纹表示的标准。

（6）PMI（零件制造信息）：用于设置视图是否继承制图平面中的形位公差。

（7）光顺边：用于设置光顺边是否显示，以及光顺边显示的颜色、线型和粗细，还可以设置光顺边与边缘的距离。

2．表区域驱动

（1）格式。

①显示背景：用于显示剖视图的背景曲线。

②显示前景：用于显示剖视图的前景曲线。

③剖切片体：用于在剖视图中剖切片体。

④显示折弯线：在阶梯剖视图中显示剖切折弯线，仅当剖切穿过实体材料时才会显示折弯线。

（2）剖面线。

①创建剖面线：控制是否在给定的剖视图中生成关联剖面线。

②处理隐藏的剖面线：控制剖视图的剖面线是否参与隐藏线处理，主要用于局部剖视图和轴测剖视图，以及任何包含非剖切组件的剖视图。

③显示装配剖面线：控制装配剖视图中相邻实体的剖面线角度。设置此选项后，相邻实体间的剖面线角度会有所不同。

④将剖面线限制为+/-45°：强制装配剖视图中相邻实体的剖面线角度设置为45°和135°。

⑤剖面线相邻公差：控制装配剖视图中相邻实体的剖面线角度。

3．详细

该选项用于设置剖切线的详细参数。

4．截面线

该选项用于设置阴影线的显示类别，包括背景、剖面线、断面线等。

10.3 图纸管理

在 UG 中，任何一个三维模型都可以通过不同的投影方法、图样尺寸和比例创建灵活多样的二维工程图。

10.3.1 新建工程图

选择"菜单"→"插入"→"图纸页"命令或单击"主页"功能区中的"新建图纸页"按钮 ，弹出如图 10-4 所示的"工作表"对话框。

对话框中的部分选项说明如下。

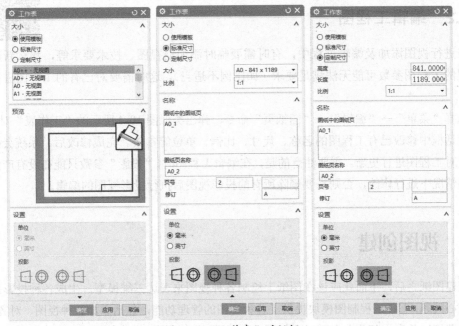

图 10-4 "工作表"对话框

1. 大小

（1）使用模板：在"工作表"对话框中选择所需的模板。

（2）标准尺寸：通过"工作表"对话框设置标准图纸的大小和比例。

（3）定制尺寸：通过"工作表"对话框自定义设置图纸的大小和比例。

（4）大小：指定图纸的尺寸规格。

（5）比例：设置工程图中各类视图的比例大小，系统默认为1∶1。

（6）高度：选择"定制尺寸"选项时显示，用于指定图纸的高度。

（7）长度：选择"定制尺寸"选项时显示，用于指定图纸的长度。

2. 预览

仅当选择"使用模板"选项时"预览"窗口才会出现，用于显示选定模板。

3. 名称

该选项仅对"标准尺寸"和"定制尺寸"选项可用。

（1）图纸中的图纸页：列出工作部件中的所有图纸页。

（2）图纸页名称：设置默认的图纸页名称。

（3）页号：图纸页编号由初始页号、初始次级编号，以及可选的次级页号分隔符组成。

（4）修订：用于简述新图纸页的唯一版次。

4. 设置

（1）单位：指定图纸页的单位。

（2）投影：指定第一角投影或第三角投影。

10.3.2 编辑工程图

在进行视图添加及编辑过程中，有时需要临时添加剖视图、技术要求等，那么新建过程中设置的工程图参数可能无法满足要求（如比例不适当），这时需要对已有的工程图进行修改编辑。

选择"菜单"→"编辑"→"图纸页"命令，弹出类似图10-4所示的"工作表"对话框。可在对话框中修改已有工程图的名称、尺寸、比例、单位等参数。完成修改后，系统会按照新的设置对工程图进行更新。需要注意的是，在编辑工程图时，"投影"参数只能在没有产生投影视图的情况下进行修改，否则需要删除所有的投影视图后执行投影视图的编辑。

10.4 视图创建

创建图纸之后，下面就应该在图纸上绘制各种视图来表达三维模型。生成各种投影是工程图的核心问题，UG工程制图模块提供了各种视图的管理功能，包括添加各种视图、对齐视图、编辑视图等。其中大部分命令可以在如图10-5所示的"视图"组中找到。

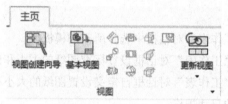

图10-5 "视图"组

10.4.1 基本视图

选择"菜单"→"插入"→"视图"→"基本"命令或单击"主页"功能区"视图"组中的"基本视图"按钮，弹出如图10-6所示的"基本视图"对话框。

对话框中的部分选项说明如下。

1. 部件

（1）已加载的部件：显示所有已加载部件的名称。

（2）最近访问的部件：选择一个部件，以便从该部件加载并添加视图。

（3）打开：用于浏览和打开其他部件，并从这些部件添加视图。

2. 视图原点

（1）指定位置：使用光标来指定一个屏幕位置。

（2）放置：建立视图的位置。

①方法：用于选择其中一个对齐视图选项。

②跟踪：开启光标跟踪。

3. 模型视图

（1）要使用的模型视图：用于选择一个要作为基本视图的模型视图。

（2）定向视图工具：单击该按钮，弹出"定向视图工具"对话框和"定向视图"预览窗口，可用于定制基本视图的方位，如图 10-7 所示。

图 10-6 "基本视图"对话框

图 10-7 "定向视图工具"对话框和
"定向视图"预览窗口

4. 比例

在向图纸页添加制图视图之前，为制图视图指定一个特定的比例。

5. 设置

（1）设置：打开"基本视图设置"对话框，用于设置视图的显示样式。

（2）隐藏的组件：只用于装配图纸，能够控制一个或多个组件在基本视图中的显示。

（3）非剖切：用于装配图纸，指定一个或多个组件为未切削组件。

10.4.2 投影视图

选择"菜单"→"插入"→"视图"→"投影"命令或单击"主页"功能区"视图"组中的"投影视图"按钮,弹出如图10-8 所示的"投影视图"对话框。

对话框中的部分选项说明如下。

1. 父视图

该选项用于在工作区中选择视图作为基本视图(父视图),并通过它投影出其他视图。

2. 铰链线

(1)矢量选项:包括"自动判断"和"已定义"两个选项。
①自动判断:为视图自动判断铰链线和投影方向。
②已定义:允许为视图手工定义铰链线和投影方向。
(2)反转投影方向:镜像铰链线的投影箭头。
(3)关联:当铰链线与模型中的平面平行时,将铰链线自动关联该面。

图 10-8 "投影视图"对话框

10.4.3 局部放大图

选择"菜单"→"插入"→"视图"→"局部放大图"命令,或单击"主页"功能区"视图"组中的"局部放大图"按钮,弹出如图 10-9 所示的"局部放大图"对话框。

对话框中的部分选项说明如下。

1. 类型

(1)圆形:创建有圆形边界的局部放大图。
(2)按拐角绘制矩形:通过选择对角线上的两个拐角点创建矩形局部放大图边界。
(3)按中心和拐角绘制矩形:通过选择一个中心点和一个拐角点创建矩形局部放大图边界。

2. 边界

(1)指定中心点:定义圆形边界的中心。
(2)指定边界点:定义圆形边界的半径。

3. 父视图

该选项用于选择一个父视图。

4. 原点

(1)指定位置:指定局部放大图的位置。
(2)移动视图:在局部放大图的过程中移动现有视图。

图 10-9 "局部放大图"对话框

5. 比例

默认局部放大图的比例因子大于父视图的比例因子。

6. 父项上的标签

提供下列在父视图上放置标签的选项。

（1）无：无边界。

（2）圆：圆形边界，无标签。

（3）注释：有标签但无指引线的边界。

（4）标签：有标签和半径指引线的边界。

（5）内嵌：标签内嵌在带有箭头的缝隙内的边界。

（6）边界：显示实际视图边界。

10.4.4　剖视图

选择"菜单"→"插入"→"视图"→"剖视图"命令或单击"主页"功能区"视图"组中的"剖视图"按钮，弹出如图10-10所示的"剖视图"对话框。

对话框中的部分选项说明如下。

1. 截面线

（1）定义：包括"动态"和"选择现有的"两个选项。如果选择"动态"选项，根据创建方法，系统会自动创建截面线，将其放置到适当位置即可；如果选择"选择现有的"选项，系统会根据截面线创建剖视图。

（2）方法：用于选择创建剖视图的方法，包括"简单剖/阶梯剖""半剖""旋转"和"点到点"4个选项。

2. 铰链线

（1）矢量选项：包括"自动判断"和"已定义"两个选项。

①自动判断：自动为视图判断铰链线和投影方向。

②已定义：允许为视图手工定义铰链线和投影方向。

（2）反转剖切方向：反转剖切线箭头的方向。

3. 设置

（1）非剖切：在视图中选择不剖切的组件或实体，做不剖切处理。

（2）隐藏的组件：在视图中选择要隐藏的组件或实体，使其不可见。

图 10-10　"剖视图"对话框

10.4.5　局部剖视图

选择"菜单"→"插入"→"视图"→"局部剖"命令或单击"主页"功能区"视图"组

中的"局部剖"按钮，弹出如图 10-11 所示的"局部剖"对话框。

对话框中的部分选项说明如下。

(1) 创建：激活局部剖视图创建步骤。

(2) 编辑：修改现有的局部剖视图。

(3) 删除：从主视图中移除局部剖视图。

(4) 选择视图：用于选择要进行局部剖切的视图。

(5) 指出基点：用于确定剖切区域沿拉伸方向开始拉伸的参考点，该点可通过"捕捉点"工具栏指定。

(6) 指出拉伸矢量：用于指定拉伸方向，可用矢量构造器指定，必要时可使拉伸反向，或指定为视图法向。

图 10-11 "局部剖"对话框

(7) 选择曲线：用于定义局部剖切视图剖切边界的封闭曲线。当选择错误时，可单击"取消选择上一个"按钮，取消上一个选择。定义边界曲线的方法如下：在进行局部剖切的视图边界上右击，在弹出的快捷菜单中选择"扩展成员视图"命令，进入视图成员模型工作状态。用曲线功能在要产生局部剖切的位置创建局部剖切边界线。完成边界线的创建后，在视图边界上右击，再在弹出的快捷菜单中选择"扩展成员视图"命令，恢复到工程制图界面。这样，就建立了与选择视图相关联的边界线。

(8) 修改边界曲线：用于修改剖切边界点，必要时可用于修改剖切区域。

(9) 切穿模型：勾选该复选框，则剖切时完全穿透模型。

10.4.6 断开视图

选择"菜单"→"插入"→"视图"→"断开视图"命令或单击"主页"功能区"视图"组中的"断开视图"按钮，弹出如图 10-12 所示的"断开视图"对话框。该对话框用于将图纸视图分解成多个边界并进行压缩，从而隐藏用户不感兴趣的部件部分，以此来减小图纸视图的大小。

对话框中的部分选项说明如下。

1. 类型

(1) 常规：创建具有两条表示图纸上概念间隙的断裂线的断开视图。

(2) 单侧：创建具有一条断裂线的断开视图。

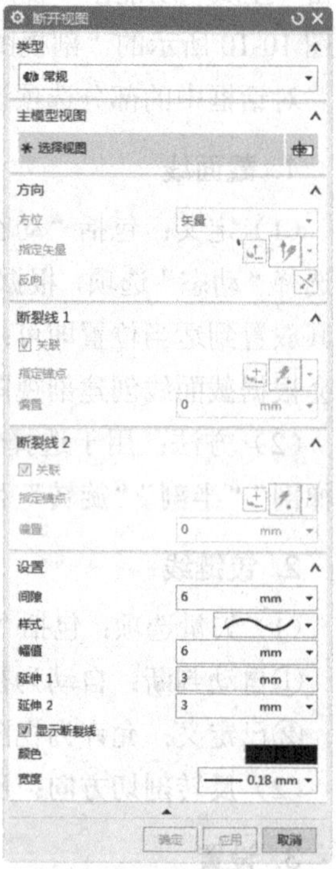

图 10-12 "断开视图"对话框

2. 主模型视图

该选项用于在当前图纸页中选择要断开的视图。

3. 方向

该选项用于设置断开的方向垂直于断裂线。

(1) 方位：指定与第 1 个断开视图相关的其他断开视图的方向。

（2）指定矢量：添加第 1 个断开视图。

4. 断裂线 1/断裂线 2

（1）关联：将断开位置锚点与图纸的特征点关联。

（2）指定锚点：用于指定断开位置的锚点。

（3）偏置：设置锚点与断裂线之间的距离。

5. 设置

（1）缝隙：设置两条断裂线之间的距离。

（2）样式：指定断裂线的类型，包括简单线、直线、锯齿线、长断裂线、管状线、实心管状线、实心杆状线、拼图线、木纹线、复制曲线和模板曲线。

（3）幅值：设置用作断裂线的曲线的幅值。

（4）延伸 1/延伸 2：设置穿过模型一侧的断裂线的延伸长度。

（5）显示断裂线：显示视图中的断裂线。

（6）颜色：指定断裂线的颜色。

（7）宽度：指定断裂线的密度。

10.5 视图编辑

1. 编辑整个视图

选中需要编辑的视图，在其上右击，弹出如图 10-13 所示的快捷菜单。可以借助该快捷菜单更改视图样式、添加各种投影视图等。主要功能与前面介绍的相关内容相同，此处不再介绍。

2. 视图的详细编辑

选择"菜单"→"编辑"→"视图"命令，打开如图 10-14 所示的"视图"子菜单，视图的详细编辑命令集中于此。

图 10-13 快捷菜单

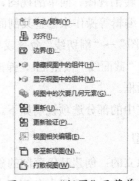

图 10-14 "视图"子菜单

10.5.1 对齐视图

对齐视图

一般而言，视图之间应该对齐，但 UG 在自动生成视图时是可以任意放置的，需要用户根据需要进行对齐操作，用户可以拖动视图，系统会自动判断用户意图（包括中心对齐、边对齐等多种方式），并显示可能的对齐方式，基本上可以满足用户对视图放置的要求。

选择"菜单"→"编辑"→"视图"→"对齐"命令或单击"主页"功能区"视图"组中的"视图对齐"按钮 ，弹出如图 10-15 所示的"视图对齐"对话框。该对话框用于调整视图位置，使之排列整齐。

对话框中的部分选项说明如下。

1. 放置方法

（1）叠加：将视图的基准点进行重合对齐。
（2）水平：将视图的基准点进行水平对齐。
（3）竖直：将视图的基准点进行竖直对齐。
（4）垂直于直线：将视图的基准点垂直于某条直线对齐。
（5）自动判断：根据选择的基准点，判断用户意图，并显示可能的对齐方式。

图 10-15 "视图对齐"对话框

2. 对齐方式

该选项在选择了除"自动判断"以外的放置方法时可用。
（1）模型点：使用模型上的点对齐视图。
（2）对齐至视图：使用视图中心点对齐视图。
（3）点到点：移动视图上的一个点到另一个指定点来对齐视图。

3. 列表框

系统在列表框中列出了所有可以进行对齐操作的视图。

10.5.2 编辑剖切线

创建旋转剖视图、简单剖视图、半剖视图后，可通过添加、删除、编辑等操作来修整其剖面。选择"菜单"→"编辑"→"视图"→"剖切线"命令或单击"主页"功能区"视图"组中的"截面线"按钮 ，弹出如图 10-16 所示的"截面线"对话框。

对话框中的部分选项说明如下。

1. 类型

（1）独立的：创建基于草图的独立剖切线。
（2）派生的：创建派生自 PMI 切割平面符号的剖切线。

图 10-16 "截面线"对话框

2. 父视图

该选项用于选择制图视图以在其中添加剖切线。

3. 定义

（1）选择草图：用于选择要进行剖切的草图类型。
（2）草图：用于进入草图任务环境，并新建剖切线。
（3）绘制截面：进入草图任务环境以编辑现有的独立剖切线。

4. 剖切方法

（1）方法：设置通过独立剖切线创建的剖视图类型。
（2）反向：反转剖切线的切削方向及剖切线箭头的方向。

10.5.3 视图相关编辑

选择"菜单"→"编辑"→"视图"→"视图相关编辑"命令或单击"主页"功能区"视图"组中的"视图相关编辑"按钮，弹出如图 10-17 所示的"视图相关编辑"对话框。该对话框用于编辑几何对象在某个视图中的显示方式，而不影响在其他视图中的显示。

1. 添加编辑

（1）擦除对象：擦除选择的对象，如曲线、边等。擦除并不是删除，只是使被擦除的对象不可见而已，使用"删除选择的擦除"命令可使被擦除的对象重新显示。若要擦除某个视图中的某个对象，则应先选择视图；而若要擦除所有视图中的某个对象，则应先选择图纸，再单击该按钮，然后选择要擦除的对象并单击"确定"按钮，则所选择的对象被擦除。

图 10-17 "视图相关编辑"对话框

（2）编辑完整对象：编辑整个对象的显示方式，包括颜色、线型和线宽。单击该按钮，设置颜色、线型和线宽，单击"应用"按钮，在弹出的"类选择"对话框中选择要编辑的对象并单击"确定"按钮，则所选对象按设置的颜色、线型和线宽显示。如要隐藏选择的视图对象，则将选择对象的颜色与视图背景色设置为相同的即可。

（3）编辑着色对象：编辑着色对象的显示方式。单击该按钮，设置颜色，单击"应用"按钮，在弹出的"类选择"对话框中选择要编辑的对象并单击"确定"按钮，则所选的着色对象按设置的颜色显示。

（4）编辑对象段：编辑部分对象的显示方式，用法与"编辑完整对象"相似。选择编辑对象后，可选择一个或两个边界，系统只编辑边界内的部分。

（5）编辑剖视图背景：编辑剖视图背景线。在建立剖视图时，可以有选择地保留背景线。使用背景线编辑功能，不但可以删除已有的背景线，而且可以添加新的背景线。

2. 删除编辑

（1）[图标]删除选定的擦除：恢复被擦除的对象。单击该按钮，将高亮显示已被擦除的对象，选择要恢复显示的对象，单击"确定"按钮即可。

（2）[图标]删除选定的编辑：恢复部分编辑对象在原视图中的显示方式。

（3）[图标]删除所有编辑：恢复所有编辑对象在原视图中的显示方式。单击该按钮，将弹出确认对话框。单击"是"按钮，则恢复所有编辑。

3. 转换相依性

（1）[图标]模型转换到视图：将模型中单独存在的对象转换到指定视图中，且对象只出现在该视图中。

（2）[图标]视图转换到模型：将视图中单独存在的对象转换到模型视图中。

10.5.4 定义剖面线

选择"菜单"→"插入"→"注释"→"剖面线"命令或单击"主页"功能区"注释"组中的"剖面线"按钮[图标]，弹出如图10-18所示的"剖面线"对话框。该对话框用于在用户定义的边界内填充剖面线或图案、局部添加剖面线或对局部剖面线进行修改。

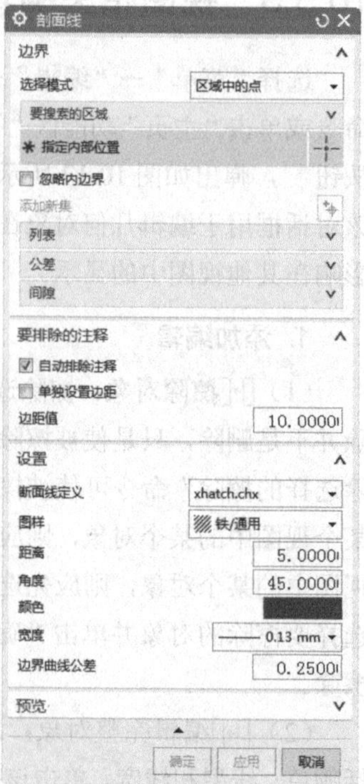

需要注意的是，用户自定义边界只能选择曲线、实体轮廓线、剖视图中的边等，不能选择实体边。

对话框中的部分选项说明如下。

1. 边界

（1）边界曲线：选择一组封闭曲线。

（2）区域中的点：选择区域中的点。

（3）选择曲线：选择曲线、实体轮廓线、实体边及截面边来定义边界区域。

（4）指定光标位置：指定要定位剖面线的区域。

（5）忽略内边界：取消勾选该复选框，则排除剖面线的孔和岛。

图 10-18 "剖面线"对话框

2. 要排除的注释

（1）选择注释：选择要从剖面线图样中排除的注释。

（2）自动排除注释：勾选该复选框，将在剖面线边界中的任意注释周围添加文本区。

3. 设置

（1）断面线定义：显示当前剖面线文件的名称。

（2）图样：列出剖面线文件中包含的剖面线图样。

(3) 距离：设置剖面线之间的距离。

(4) 角度：设置剖面线的倾斜角度。

(5) 颜色：指定剖面线的颜色。

(6) 宽度：指定剖面线的宽度。

(7) 边界曲线公差：控制系统如何逼近沿不规则曲线的剖面线边界。值越小，就越逼近，构造剖面线图样所需的时间就越长。

10.5.5 移动/复制视图

选择"菜单"→"编辑"→"视图"→"移动/复制"命令或单击"主页"功能区"视图"组中的"移动/复制"按钮，弹出如图 10-19 所示的"移动/复制视图"对话框。该对话框用于在当前图纸上移动或复制一个或多个选定的视图，或者把选定的视图移动或复制到另一张图纸中。

对话框中的部分选项说明如下。

(1) 至一点：将选定的视图移动或复制到指定点，该点可用光标或坐标指定。

(2) 水平：在水平方向上移动或复制选定的视图。

(3) 竖直：在竖直方向上移动或复制选定的视图。

(4) 垂直于直线：在垂直于指定直线的方向移动或复制视图。

图 10-19 "移动/复制视图"对话框

(5) 至另一图纸：将选定的视图移动或复制到另一张图纸中。

(6) 复制视图：勾选该复选框，用于复制视图，否则移动视图。

(7) 距离：勾选该复选框，用于输入移动或复制后的视图与原视图之间的距离。若选择多个视图，则以第一个选定的视图作为基准，其他视图将与第 1 个视图保持指定的距离。若不勾选该复选框，则可移动光标或输入坐标值指定视图位置。

10.5.6 视图边界

选择"菜单"→"编辑"→"视图"→"边界"命令或单击"主页"功能区"视图"组中的"视图边界"按钮，或者在要编辑视图边界的视图的边界上右击，在弹出的快捷菜单中选择"视图边界"命令，弹出如图 10-20 所示的"视图边界"对话框。该对话框用于重新定义视图边界，既可以缩小视图边界，只显示视图的某一部分，也可以放大视图边界，显示所有视图对象。

对话框中的部分选项说明如下。

图 10-20 "视图边界"对话框

1．边界类型

（1）断裂线/局部放大图：定义任意形状的视图边界，只显示出被边界包围的视图部分。用该选项定义视图边界时，必须先建立与视图相关的边界线。当编辑或移动边界曲线时，视图边界会随之更新。

（2）手工生成矩形：以拖动方式手工定义矩形边界。该矩形边界的大小是由用户定义的，可以包围整个视图，也可以只包围视图中的一部分。该边界方式主要用在一个特定的视图中，隐藏不需要显示的几何体。

（3）自动生成矩形：自动定义矩形边界。该矩形边界能根据视图中几何对象的大小自动更新，主要用在一个特定的视图中，显示所有的几何对象。

（4）由对象定义边界：由包围对象定义边界。该边界能根据被包围对象的大小自动调整，通常用在大小和形状随模型变化的矩形局部放大视图中。

2．边界位置

（1）锚点：用于将视图边界固定在视图对象的指定点上，从而使视图边界与视图相关，当模型变化时，视图边界会随之移动。锚点主要用在局部放大视图或用手工定义边界的视图中。

（2）边界点：用于指定视图边界要通过的点。该功能可使任意形状的视图边界与模型相关。当修改模型后，视图边界也随之变化，也就是说，当边界内的几何模型的尺寸和位置变化时，该模型始终在视图边界之内。

（3）包含的点：视图边界要包围的点，只用于"由对象定义边界"类型。

（4）包含的对象：选择视图边界要包围的对象，只用于"由对象定义边界"类型。

3．父项上的标签

该复选框用于设置圆形边界局部放大视图在父视图上的圆形边界是否显示。勾选该复选框，在父视图上显示圆形边界。

10.5.7　更新视图

更新视图

选择"菜单"→"编辑"→"视图"→"更新"命令或单击"主页"功能区"视图"组中的"更新视图"按钮，弹出如图10-21所示的"更新视图"对话框。

对话框中的部分选项说明如下。

（1）显示图纸中的所有视图：用于控制在列表框中是否列出所有视图，并自动选择所有过时视图。勾选该复选框，系统会自动在列表框中选取所有过时视图；否则，需要用户自己更新过时视图。

（2）选择所有过时视图：用于选择当前图纸中的过时视图。

（3）选择所有过时自动更新视图：用于选择每个在保存时勾选了"自动更新"复选框的视图。

图10-21　"更新视图"对话框

10.6 图纸标注

为了表示零件的几何尺寸，需要引入各种投影视图；为了表示工程图的尺寸和公差信息，必须进行工程图的标注。

10.6.1 尺寸标注

UG 标注的尺寸与实体模型匹配，与工程图的比例无关。在工程图中标注的尺寸直接引用三维模型的真实尺寸，如果改动了零件的某个尺寸参数，工程图中的标注尺寸也会自动更新。

选择"菜单"→"插入"→"尺寸"命令，在弹出的如图 10-22 所示的"尺寸"子菜单中选择某个命令，或单击如图 10-23 所示的"主页"功能区"尺寸"组中的某个按钮，弹出各自的尺寸标注对话框。

图 10-22 "尺寸"子菜单

图 10-23 "尺寸"组

1. 尺寸类型

（1）快速：根据选定对象和光标的位置自动判断尺寸类型，以创建尺寸。

（2）线性：在两个对象或点位置之间创建线性尺寸。

（3）径向：创建圆形对象的半径或直径尺寸。

（4）角度：在两条不平行线之间创建角度尺寸。

（5）倒斜角：在倒斜角曲线上创建倒斜角尺寸。

（6）厚度：创建厚度尺寸来测量两条曲线之间的距离。

（7）弧长：创建弧长尺寸来测量圆弧的周长。

（8）周长：创建周长约束以控制选定直线和圆弧的集体长度。

（9）坐标：创建坐标尺寸，测量从公共点沿一条坐标基线到某个对象的距离。

2. 尺寸标注设置

选择每个标注命令并选择对象后，会弹出类似于图 10-24 的浮动工具栏。

（1）![图标]文本设置：单击该按钮，弹出如图 10-25 所示的"文本设置"对话框，用于设置详细的尺寸类型，包括尺寸的位置、精度、公差、线条和箭头、文字和单位等。

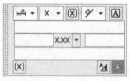

图 10-24 浮动工具栏

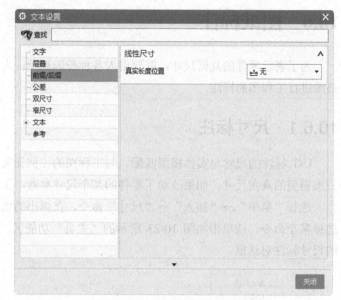

图 10-25 "文本设置"对话框

（2）精度：用于设置尺寸标注的精度值。可以选择其下拉列表中的选项进行详细设置。

（3）公差：用于设置各种需要的精度类型。可以选择其下拉列表中的选项进行详细设置。

（4）编辑附加文本：单击该按钮，弹出"附加文本"对话框，用于添加或清除附加文本。

（5）文本位置：设置文本与尺寸线的相对位置。

10.6.2 文本编辑

选择"菜单"→"插入"→"注释"→"注释"命令或单击"主页"功能区"注释"组中的"注释"按钮，弹出如图 10-26 所示的"注释"对话框。

对话框中的部分选项说明如下。

1．编辑文本和格式设置

（1）清除：清除输入的所有文字。

（2）剪切：从编辑窗口剪切高亮显示的文本。

（3）复制：从编辑窗口复制高亮显示的文本。

（4）删除文本属性：删除文本的斜体、粗体等属性。

（5）选择下一个符号：从光标位置，选择下一个符号或由"< >"括起的属性。

（6）字体：用于选择合适的字体。

（7）x^2 上标：在文字右上方添加内容。

（8）x_2 下标：在文字右下方添加内容。

第10章 工程图

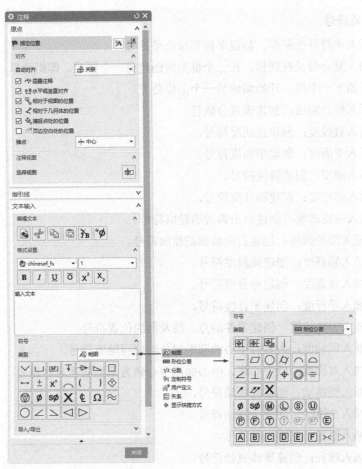

图10-26 "注释"对话框

2. 制图符号

(1) ⌵ 插入埋头孔：创建埋头孔符号。

(2) ⌴ 插入沉头孔：创建沉头孔符号。

(3) ↧ 插入深度：创建深度符号。

(4) ⌓ 插入拔模：创建拔模符号。

(5) ⌳ 插入斜率：为具有斜坡的图形创建斜率符号。

(6) □ 插入正方形：为横向和竖向具有相同长度的图形创建正四边形符号。

(7) ↔ 两者之间插入：创建间隙符号。

(8) ± 插入+/-：创建正负号。

(9) x° 插入度数：创建度数符号。

(10) ⌒ 插入弧长：创建弧长符号。

(11) (插入左括号：创建左括号。

(12)) 插入右括号：创建右括号。

(13) ⌀ 插入直径：创建直径符号。

(14) S⌀ 插入球径：创建球体直径符号。

267

3. 形位公差符号

(1) ⊞ 插入单特征控制框：创建单框形位公差符号。

(2) ⊞ 插入复合特征控制框：在一个框架内创建另一个框架，即组合框。

(3) ⊞ 开始下一个框：开始编辑另一个形位公差。

(4) | 插入框分隔线：创建垂直分隔符。

(5) — 插入直线度：创建直线度符号。

(6) ▱ 插入平面度：创建平面度符号。

(7) ○ 插入圆度：创建圆度符号。

(8) ⌀ 插入圆柱度：创建圆柱度符号。

(9) ⌒ 插入线轮廓度：创建自由弧线的轮廓符号。

(10) ⌓ 插入面轮廓度：创建自由曲面的轮廓符号。

(11) ∠ 插入倾斜度：创建倾斜度符号。

(12) ⊥ 插入垂直度：创建垂直度符号。

(13) ∥ 插入平行度：创建平行度符号。

(14) ⌖ 插入刀片位置：创建零件的点、线及面的位置符号。

(15) ◎ 插入同轴度：为具有中心的圆形对象创建同轴度符号。

(16) = 插入对称度：以中心线、中心面或中心轴为基准创建对称符号。

(17) ↗ 插入圆跳动：创建圆跳动符号。

(18) ↗↗ 插入全跳动：创建全跳动符号。

(19) ⌀ 插入直径：创建直径符号。

(20) S⌀ 插入球径：创建球体直径符号。

(21) Ⓜ 插入最大实体数量：创建实际最大尺寸符号。

(22) Ⓛ 插入最小实体数量：创建实际最小尺寸符号。

4. 分数符号

(1) ⅔ 2/3 高度：以所输入的尺寸值的 2/3 大小来创建标注。

(2) ¾ 3/4 高度：以所输入的尺寸值的 3/4 大小来创建标注。

(3) 全高：以所输入的尺寸值的同样大小来创建标注。

(4) 两行文本：所创建的标注为两行。

5. 用户定义符号

"用户定义"选项界面如图 10-27 所示。如果用户已经定义好了自己的符号库，可以通过指定相应的符号库来加载它们，还可以设置符号的比例和投影。

6. 设置

"设置"选项界面如图 10-28 所示，用户可以通过勾选"竖直文本"复选框来输入竖直文本，也可以指定文本的倾斜角度。

7. 关联

"关联"选项界面如图 10-29 所示，用户可以将表达式、对象属性、零件属性等标注出来，并实现关联。

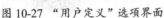

图 10-27 "用户定义"选项界面

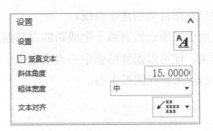

图 10-28 "设置"选项界面

图 10-29 "关联"选项界面

10.6.3 中心线

中心线

选择"菜单"→"插入"→"中心线"命令在弹出的如图 10-30 所示的"中心线"子菜单中选择某个命令，或单击"主页"功能区"注释"组中的"中心线"下拉按钮，在弹出的如图 10-31 所示的下拉菜单中选择某个命令，弹出各自的"中心线"对话框。用户可以借助该对话框在制图中插入各类中心线。

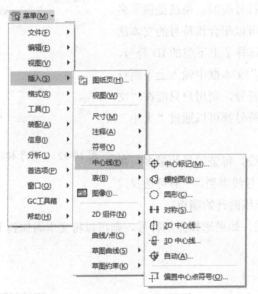

图 10-30 "中心线"子菜单

图 10-31 "中心线"下拉菜单

子菜单中的部分命令说明如下。

（1）中心标记：用于创建孔或螺纹部分的中心线。当直线中心线包含两个相关点时，如果指定或删除其中一个相关点，中心线的大小会自动调节。当直线中心线包含 3 个或 3 个以上关联点时，如果删除其中一个点，其余中心线的关联也会自动消失；如果移动 3 个有关联的点，中心线会自动调节大小。

（2）螺栓圆：用于选择圆形阵列孔或螺纹孔来创建闭合的环形中心线。

（3）圆形：用于创建闭合的环形中心线。

（4）对称：用于在所选对象上创建对称的中心线。

（5）2D 中心线：用于在两条边、两条曲线或两个点之间创建 2D 中心线。

（6）3D 中心线：用于在圆柱面上创建中心线。

（7）自动：系统根据用户意图自动创建中心线。

（8）偏置中心点符号：用于在所选的圆弧上生成新的定义点来创建中心线。如果在标注半径时，其圆弧中心点难以确定，便可以偏移圆弧中心点来生成一个标注半径尺寸的位置，即定义一个实际上不是圆弧中心的点来替代圆弧中心。

10.6.4　ID 符号

选择"菜单"→"插入"→"注释"→"符号标注"命令或单击"主页"功能区"注释"组中的"符号标注"按钮 ，弹出如图 10-32 所示的"符号标注"对话框。

利用该对话框可以创建工程图中的各种表示部件的编号、页码标注等 ID 符号，还可以设置符号的大小、类型、放置位置等。

对话框中的部分选项说明如下。

（1）类型：用于选择要插入的 ID 符号类型。系统提供了多种符号类型供用户选择，每种符号类型可以配合该符号的文本选项，在 ID 符号中放置文本内容。如果选择了上下型的 ID 符号，用户可以在"上部文本"和"下部文本"文本框中输入上下两行的文本内容；如果选择了独立型的 ID 符号，则用户只能在"文本"文本框中输入文本内容。各类 ID 符号都可以通过"大小"文本框的设置来改变显示比例。

图 10-32　"符号标注"对话框

（2）指引线：为 ID 符号指定引导线。每条引导线最多可指定 7 个开始端点和 7 个中间点。根据引导线类型，一般可选择尺寸线箭头、注释引导线箭头等作为引导线的开始端点。

（3）文本：将文本添加到符号标注。如果选择分割符号，则可以将文本添加到上部文本或下部文本。

10.7　综合实例——轴承座工程图

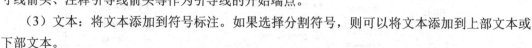

1. 新建文件

（1）启动 UG NX 12.0 软件。

（2）选择"文件"→"新建"命令、选择"菜单"→"文件"→"新建"命令或按 Ctrl+N 组合键，弹出如图 10-33 所示的"新建"对话框。在"图纸"选项卡中选择"A3-无视图"图纸，在"新文件名"选项中单击"打开"按钮，在弹出的对话框中选择 zhouchengzuo 零件，单击"确定"按钮，进入建模环境。

第 10 章 工 程 图

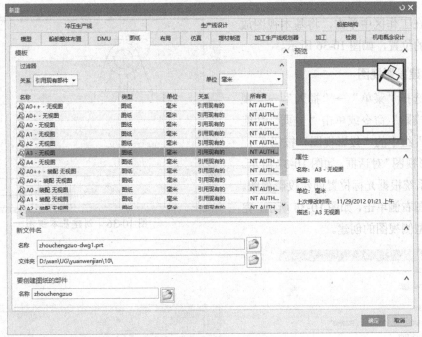

图 10-33 "新建"对话框

2. 创建基本视图

（1）选择"菜单"→"插入"→"视图"→"基本"命令或单击"主页"功能区"视图"组中的"基本视图"按钮，弹出如图 10-34 所示的"基本视图"对话框和实体模型的俯视图。

（2）单击"定向视图工具"按钮，弹出如图 10-35 所示的"定向视图工具"对话框和"定向视图"预览窗口。指定法向矢量为 ZC 轴，指定 X 向矢量为 XC 轴，单击"确定"按钮，返回"基本视图"对话框。

图 10-34 "基本视图"对话框

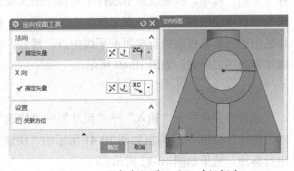

图 10-35 "定向视图工具"对话框和"定向视图"预览窗口

271

（3）在工作区中单击，将基本视图放置在合适的位置，如图10-36所示。

3. 创建投影视图

（1）选择"菜单"→"插入"→"视图"→"投影"命令或单击"主页"功能区"视图"组中的"投影视图"按钮，弹出"投影视图"对话框，如图10-37所示。

（2）系统根据光标位置创建投影视图。在基本视图右侧单击，如图10-38所示，完成实体模型侧视图的创建。

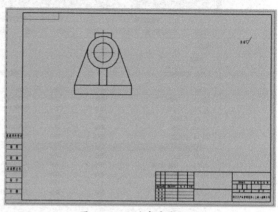

图 10-36　创建基本视图

图 10-37　"投影视图"对话框

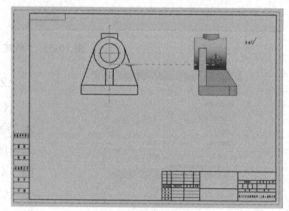

图 10-38　创建投影视图

4. 创建半剖视图

选择"菜单"→"插入"→"视图"→"剖视图"命令或单击"主页"功能区"视图"组中的"剖视图"按钮，弹出如图10-39所示的"剖视图"对话框。在"方法"下拉列表中选择"半剖"选项，按系统提示选择半剖视图的父视图，选择工作区中的基本视图；按系统提示定义半剖视图的切割位置，在工作区中捕捉圆心；按系统提示定义半剖视图的折弯位置，在工作区中选择基本视图的上端面水平线中点。然后，在工作区基本视图下方的合适位置单击，完成半剖视图的创建，如图10-40所示。

5. 标注尺寸

选择"菜单"→"插入"→"尺寸"→"快速"命令或单击"主页"功能区"尺寸"组中的"快速"按钮，弹出如图10-41所示的"快速尺寸"对话框。按系统提示对图形中的尺寸进行标注，结果如图10-42所示。

图 10-39 "剖视图"对话框

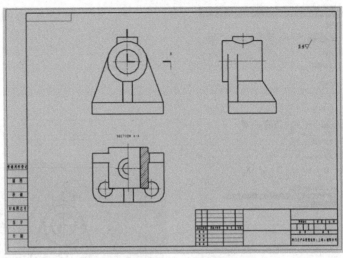

图 10-40 创建半剖视图

图 10-41 "快速尺寸"对话框

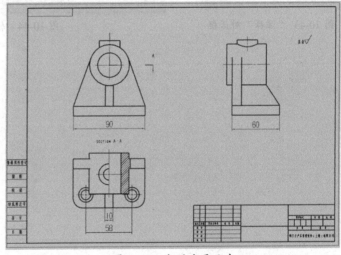

图 10-42 标注水平尺寸

6. 标注技术要求

选择"菜单"→"插入"→"注释"→"注释"命令或单击"主页"功能区"注释"组中的"注释"按钮 A ，弹出如图 10-43 所示的"注释"对话框。在"字体"下拉列表中选择 chinesef_fs 选项，在"大小"下拉列表中选择"3"选项，输入技术要求，单击"指定位置"按钮 ，在工作区右侧的空白位置单击，即完成了技术要求的标注。生成的最终工程图如图 10-44 所示。

图 10-43 "注释"对话框

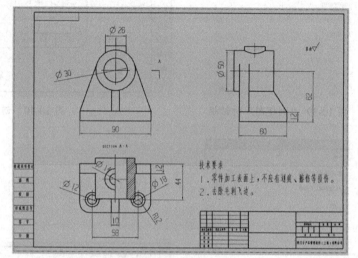

图 10-44 轴承座工程图

第 11 章 典型实例

本章导读

通过前面章节基础知识的学习,读者对 UG NX 12.0 的曲线、建模、曲面、装配和工程图都有了一定的了解,为了提高读者的设计和学以致用能力,本章讲解几个综合实例,将前面的知识和实际联系起来。

内容要点

- 典型工业造型实例
- 典型机械设计实例
- 典型曲面实例——吧台椅

11.1 典型工业造型实例

11.1.1 茶杯

茶杯

1. 新建文件

选择"文件"→"新建"命令、选择"菜单"→"文件"→"新建"命令或按 Ctrl+N 组合键,弹出"新建"对话框。在"模型"选项卡中选择"模型"模板,在"新文件名"的"名称"文本框中输入 chabei,单击"确定"按钮,进入建模环境。

2. 创建圆柱

(1)选择"菜单"→"插入"→"设计特征"→"圆柱"命令,弹出"圆柱"对话框。在"类型"下拉列表中选择"轴、直径和高度"选项,在"指定矢量"下拉列表中选择"ZC 轴"选项,在"直径"和"高度"文本框中分别输入 80 和 75,如图 11-1 所示,单击"确定"按钮,完成圆柱 1 的创建。

(2)操作方法同上,创建一个直径和高度分别为 60 毫米和 5 毫米、原点位于(0,0,-5)的圆柱 2。结果如图 11-2 所示。

3. 抽壳

选择"菜单"→"插入"→"偏置/缩放"→"抽壳"命令或单击"主页"功能区"特征"组中的"抽壳"按钮,弹出如图 11-3 所示的"抽壳"对话框。在"类型"下拉列表中选择"移除面,然后抽壳"选项,在"厚度"文本框中输入 5,先选择大圆柱作为抽壳实体,然后选择上方圆柱的顶端面作为移除面,单击"确定"按钮,完成抽壳操作,如图 11-4 所示。

图 11-1 "圆柱"对话框

图 11-2 创建圆柱

图 11-3 "抽壳"对话框

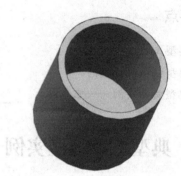
图 11-4 抽壳

4. 创建孔

选择"菜单"→"插入"→"设计特征"→"孔"命令或单击"主页"功能区"特征"组中的"孔"按钮，弹出如图 11-5 所示的"孔"对话框。在"直径""深度"和"顶锥角"文本框中分别输入 50、5 和 0，捕捉如图 11-6 所示的圆弧圆心为孔放置位置，单击"确定"按钮，完成创建孔操作，如图 11-7 所示。

图 11-5 "孔"对话框

图 11-6 捕捉圆心

5. 设置坐标系

选择"菜单"→"格式"→"WCS"→"旋转"命令，弹出如图 11-8 所示的"旋转 WCS 绕"对话框。选中"+YC 轴：ZC-->XC"选项，在"角度"文本框中输入 90，单击"确定"按钮，将绕 YC 轴旋转 90°。

图 11-7 创建孔

图 11-8 "旋转 WCS 绕"对话框

6. 创建样条

选择"菜单"→"插入"→"曲线"→"样条（即将失效）"命令，弹出如图 11-9 所示的"样条（即将失效）"对话框。单击"通过点"按钮，弹出如图 11-10 所示的"通过点生成样条（即将失效）"对话框。在"曲线类型"中选择"多段"选项，在"曲线次数"文本框中输入 3，单击"确定"按钮，弹出如图 11-11 所示的"样条"对话框。单击"点构造器"按钮，弹出"点"对话框。单击"点位置"按钮 ⊕，在工作区中单击 5 次，确定 5 个位置点，连续单击"确定"按钮，生成如图 11-12 所示的样条。

图 11-9 "样条（即将失效）"对话框

图 11-10 "通过点生成样条（即将失效）"对话框

图 11-11 "样条"对话框

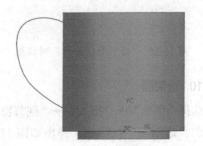

图 11-12 创建样条

7. 调整坐标系

选择"菜单"→"格式"→"WCS"→"动态"命令,选择样条上端点,并动态调整坐标系绕 XC 轴旋转 90°。

8. 创建椭圆

选择"菜单"→"插入"→"曲线"→"椭圆(原有)"命令,在弹出的"点"对话框中指定点(0,0,0)为椭圆原点,单击"确定"按钮,弹出如图 11-13 所示的"椭圆"对话框。在"长半轴"和"短半轴"文本框中分别输入 9 和 4.5,单击"确定"按钮,生成椭圆,如图 11-14 所示。

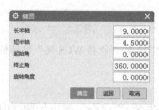

图 11-13 "椭圆"对话框

图 11-14 创建椭圆

9. 沿引导线扫掠

选择"菜单"→"插入"→"扫掠"→"沿引导线扫掠"命令,弹出如图 11-15 所示的"沿引导线扫掠"对话框。选择椭圆为截面,选择样条为引导线串,单击"确定"按钮,完成杯柄的创建,结果如图 11-16 所示。

图 11-15 "沿引导线扫掠"对话框

图 11-16 创建杯柄

10. 边倒圆

选择"菜单"→"插入"→"细节特征"→"边倒圆"命令或单击"主页"功能区"特征"组中的"边倒圆"按钮,弹出如图 11-17 所示的"边倒圆"对话框。在"半径 1"文本框中输入 1,单击"确定"按钮,为杯口边、杯底边、杯柄和杯身接触处倒圆。结果如图 11-18 所示。

第 11 章　典型实例

图 11-17　"边倒圆"对话框

图 11-18　茶杯

11.1.2 锅盖

1. 新建文件

（1）启动 UG NX 12.0 软件。

（2）选择"文件"→"新建"命令、选择"菜单"→"文件"→"新建"命令或按 Ctrl+N 组合键，弹出"新建"对话框。在"模型"选项卡中选择"模型"模板，在"新文件名"的"名称"文本框中输入 guogai，单击"确定"按钮，进入建模环境。

2. 创建圆柱 1

选择"菜单"→"插入"→"设计特征"→"圆柱"命令，弹出"圆柱"对话框。在"类型"下拉列表中选择"轴、直径和高度"选项，在"指定矢量"下拉列表中选择"ZC 轴"选项，在"直径"和"高度"文本框中分别输入 121 和 5.5，如图 11-19 所示，单击"确定"按钮，完成圆柱的创建，如图 11-20 所示。

图 11-19　"圆柱"对话框

图 11-20　创建圆柱 1

279

3. 创建圆锥 1

选择"菜单"→"插入"→"设计特征"→"圆锥"命令，弹出"圆锥"对话框。在"类型"下拉列表中选择"底部直径，高度和半角"选项，在"指定矢量"下拉列表中选择"ZC 轴"选项，在"底部直径""高度"和"半角"文本框中分别输入 98、15 和 60。单击"点对话框"按钮，弹出"点"对话框。输入坐标值（0，0，5.5），单击"确定"按钮，返回"圆锥"对话框。在"布尔"下拉列表中选择"合并"选项，如图 11-21 所示。单击"确定"按钮完成圆锥的创建，如图 11-22 所示。

图 11-21 "圆锥"对话框

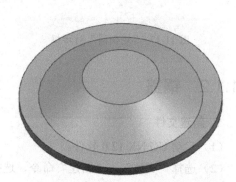

图 11-22 创建圆锥 1

4. 抽壳

选择"菜单"→"插入"→"偏置/缩放"→"抽壳"命令或单击"主页"功能区"特征"组中的"抽壳"按钮，弹出"抽壳"对话框。在"类型"下拉列表中选择"移除面，然后抽壳"选项，在"厚度"文本框中输入 1，选择锅盖底面为移除面，如图 11-23 所示，单击"确定"按钮，完成抽壳操作，如图 11-24 所示。

图 11-23 "抽壳"对话框

图 11-24 抽壳

5. 创建圆柱 2~3

（1）选择"菜单"→"插入"→"设计特征"→"圆柱"命令，弹出"圆柱"对话框。在"类型"下拉列表中选择"轴、直径和高度"选项，在"指定矢量"下拉列表中选择"ZC 轴"

选项,在"直径"和"高度"文本框中分别输入 123 和 1.5,如图 11-25 所示。单击"点对话框"按钮,弹出"点"对话框。输入坐标值(0,0,5.5),单击"确定"按钮,返回"圆柱"对话框。单击"应用"按钮,完成圆柱 2 的创建。

(2)操作方法同上,创建一个直径和高度分别为 101 毫米和 1.5 毫米、原点位于点(0,0,5.5)的圆柱 3,并与圆柱 2 做布尔"减去"操作,生成如图 11-26 所示的模型。

图 11-25 "圆柱"对话框

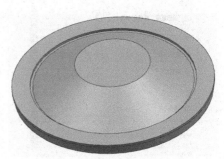

图 11-26 创建圆柱 2~3

6. 创建圆柱 4~5

(1)选择"菜单"→"插入"→"设计特征"→"圆柱"命令,弹出"圆柱"对话框。在"类型"下拉列表中选择"轴、直径和高度"选项,在"指定矢量"下拉列表中选择"ZC 轴"选项,在"直径"和"高度"文本框中分别输入 40 和 2,如图 11-27 所示。单击"点对话框"按钮,弹出"点"对话框。输入坐标值(0,0,20.5),单击"确定"按钮,返回"圆柱"对话框。单击"应用"按钮,完成圆柱 4 的创建。

(2)操作方法同上,创建一个直径和高度分别为 15 毫米和 5 毫米、原点位于点(0,0,22.5)的圆柱 5,并与圆柱 4 做布尔"合并"操作,生成如图 11-28 所示的模型。

图 11-27 "圆柱"对话框

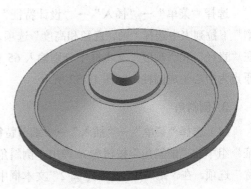

图 11-28 创建圆柱 4~5

7. 创建圆锥 2

选择"菜单"→"插入"→"设计特征"→"圆锥"命令，弹出"圆锥"对话框。在"类型"下拉列表中选择"底部直径，高度和半角"按钮，在"指定矢量"下拉列表中选择"ZC 轴"选项，在"底部直径""高度"和"半角"文本框中分别输入 25、8 和 15。单击"点对话框"按钮，弹出"点"对话框。输入坐标值（0，0，27.4），单击"确定"按钮，返回"圆锥"对话框。在"布尔"下拉列表中选择"合并"选项，如图 11-29 所示，选择刚刚创建的圆柱，单击"确定"按钮完成圆锥的创建，如图 11-30 所示。

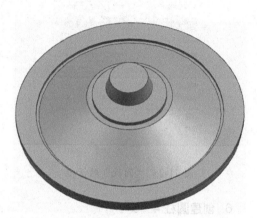

图 11-29 "圆锥"对话框　　　　　　　　图 11-30 创建圆锥 2

11.1.3 可乐瓶

可乐瓶

1. 新建文件

（1）启动 UG NX 12.0 软件。

（2）选择"文件"→"新建"命令、选择"菜单"→"文件"→"新建"命令或按 Ctrl+N 组合键，弹出"新建"对话框。在"模型"选项卡中选择"模型"模板，在"新文件名"的"名称"文本框中输入 keleping，单击"确定"按钮，进入建模环境。

2. 创建圆柱

选择"菜单"→"插入"→"设计特征"→"圆柱"命令，弹出"圆柱"对话框。在"类型"下拉列表中选择"轴、直径和高度"选项，在"指定矢量"下拉列表中选择"ZC 轴"选项，在"直径"和"高度"文本框中分别输入 65 和 120，如图 11-31 所示。单击"确定"按钮，以原点为中心生成圆柱，如图 11-32 所示。

3. 倒斜角

（1）选择"菜单"→"插入"→"细节特征"→"倒斜角"命令或单击"主页"功能区"特征"组中的"倒斜角"按钮，弹出"倒斜角"对话框。在"横截面"下拉列表中选择"非对称"选项，在"距离 1"和"距离 2"文本框中分别输入 10 和 3，如图 11-33 所示，选择圆柱顶面的边为倒角边，单击"应用"按钮，完成倒斜角操作，如图 11-34 所示。

第11章 典型实例

图11-31 "圆柱"对话框

图11-32 创建圆柱

图11-33 "倒斜角"对话框

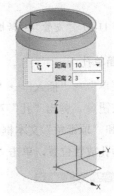

图11-34 倒斜角1

（2）操作方法同上，在"横截面"下拉列表中选择"非对称"选项，在"距离1"和"距离2"文本框中分别输入5和4，选择如图11-35所示的边，单击"确定"按钮，完成倒斜角操作，如图11-36所示。

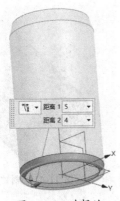

图11-35 选择边

图11-36 倒斜角2

4. 创建凸台1

（1）选择"菜单"→"插入"→"设计特征"→"凸台（原有）"命令或单击"主页"功能区"特征"组中的"凸台"按钮，弹出"支管"对话框。在"直径""高度"和"锥角"文

283

本框中分别输入 57、3 和 20，如图 11-37 所示，按系统提示选择圆柱底面为放置面，单击"确定"按钮，生成凸台并弹出"定位"对话框。

（2）单击"点落在点上"按钮，弹出"点落在点上"对话框。按系统提示选择圆柱底面圆弧边为定位对象，单击"圆弧中心"按钮，生成的凸台定位于圆柱底面圆弧中心，如图 11-38 所示。

图 11-37 "支管"对话框

图 11-38 创建凸台 1

5. 创建简单孔 1

选择"菜单"→"插入"→"设计特征"→"孔"命令或单击"主页"功能区"特征"组中的"孔"按钮，弹出"孔"对话框。在"成形"下拉列表中选择"简单孔"选项，在"直径""深度"和"顶锥角"文本框中分别输入 50、3 和 160，如图 11-39 所示，捕捉如图 11-40 所示的圆心为孔放置位置，单击"确定"按钮，完成简单孔的创建，如图 11-41 所示。

图 11-39 "孔"对话框

图 11-40 捕捉圆心

图 11-41 创建简单孔 1

6. 边倒圆

选择"菜单"→"插入"→"细节特征"→"边倒圆"命令或单击"主页"功能区"特征"组中的"边倒圆"按钮，弹出如图 11-42 所示的"边倒圆"对话框。分别对如图 11-43 和图 11-44 所示的边 1~3 倒圆，倒圆半径分别为 1 毫米、1 毫米和 3 毫米，结果如图 11-45 所示。

图 11-42 "边倒圆"对话框

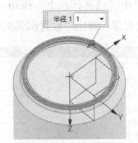

图 11-43 选择边 1 和 2

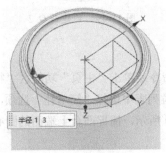

图 11-44 选择边 3

图 11-45 边倒圆

7. 抽壳

选择"菜单"→"插入"→"偏置/缩放"→"抽壳"命令或单击"主页"功能区"特征"组中的"抽壳"按钮，弹出"抽壳"对话框。在"类型"下拉列表中选择"移除面，然后抽壳"选项，在"厚度"文本框中输入 0.2，如图 11-46 所示，选择圆柱顶面为移除面，单击"确定"按钮，完成抽壳操作，如图 11-47 所示。

图 11-46 "抽壳"对话框

图 11-47 抽壳

8. 创建凸台 2

（1）选择"菜单"→"插入"→"设计特征"→"凸台（原有）"命令或单击"主页"功能区"特征"组中的"凸台"按钮，弹出"支管"对话框。在"直径""高度"和"锥角"文本框中分别输入 60、3 和 0，如图 11-48 所示，按系统提示选择圆柱顶面为放置面，单击"确定"按钮，弹出"定位"对话框。

（2）单击"点落在点上"按钮，弹出"点落在点上"对话框。按系统提示选择圆柱底面圆弧边为定位对象，弹出"设置圆弧的位置"对话框。单击"圆弧中心"按钮，结果如图11-49所示。

图11-48 "支管"对话框　　　　　　　　图11-49 创建凸台2

9. 创建简单孔2

选择"菜单"→"插入"→"设计特征"→"孔"命令或单击"主页"功能区"特征"组中的"孔"按钮，弹出"孔"对话框。在"成形"下拉列表中选择"简单孔"选项，在"直径"和"深度"文本框中分别输入58和2.8，如图11-50所示，捕捉凸台上端面的圆心为孔放置位置，单击"确定"按钮，结果如图11-51所示。

图11-50 "孔"对话框　　　　　　　　图11-51 创建简单孔2

10. 创建基准平面

选择"菜单"→"插入"→"基准/点"→"基准平面"命令或单击"主页"功能区"特征"组中的"基准平面"按钮，弹出"基准平面"对话框。在"类型"下拉列表中选择"自动判断"选项，如图11-52所示，选择刚刚创建的简单孔底面，单击"确定"按钮，完成基准平面的创建。生成的基准平面与孔所在面重合，如图11-53所示。

11. 隐藏实体

选择"菜单"→"编辑"→"显示和隐藏"→"隐藏"命令，弹出"类选择"对话框。单击"类型过滤器"按钮,弹出"按类型选择"对话框。选中"实体"选项,单击"确定"按钮,返回"类选择"对话框。单击"全选"按钮,再单击"确定"按钮,所有实体被隐藏。

12. 创建草图

选择"菜单"→"插入"→"在任务环境中绘制草图"命令,进入草图任务环境并弹出"创建草图"对话框。选择刚刚创建的基准平面为草图绘制面,单击"确定"按钮。绘制如图11-54所示的草图,单击"完成"按钮 ，返回建模环境。

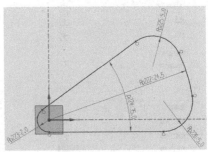

图11-52 "基准平面"对话框　　图11-53 基准平面　　图11-54 创建草图

13. 创建拉伸

选择"菜单"→"插入"→"设计特征"→"拉伸"命令或单击"主页"功能区"特征"组中的"拉伸"按钮 ，弹出"拉伸"对话框。将开始距离值和结束距离值分别设置为0和5,选择屏幕中的草图曲线为拉伸曲线,在"指定矢量"下拉列表中选择"-ZC轴"选项,在"布尔"下拉列表中选择"减去"选项,在视图中选择实体,如图11-55所示,单击"确定"按钮,完成拉伸操作,如图11-56所示。

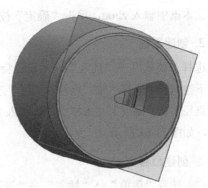

图11-55 "拉伸"对话框　　　　图11-56 创建拉伸

14. 隐藏曲线和基准

选择"菜单"→"编辑"→"显示和隐藏"→"隐藏"命令，弹出如图 11-57 所示的"类选择"对话框。单击"类型过滤器"按钮，弹出如图 11-58 所示的"按类型选择"对话框。按住 Ctrl 键，同时选择"基准"和"曲线"选项，单击"确定"按钮，返回"类选择"对话框。单击"全选"按钮，再单击"确定"按钮，则工作区中的所有基准和曲线都被隐藏起来。实体模型如图 11-59 所示。

图 11-57 "类选择"对话框

图 11-58 "按类型选择"对话框

图 11-59 可乐瓶

11.2 典型机械设计实例

11.2.1 轴

1. 新建文件

（1）启动 UG NX 12.0 软件。

（2）选择"文件"→"新建"命令、选择"菜单"→"文件"→"新建"命令或按 Ctrl+N 组合键，弹出"新建"对话框。在"模型"选项卡中选择"模型"模板，在"新文件名"的"名称"文本框中输入 zhou，单击"确定"按钮，进入建模环境。

2. 创建圆柱

选择"菜单"→"插入"→"设计特征"→"圆柱"命令，弹出"圆柱"对话框。在"类型"下拉列表中选择"轴、直径和高度"选项，在"指定矢量"下拉列表中选择"ZC 轴"选项，在"直径"和"高度"文本框中分别输入 55 和 21，如图 11-60 所示，单击"确定"按钮，生成圆柱，如图 11-61 所示。

3. 创建凸台

（1）选择"菜单"→"插入"→"设计特征"→"凸台（原有）"命令或单击"主页"功能区"特征"组中的"凸台"按钮 ，弹出"支管"对话框。在"直径""高度"和"锥角"文本框中分别输入 60、12 和 0，如图 11-62 所示，按系统提示选择圆柱上端面为放置面，单击"确定"按钮，弹出"定位"对话框。

（2）单击"点落在点上"按钮，弹出"点落在点上"对话框。按系统提示选择圆柱上底面边缘，弹出"设置圆弧的位置"对话框。单击"圆弧中心"按钮，生成的凸台 1 定位于圆柱底面圆弧中心，如图 11-63 所示。

图 11-60　"圆柱"对话框

图 11-61　创建圆柱

图 11-62　"支管"对话框

图 11-63　创建凸台

（3）操作方法同上，创建凸台 2~5，在"直径""高度"和"锥角"文本框中分别输入 58、57 和 0，55、36 和 0，52、67 和 0，45、67 和 0，生成的模型如图 11-64 所示。

4. 创建基准平面 1~2

（1）选择"菜单"→"插入"→"基准/点"→"基准平面"命令或单击"主页"功能区"特征"组中的"基准平面"按钮，弹出"基准平面"对话框。在"类型"下拉列表中选择"XC-YC 平面"选项，如图 11-65 所示，单击"应用"按钮，创建基准平面 1。

图 11-64　轴的外形

图 11-65　"基准平面"对话框

(2)在"类型"下拉列表中选择"相切"选项,选择直径为45毫米的圆柱面。单击"应用"按钮,生成基准平面2,如图11-66所示。

5. 创建键槽1

(1)选择"菜单"→"插入"→"设计特征"→"键槽(原有)"命令或单击"主页"功能区"特征"组中的"键槽"按钮,弹出"槽"对话框。选中"矩形槽"选项,如图11-67所示,弹出"矩形槽"对话框。选择基准平面2为键槽放置面,弹出特征边选择对话框。单击"接受默认边"按钮,弹出"水平参考"对话框。

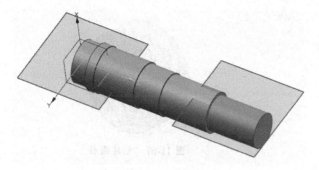

图11-66 创建基准平面

图11-67 "槽"对话框

(2)选择Z轴为键槽的水平参考,弹出"矩形槽"对话框。在"长度""宽度"和"深度"文本框中分别输入60、14和5.5,如图11-68所示。单击"确定"按钮,弹出如图11-69所示的"定位"对话框。单击"水平"按钮,按系统提示选择小圆柱面与键槽的短中心线,弹出"创建表达式"对话框。在文本框中输入34,单击"确定"按钮,返回"定位"对话框。单击"竖直"按钮,按系统提示选择小圆柱面与键槽的长中心线,弹出"创建表达式"对话框。在文本框中输入0,单击"确定"按钮,创建矩形键槽,如图11-70所示。

图11-68 "矩形槽"对话框

图11-69 "定位"对话框

6. 创建基准平面3

选择"菜单"→"插入"→"基准/点"→"基准平面"命令或单击"主页"功能区"特征"组中的"基准平面"按钮,弹出"基准平面"对话框。在"类型"下拉列表中选择"YC-ZC平面"选项,在"距离"文本框中输入29,单击"确定"按钮,创建基准平面3。

7. 创建键槽2

(1)选择"菜单"→"插入"→"设计特征"→"键槽(原有)"命令或单击"主页"功能区"特征"组中的"键槽"按钮,弹出"槽"对话框。选中"矩形槽"选项,弹出"矩形槽"对话框。选择基准平面3为键槽放置面,弹出特征边选择对话框。单击"接受默认边"按钮,弹出"水平参考"对话框。

(2)选择 Z 轴为键槽的水平参考,弹出"矩形槽"对话框。在"长度""宽度"和"深度"文本框中分别输入 50、14 和 5.5。单击"确定"按钮,弹出"定位"对话框。单击"水平"按钮,按系统提示选择小圆柱面与键槽的短中心线,弹出"创建表达式"对话框。在文本框中输入 199,单击"确定"按钮,返回"定位"对话框。单击"竖直"按钮,按系统提示选择小圆柱面与键槽的长中心线,弹出"创建表达式"对话框。在文本框中输入 0,单击"确定"按钮,创建矩形键槽,如图 11-71 所示。

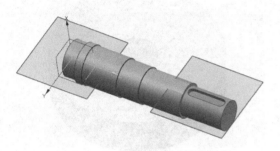

图 11-70 创建矩形键槽 1

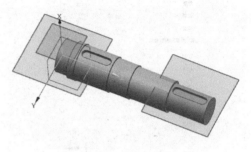

图 11-71 创建矩形键槽 2

11.2.2 齿轮

齿轮

1. 新建文件

(1)启动 UG NX 12.0 软件。

(2)选择"文件"→"新建"命令、选择"菜单"→"文件"→"新建"命令或按 Ctrl+N 组合键,弹出"新建"对话框。在"新文件名"的"名称"文本框中输入 chilun,单击"确定"按钮,进入建模环境。

2. 创建草图 1

选择"菜单"→"插入"→"在任务环境中绘制草图"命令,进入草图任务环境并弹出"创建草图"对话框。选择刚刚创建的基准平面为草图绘制面,单击"确定"按钮。绘制如图 11-72 所示的草图,单击"完成草图"按钮,返回建模环境。

图 11-72 创建草图 1

3. 创建拉伸 1

(1)选择"菜单"→"插入"→"设计特征"→"拉伸"命令或单击"主页"功能区"特征"组中的"拉伸"按钮,弹出"拉伸"对话框。选择刚刚创建的草图曲线中的圆 1 和圆 4 为拉伸曲线,如图 11-72 所示,在"指定矢量"下拉列表中选择"ZC 轴"选项,将开始距离值和结束距离值分别设置为 0 和 60,如图 11-73 所示,单击"应用"按钮。拉伸结果如图 11-74 所示。

图 11-73 "拉伸"对话框

图 11-74 第 1 次拉伸结果

（2）操作方法同上，选择圆 2 和圆 3 为拉伸曲线，将开始距离值和结束距离值分别设置为 0 和 22.5，在"布尔"下拉列表中选择"减去"选项，如图 11-75 所示，单击"确定"按钮，结果如图 11-76 所示。

图 11-75 "拉伸"对话框

图 11-76 第 2 次拉伸结果

（3）操作方法同上，选择圆 2 和圆 3 为拉伸曲线，将开始距离值和结束距离值分别设置为 37.5 和 60，在"布尔"下拉列表中选择"减去"选项，单击"确定"按钮，结果如图 11-77 所示。

（4）操作方法同上，选择圆 5 为拉伸曲线，将开始距离值和结束距离值分别设置为 22.5 和 37.5，在"布尔"下拉列表中选择"减去"选项，单击"确定"按钮，结果如图 11-78 所示。

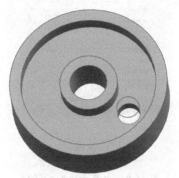

图 11-77　第 3 次拉伸结果　　　　　　　　　图 11-78　第 4 次拉伸结果

4. 创建草图 2

选择"菜单"→"插入"→"在任务环境中绘制草图"命令，进入草图任务环境并弹出"创建草图"对话框。选择刚刚创建的基准平面为草图绘制面，单击"确定"按钮。绘制如图 11-79 所示的草图，单击"完成草图"按钮，返回建模环境。

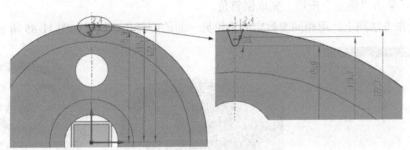

图 11-79　创建草图 2

5. 创建拉伸 2

选择"菜单"→"插入"→"设计特征"→"拉伸"命令或单击"主页"功能区"特征"组中的"拉伸"按钮，弹出"拉伸"对话框。选择刚刚创建的草图为拉伸曲线，在"指定矢量"下拉列表中选择"ZC 轴"选项，将开始距离值和结束距离值分别设置为 0 和 60，在"布尔"下拉列表中选择"减去"选项，单击"确定"按钮，结果如图 11-80 所示。

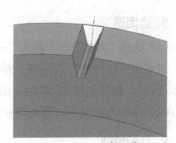

图 11-80　创建拉伸

6. 创建长方体键槽

选择"菜单"→"插入"→"设计特征"→"长方体"命令，弹出"长方体"对话框。在"长度""宽度"和"高度"文本框中分别输入 33.3、16 和 60，单击"点对话框"按钮，弹出"点"对话框。输入原点坐标值（0，-8，0），单击"确定"按钮，返回"长方体"对话框。在"布尔"下拉列表中选择"减去"选项，如图 11-81 所示，单击"确定"按钮，创建的长方体键槽如图 11-82 所示。

图 11-81 "长方体"对话框

图 11-82 创建长方体键槽

7. 倒斜角

(1) 选择"菜单"→"插入"→"细节特征"→"倒斜角"命令或单击"主页"功能区"特征"组中的"倒斜角"按钮，弹出如图 11-83 所示的"倒斜角"对话框。在"横截面"下拉列表中选择"对称"选项，分别选择如图 11-84 所示的边 1~3，分别在"距离"文本框中输入 1、2 和 2.5，单击"确定"按钮，完成倒斜角。

(2) 操作方法同上，用相同参数完成齿轮另一面的倒斜角，结果如图 11-85 所示。

图 11-83 "倒斜角"对话框

图 11-84 选择边

图 11-85 倒斜角

8. 边倒圆

(1) 选择"菜单"→"插入"→"细节特征"→"边倒圆"命令或单击"主页"功能区"特征"组中的"边倒圆"按钮，弹出"边倒圆"对话框。在"半径 1"文本框中输入 3，如图 11-86 所示，选择如图 11-87 所示的边，单击"确定"按钮，完成边倒圆。

(2) 操作方法同上，用相同参数完成齿轮另一面的边倒圆。

9. 阵列特征

(1) 选择"菜单"→"插入"→"关联复制"→"阵列特征"命令或单击"主页"功能区"特征"组中的"阵列特征"按钮，弹出"阵列特征"对话框。选择拉伸的孔为阵列特征，在"布局"下拉列表中选择"圆形"选项，在"指定矢量"下拉列表中选择"ZC 轴"选项，单击"点对话框"按钮，在弹出的"点"对话框中输入坐标值（0，0，0），单击"确定"按钮，返回"阵列特征"对话框。在"数量"和"节距角"文本框中分别输入 6 和 60，如图 11-88 所示，单击"应用"按钮，结果如图 11-89 所示。

图 11-86 "边倒圆"对话框

图 11-87 选择边

图 11-88 "阵列特征"对话框

图 11-89 阵列特征

（2）操作方法同上，选择拉伸的孔为阵列特征，在"布局"下拉列表中选择"线性"选项，在"指定矢量"下拉列表中选择"ZC 轴"选项，单击"点对话框"按钮，在弹出的"点"对话框中输入坐标值（0，0，0），单击"确定"按钮，返回"阵列特征"对话框。在"数量"和"节距角"文本框中分别输入 79 和 360/79，如图 11-90 所示，单击"确定"按钮。最后生成的齿轮如图 11-91 所示。

10. 隐藏草图和基准

选择"菜单"→"编辑"→"显示和隐藏"→"隐藏"命令,弹出"类选择"对话框。单击"类型过滤器"按钮,弹出"按类型选择"对话框。按住 Ctrl 键,同时选择"草图"和"基准"选项,单击"确定"按钮,返回"类选择"对话框。单击"全选"按钮,再单击"确定"按钮,则工作区中的所有草图和基准都被隐藏起来,如图 11-92 所示。

图 11-90 "阵列特征"对话框

图 11-91 生成的齿轮

图 11-92 隐藏草图和基准

11.3 典型曲面实例——吧台椅

典型曲面
实例——
吧台椅

吧台椅由椅座、支撑架、踏脚架和底座组成。该实例综合应用了自由曲面的构造功能来创建吧台椅外观模型并对模型进行了渲染。

11.3.1 椅座

1. 新建文件

(1) 启动 UG NX 12.0 软件。

（2）选择"文件"→"新建"命令、选择"菜单"→"文件"→"新建"命令或按 Ctrl+N 组合键，弹出"新建"对话框。在"模型"选项卡中选择"模型"模板，在"新文件名"的"名称"文本框中输入 bataiyi，单击"确定"按钮，进入建模环境。

2. 创建直线

（1）选择"菜单"→"插入"→"曲线"→"直线"命令或单击"曲线"功能区"曲线"组中的"直线"按钮，弹出如图 11-93 所示的"直线"对话框。单击"开始"选项下的"点对话框"按钮，弹出"点"对话框。输入起点坐标值（-150，150，150），单击"确定"按钮，返回"直线"对话框。单击"结束"选项下的"点对话框"按钮，弹出"点"对话框。输入终点坐标值（-150，150，0），单击"确定"按钮，返回"直线"对话框。单击"确定"按钮，生成直线 1，如图 11-94 所示。

（2）操作方法同上，创建直线 2，起点坐标为（-150，150，0），终点坐标为（-150，-150，0），如图 11-95 所示。

图 11-93 "直线"对话框

图 11-94 创建直线 1

图 11-95 创建直线 2

3. 创建圆角

选择"菜单"→"插入"→"派生曲线"→"圆形圆角曲线"命令，弹出如图 11-96 所示的"圆形圆角曲线"对话框。选择刚刚创建的两条直线，在"半径选项"下拉列表中选择"值"选项，在"半径"文本框中输入 80，单击"确定"按钮，完成圆角的创建，如图 11-97 所示。

图 11-96 "圆形圆角曲线"对话框

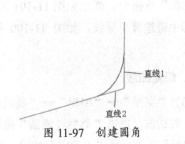
图 11-97 创建圆角

4. 修剪曲线

选择"菜单"→"编辑"→"曲线"→"修剪"命令或单击"曲线"功能区"编辑曲线"组中的"修剪曲线"按钮，弹出如图 11-98 所示的"修剪曲线"对话框。选择刚刚创建的两条直线为要修剪的曲线，圆角为边界对象，线段 1 和线段 2 为放弃区域，单击"确定"按钮，完成曲线的修剪，如图 11-99 所示。

图 11-98 "修剪曲线"对话框

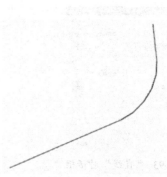

图 11-99 修剪曲线

5. 创建扫掠引导线

选择"菜单"→"插入"→"曲线"→"直线"命令或单击"曲线"功能区"曲线"组中的"直线"按钮，弹出"直线"对话框。单击"开始"选项下的"点对话框"按钮，弹出"点"对话框。输入起点坐标值（-150，-150，0），单击"确定"按钮，返回"直线"对话框。单击"结束"选项下的"点对话框"按钮，弹出"点"对话框。输入终点坐标值（150，-150，0），单击"确定"按钮，返回"直线"对话框。单击"确定"按钮生成直线，如图 11-100 所示。

6. 创建扫掠曲面

选择"菜单"→"插入"→"扫掠"→"扫掠"命令或单击"曲面"功能区"曲面"组中的"扫掠"按钮，弹出如图 11-101 所示的"扫掠"对话框。按系统提示单击选择截面线，单击鼠标中键选择引导线，如图 11-100 所示，单击"确定"按钮，生成扫掠曲面，如图 11-102 所示。

7. 隐藏曲线

选择"菜单"→"编辑"→"显示和隐藏"→"隐藏"命令，弹出如图 11-103 所示的"类选择"对话框。单击"类型过滤器"按钮，弹出如图 11-104 所示的"按类型选择"对话框。选择"曲线"选项，单击"确定"按钮，返回"类选择"对话框。单击"全选"按钮，再单击"确定"按钮,则工作区中的所有曲线被隐藏起来,如图 11-105 所示。

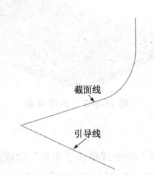

图 11-100 创建扫掠引导线

图 11-101 "扫掠"对话框

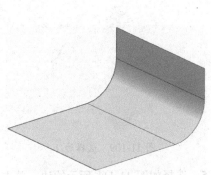

图 11-102 创建扫掠曲面

图 11-103 "类选择"对话框

图 11-104 "按类型选择"对话框

图 11-105 隐藏曲线

8. 加厚曲面

选择"菜单"→"插入"→"偏置/缩放"→"加厚"命令或单击"主页"功能区"特征"组中的"加厚"按钮，弹出如图 11-106 所示的"加厚"对话框。选择加厚面为扫掠曲面，在"偏置 1"和"偏置 2"文本框中分别输入 0 和 15，偏置方向为 ZC 轴，单击"确定"按钮，结果如图 11-107 所示。

图 11-106 "加厚"对话框

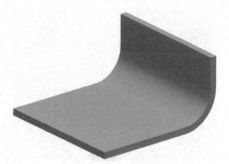

图 11-107 加厚曲面

9. 边倒圆

（1）选择"菜单"→"插入"→"细节特征"→"边倒圆"命令或单击"主页"功能区"特征"组中的"边倒圆"按钮，弹出"边倒圆"对话框。在"半径 1"文本框中输入 50，如图 11-108 所示，选择如图 11-109 所示的边，单击"确定"按钮，生成如图 11-110 所示的模型。

图 11-108 "边倒圆"对话框

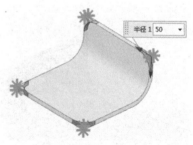

图 11-109 选择边 1

（2）操作方法同上，在"半径 1"文本框中输入 5，选择如图 11-111 所示的边，单击"确定"按钮，生成如图 11-112 所示的模型。

图 11-110 倒圆角后的模型

图 11-111 选择边 2

图 11-112 座椅模型

11.3.2 支撑架

1. 创建圆

(1) 选择"菜单"→"插入"→"曲线"→"圆弧/圆"命令或单击"曲线"功能区"曲线"组中的"圆弧/圆"按钮，弹出"圆弧/圆"对话框。在"类型"下拉列表中选择"从中心开始的圆弧/圆"选项，勾选"整圆"复选框，单击"中心点"选项下的"点对话框"按钮，弹出"点"对话框。输入中心点坐标值（0，0，0），单击"确定"按钮，返回"圆弧/圆"对话框。单击"通过点"选项下的"点对话框"按钮，弹出"点"对话框。输入通过点坐标值（50，0，0），单击"确定"按钮，返回"圆弧/圆"对话框。单击"确定"按钮，完成圆 1 的创建，如图 11-113 所示。

(2) 操作方法同上，创建圆心坐标为（0，0，-300）、通过点坐标为（30，0，-300）的圆 2，如图 11-114 所示。

2. 创建直线

选择"菜单"→"插入"→"曲线"→"直线"命令或单击"曲线"功能区"曲线"组中的"直线"按钮，弹出"直线"对话框。单击"开始"选项下的"点对话框"按钮，弹出"点"对话框。设置第 1、2 点分别为圆 1、圆 2 的象限点，单击"确定"按钮，返回"直线"对话框。单击"确定"按钮生成直线，如图 11-115 所示。

图 11-113 创建圆 1　　　　图 11-114 创建圆 2　　　　图 11-115 创建直线

3. 创建扫掠曲面

选择"菜单"→"插入"→"扫掠"→"扫掠"命令或单击"曲面"功能区"曲面"组中的"扫掠"按钮，弹出"扫掠"对话框。按系统提示单击选择截面线，单击鼠标中键选择引导线，如图 11-115 所示，单击"确定"按钮生成扫掠曲面，如图 11-116 所示。

4. 创建圆柱

(1) 选择"菜单"→"插入"→"设计特征"→"圆柱"命令，弹出"圆柱"对话框。在"类型"下拉列表中选择"轴、直径和高度"选项，在"指定矢量"下拉列表中选择"-ZC 轴"选项，单击"点对话框"按钮，弹出"点"对话框。输入点坐标值（0，0，-300）为圆柱的圆心坐标值，单击"确定"按钮，返回"圆柱"对话框。在"直径"和"高度"文本框中分别输入100和30，在"布尔"下拉列表中选择"合并"选项，如图11-117所示，单击"确定"按钮创建圆柱1，如图11-118所示。

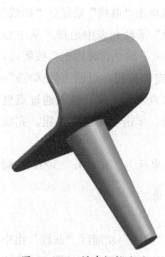
图11-116 创建扫掠曲面

图11-117 "圆柱"对话框

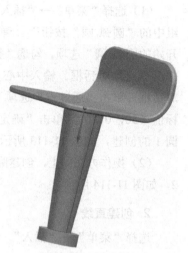
图11-118 创建圆柱1

（2）如图11-119所示，操作方法同上，创建圆心坐标值为（0，0，-330）、直径和高度分别为40毫米和120毫米的圆柱2，如图11-120所示。

图11-119 "圆柱"对话框

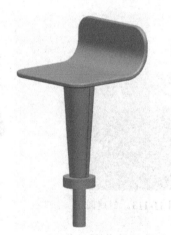
图11-120 创建圆柱2

5. 边倒圆

（1）选择"菜单"→"插入"→"细节特征"→"边倒圆"命令或单击"主页"功能区"特征"组中的"边倒圆"按钮，弹出"边倒圆"对话框。在"半径1"文本框中输入10，选择如图11-121所示的边，单击"应用"按钮。

（2）在"半径1"文本框中输入3，选择如图11-122所示的边，单击"确定"按钮，生成如图11-123所示的模型。

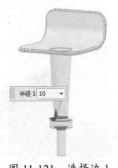
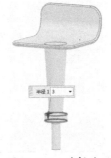

图 11-121　选择边 1　　　　图 11-122　选择边 2　　　　图 11-123　边倒圆后的模型

11.3.3　踏脚架

1. 创建圆柱

选择"菜单"→"插入"→"设计特征"→"圆柱"命令，弹出"圆柱"对话框。在"类型"下拉列表中选择"轴、直径和高度"选项，在"指定矢量"下拉列表中选择"-YC 轴"选项，单击"点对话框"按钮，弹出"点"对话框。输入点坐标值（0，0，-390）为圆柱的圆心坐标值，单击"确定"按钮，返回"圆柱"对话框。在"直径"和"高度"文本框中分别输入 20 和 130，如图 11-124 所示，单击"确定"按钮生成圆柱，如图 11-125 所示。

图 11-124　"圆柱"对话框　　　　　　　图 11-125　创建圆柱

2. 创建圆弧

（1）选择"菜单"→"插入"→"曲线"→"圆弧/圆"命令或单击"曲线"功能区"曲线"组中的"圆弧/圆"按钮，弹出如图 11-126 所示的"圆弧/圆"对话框。单击"中心点"选项下的"点对话框"按钮，弹出"点"对话框。输入中心点坐标值（0，60，-390），单击"确定"按钮，返回"圆弧/圆"对话框。单击"通过点"选项下的"点对话框"按钮，弹出"点"对话框。输入通过点坐标值（0，-130，-390），单击"确定"按钮，返回"圆弧/圆"对话框。在"平面选项"下拉列表中选择"选择平面"选项，在"指定平面"下拉列表中选择"XC-YC平面"选项，在"距离"文本框中输入-390，"限制"选项设置如图 11-127 所示，单击"应用"按钮生成圆弧 1，如图 11-128 所示。

303

图 11-126 "圆弧/圆"对话框

图 11-127 "限制"选项设置

图 11-128 创建圆弧 1

（2）操作方法同上，单击"中心点"选项下的"点对话框"按钮，弹出"点"对话框。输入中心点坐标值（0，-130，-390），单击"确定"按钮，返回"圆弧/圆"对话框。在"通过点"选项下的"终点选项"下拉列表中选择"半径"选项，在"半径"文本框中输入10，按 Enter 键，在"平面选项"下拉列表中选择"选择平面"选项，在"指定平面"下拉列表中选择"YC-ZC 平面"选项，在"距离"文本框中输入 0，勾选"整圆"复选框，单击"确定"按钮生成圆弧2，如图 11-129 所示。

3. 创建扫掠曲面

选择"菜单"→"插入"→"扫掠"→"扫掠"命令或单击"曲面"功能区"曲面"组中的"扫掠"按钮，弹出"扫掠"对话框。按系统提示单击选择截面线，单击鼠标中键选择引导线，如图 11-129 所示，单击"确定"按钮，生成扫掠曲面，如图 11-130 所示。

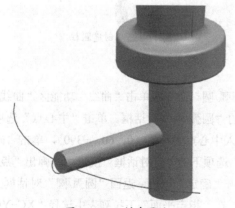

图 11-129 创建圆弧 2

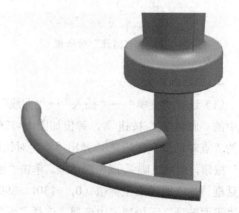

图 11-130 创建扫掠曲面

4. 合并实体

选择"菜单"→"插入"→"组合"→"合并"命令或单击"主页"功能区"特征"组中的"合并"按钮，弹出"合并"对话框。选择椅座和其他实体，单击"确定"按钮生成组合体，如图 11-131 所示。

5. 边倒圆

选择"菜单"→"插入"→"细节特征"→"边倒圆"命令或单击"主页"功能区"特征"组中的"边倒圆"按钮，弹出"边倒圆"对话框。在"半径 1"文本框中输入 3，选择如图 11-132 所示的边，单击"确定"按钮，生成如图 11-133 所示的模型。

图 11-131 合并实体

图 11-132 选择边

图 11-133 边倒圆后的模型

11.3.4 底座

1. 创建圆柱

选择"菜单"→"插入"→"设计特征"→"圆柱"命令，弹出"圆柱"对话框。在"类型"下拉列表中选择"轴、直径和高度"选项，在"指定矢量"下拉列表中选择"-ZC 轴"选项，单击"点对话框"按钮，弹出"点"对话框。输入点坐标值（0，0，-450）为圆柱的圆心坐标值，单击"确定"按钮，返回"圆柱"对话框。在"直径"和"高度"文本框中分别输入 60 和 20，如图 11-134 所示，单击"确定"按钮生成圆柱，如图 11-135 所示。

图 11-134 "圆柱"对话框

图 11-135 创建圆柱

2. 移动坐标系

选择"菜单"→"格式"→"WCS"→"动态"命令，将坐标系原点拖动到刚刚创建的圆柱底面的圆心上，新坐标系位置如图 11-136 所示。

3. 创建直线

（1）将视图转换为前视图。选择"菜单"→"插入"→"曲线"→"直线"命令或单击"曲线"功能区"曲线"组中的"直线"按钮，弹出"直线"对话框。单击"开始"选项下的"点对话框"按钮，弹出"点"对话框。在"参考"下拉列表中选择"WCS"选项，输入起点坐标值（0，0，0），单击"确定"按钮，返回"直线"对话框。单击"结束"选项下的"点对话框"按钮，弹出"点"对话框。在"参考"下拉列表中选择"WCS"选项，输入终点坐标值（30，0，0），单击"确定"按钮，返回"直线"对话框。单击"应用"按钮，生成直线 1。

（2）操作方法同上，创建直线 2，起点坐标为（0，0，0），终点坐标为（0，0，-50）。

（3）操作方法同上，创建直线 3，起点坐标为（0，0，-50），终点坐标为（150，0，-50）。

（4）操作方法同上，创建直线 4，起点坐标为（150，0，-50），终点坐标为（150，0，-40），如图 11-137 所示。

图 11-136 新坐标系位置

图 11-137 创建直线

4. 创建圆弧

选择"菜单"→"插入"→"曲线"→"圆弧/圆"命令或单击"曲线"功能区"曲线"组中的"圆弧/圆"按钮，弹出如图 11-138 所示的"圆弧/圆"对话框。在"类型"下拉列表中选择"三点画圆弧"选项，单击"起点"选项下的"点对话框"按钮，弹出"点"对话框。输入起点坐标值（30，0，0），单击"确定"按钮，返回"圆弧/圆"对话框。在"点参考"下拉列表中选择"WCS"选项。单击"端点"选项下的"点对话框"按钮，弹出"点"对话框。输入端点坐标值（150，0，-40），单击"确定"按钮，返回"圆弧/圆"对话框。在"点参考"下拉列表中选择"WCS"选项。单击"中点"选项下的"点对话框"按钮，弹出"点"对话框。输入中点坐标值（60，0，-20），单击"确定"按钮，返回"圆弧/圆"对话框。在"点参考"下拉列表中选择"WCS"选项，单击"确定"按钮生成圆弧，如图 11-139 所示。

5. 创建旋转体

选择"菜单"→"插入"→"设计特征"→"旋转"命令或单击"主页"功能区"特征"

组中的"旋转"按钮,弹出"旋转"对话框。选择刚刚绘制的曲线为旋转曲线,在"指定矢量"对话框中选择"ZC 轴"选项。单击"指定点"选项的"点对话框"按钮,弹出"点"对话框。选择圆心为旋转基点,单击"确定"按钮,返回"旋转"对话框。其余选项保持默认值,如图 11-140 所示,单击"确定"按钮,生成的旋转体如图 11-141 所示。

图 11-138 "圆弧/圆"对话框

图 11-139 创建圆弧

图 11-140 "旋转"对话框

图 11-141 创建旋转体

6. 边倒圆

(1)选择"菜单"→"插入"→"细节特征"→"边倒圆"命令或单击"主页"功能区"特征"组中的"边倒圆"按钮,弹出"边倒圆"对话框。在"半径 1"文本框中输入 3,选择如图 11-142 所示的边,单击"应用"按钮。

（2）在"半径1"文本框中输入4，选择如图11-143所示的边，单击"确定"按钮，生成如图11-144所示的最终模型。

7. 隐藏曲线

选择"菜单"→"编辑"→"显示和隐藏"→"隐藏"命令，弹出"类选择"对话框。单击"类型过滤器"按钮，弹出"按类型选择"对话框。选择"曲线"选项，单击"确定"按钮，返回"类选择"对话框。单击"全选"按钮，再单击"确定"按钮，则工作区中的所有曲线被隐藏起来，如图11-145所示。

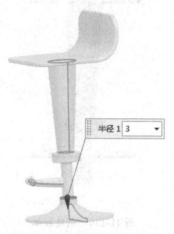

图 11-142 选择边 1

图 11-143 选择边 2

图 11-144 最终模型

图 11-145 隐藏曲线